W0264100

Teubner Studienskripten Elektrotechnik

Oberg,   Berechnung nichtlinearer Schaltungen
            für die Nachrichtenübertragung
            168 Seiten. DM 10,80

Pregla/Schlosser, Passive Netzwerke
            Analyse und Synthese
            198 Seiten. DM 12,80

Römisch,   Berechnung von Verstärkerschaltungen
            2., durchgesehene Auflage.
            192 Seiten. DM 12,80

Schaller/Nüchel, Nachrichtenverarbeitung

            Band 1 Digitale Schaltkreise
            161 Seiten. DM 10,80

            Band 2 Entwurf digitaler Schaltwerke
            166 Seiten. DM 10,80

Schlachetzki/v.Münch, Integrierte Schaltungen
            255 Seiten. DM 16,80

Schmidt,   Digitalelektronisches Praktikum
            2., durchgesehene Auflage.
            238 Seiten. DM 14,80

Thiel,   Elektrisches Messen nichtelektrischer Größer
            238 Seiten. DM 15,80

Unger,   Hochfrequenztechnik in Funk und Radar
            223 Seiten. DM 12,80

Vaske,   Berechnung von Gleichstromschaltungen
            117 Seiten. DM 10,80

Vaske,   Berechnung von Drehstromschaltungen
            180 Seiten. DM 10,80

Vaske,   Übertragungsverhalten elektrischer Netzwerke
            2., durchgesehene Auflage.
            158 Seiten. DM 10,80

Vaske,   Berechnung von Wechselstromschaltungen
            224 Seiten. DM 12,80

Weber,   Laplace-Transformation für Ingenieure
            der Elektrotechnik
            197 Seiten. DM 12,80

Westermann, Laser
            190 Seiten. DM 12,80

Preisänderungen vorbehalten

Zu diesem Buch

Mit dem vorliegenden Skriptum wird versucht,
eine leicht verständliche Einführung in das
Gebiet der integrierten Schaltungen bereit-
zustellen. Es werden sowohl technologische
Probleme als auch die wichtigsten Schaltungskonzepte behandelt. Da nur Grundkenntnisse
der Halbleiterphysik vorausgesetzt werden,
ist das Skriptum nicht nur zum Gebrauch
neben Vorlesungen, sondern auch zum Selbst-
studium geeignet.

Integrierte Schaltungen

Von Dr.rer.nat. A. Schlachetzki
Professor an der
Technischen Universität Braunschweig

und Dr.phil.nat. W. v. Münch
o.Professor an der
Universität Stuttgart

Mit 138 Bildern

B. G. Teubner Stuttgart 1978

Prof. Dr.rer.nat. Andreas Schlachetzki

1938 in Breslau (Schlesien) geboren. 1958 bis 1970 Studium der Physik
mit Promotion an der Universität Köln. 1970/71 wissenschaftliche Tätig-
keit am Becton Center der Yale University, New Haven, USA. 1971 bis 1976
wissenschaftlicher Mitarbeiter am Forschungsinstitut der Deutschen Bundespost beim Fernmeldetechnischen Zentralamt, Darmstadt. 1975 sechsmona-
tige Forschungstätigkeit am Electrical Communication Laboratory der
Nippon Telegraph & Telephone Public Corp., Tokyo. Seit 1976 Abteilungsvorsteher und Professor am Institut für Hochfrequenztechnik der Technischen Universität Braunschweig.

Prof. Dr.phil.nat. Waldemar von Münch

1928 in Berlin geboren. 1948 bis 1953 Studium der Physik an der Technischen Hochschule Braunschweig und an der Universität Frankfurt a.M.
1957 Promotion. Von 1954 bis 1961 wissenschaftlicher Mitarbeiter im
Fernmeldetechnischen Zentralamt der Deutschen Bundespost in Darmstadt.
Von 1961 bis 1967 bei der Firma IBM Deutschland, Sindelfingen (Leiter
der Abteilung 'Galliumarsenid-Bauelemente'). 1968/69 wissenschaftlicher
Abteilungsvorsteher und Professor am Institut für Halbleitertechnik der
TH Aachen. Von 1969 bis 1978 o. Professor und Direktor des Institutes A
für Werkstoffkunde der Technischen Universität Hannover. Seit 1978
Direktor des Institutes für Halbleitertechnik der Universität Stuttgart.

CIP-Kurztitelaufnahme der Deutschen Bibliothek

Schlachetzki, Andreas:
Integrierte Schaltungen / von A. Schlachetzki u.
W. v. Münch. - Stuttgart : Teubner, 1978.
   (Teubner Studienskripten ; 79 : Elektrotechnik)
   ISBN 978-3-519-00079-2   ISBN 978-3-322-94919-6 (eBook)
   DOI 10.1007/978-3-322-94919-6
NE: Münch, Waldemar von:

Umschlaggestaltung: W. Koch, Sindelfingen

Vorwort

Wohl das auffälligste Charakteristikum der Entwicklung der modernen Elektronik ist der kontinuierliche Trend zu einer Miniaturisierung der Bauelemente und zu einer Integration der Schaltungen in einem einzigen Halbleiterkristall. Der Einfluß der integrierten Schaltungen ist in zunehmendem Maß in nahezu allen Bereichen des wirtschaftlichen Lebens zu spüren. Trotzdem ist in deutscher Sprache nur wenig Literatur erhältlich, die als Einführung in das Gebiet der integrierten Schaltungen geeignet wäre. Mit dem vorliegenden Skriptum wird versucht, diesem Mangel abzuhelfen.

Das Skriptum ist in erster Linie zum Gebrauch neben einer Vorlesung gedacht, die sich über zwei Semester in zwei Wochenstunden an Studierende der Elektrotechnik etwa ab dem 6. Semester wendet. Da das Skriptum möglichst wenig Bezug auf weiterführende Literatur nimmt, sollte es auch für diejenigen geeignet sein, die beruflich an integrierten Schaltungen interessiert sind und über einige Grundkenntnisse der Festkörperphysik verfügen.

Das Skriptum befaßt sich vorwiegend mit den technologischen Aspekten der Herstellung integrierter Schaltungen. Da aber eine enge Beziehung zum Schaltungsentwurf besteht, werden auch die Schaltungskonzepte beschrieben, die für integrierte Schaltungen von besonderer Wichtigkeit sind oder (wie die superintegrierten Schaltungen, Kap. 4.4) durch sie überhaupt erst realisierbar werden. Gemäß seiner überragenden wirtschaftlichen Bedeutung nimmt die Behandlung des Halbleiters Silizium den bei weitem größten Teil des Skriptums ein. Daneben werden auch Integrationsformen auf Galliumarsenid und magnetischen Werkstoffen gestreift (Kap. 7), die für zukünftige Anwendungen gute Aussichten bieten.

Aus didaktischen Gründen ist es nicht immer möglich, eine systematische Gliederung einzuhalten (z.B. bei der Beschreibung der Dioden in Kap. 3.3). Ferner werden durchgängig auch englische Fachausdrücke angegeben. Damit soll das Studium von Spezialliteratur, die vorwiegend in englischer Sprache erschienen ist, erleichtert werden.

Braunschweig/Stuttgart, Juli 1978

A. Schlachetzki   W. v. Münch

Inhaltsverzeichnis

1 Einführung

In den letzten Jahrzehnten hat sich in der Elektronik ein
grundlegender Wandel vollzogen. Mit dem Einsatz von Transistoren, der Anfang der 50er Jahre begann, wurden die bis dahin
dominierenden Elektronenröhren zunehmend von Halbleiterbauelementen verdrängt. Heute können - von wenigen Spezialanwendungen abgesehen - sämtliche Funktionen, die früher Elektronenröhren erfüllten, von Halbleiterbauelementen übernommen werden.
Darüber hinaus sind Halbleiterbauelemente in vielen Punkten
den Röhren überlegen. Der Grund dafür liegt darin, daß in Halbleiterbauelementen verschiedene Festkörpereffekte ausgenutzt
werden können. Dies erlaubt die Herstellung von Bauelementen
mit einer Robustheit und Zuverlässigkeit, wie sie von Elektronenröhren nicht erreicht werden können. Es kommt hinzu, daß
mit Halbleiterbauelementen eine sehr weitgehende Miniaturisierung erreicht werden kann. Der Raum, der von einer Halbleiter-
schaltung mit einer bestimmten Funktion eingenommen wird,
nimmt ständig ab. Diese Tendenz wird noch gefördert durch die
Zusammenfassung mehrerer Schaltungsfunktionen in einem Halb-
leiterbauelement, indem alle physikalischen Vorgänge im Halbleiter geschickt ausgenutzt werden. Beim Entwurf von Halblei-
terschaltungen, die heute meist integriert sind, kommt es deshalb sehr auf eine genaue Kenntnis der Physik der Halbleiter
an.

Die Miniaturisierung ermöglicht heute den Bau von außerordentlich leistungsfähigen Geräten, an deren wirtschaftliche Realisierung früher nicht zu denken war. Das augenfälligste Beispiel dafür ist der elektronische Taschenrechner. Gleichzeitig
können mehr und mehr mechanische Funktionen von elektronischen
Schaltungen übernommen werden. Hier ist ein markantes Beispiel
die elektronische Armbanduhr, die in Präzision und Robustheit
ihr mechanisches Äquivalent weit übertrifft.

Die angeführten Beispiele - und ungezählte weitere - basieren
auf integrierten elektronischen Schaltungen (Abkürzung IS;
nach dem Englischen "integrated circuit" auch IC). Integrierte

Schaltungen gibt es in einer fast unüberschaubaren Zahl von
Varianten, die sich nach Material, Aufbau und elektrischer
Funktionsweise unterscheiden. Wir wollen im folgenden die
Grundzüge integrierter Schaltungen behandeln. Die wirtschaftlich erfolgreichsten integrierten Schaltungen, die auch im
größten Umfang eingesetzt werden, basieren auf dem Halbleiterwerkstoff Silizium. Die ausgereifteste Technik mit Silizium
ist die monolithische planare Integration. Ihre Beschreibung
nimmt einen breiten Raum in diesem Skriptum ein. Wir wollen
einige Grundzüge dieser Technik skizzieren, was gleichzeitig
den Gegenstand dieses Skriptums illustrieren soll.

Man geht von einer Si-Einkristallscheibe aus (Dicke um 200 μm,
Durchmesser z.B. 10 cm), auf deren einer Seite mittels epitaktischer Verfahren (vgl. Kap. 2.1.2) eine geeignet dotierte Si-
Einkristallschicht von etwa 5 - 10 um Dicke aufgewachsen ist.
Diese epitaktische Si-Schicht wird mit einer isolierenden und
gleichzeitig diffusionshemmenden Schicht von weniger als 1 μm
Dicke aus Siliziumdioxid versehen, in die unter Zuhilfenahme
photographischer Verfahren Öffnungen geätzt werden. Die in den
Öffnungen freiliegenden Bereiche der Si-Schicht können nun
durch Eindiffusion von Störstellen in gewünschter Form dotiert
werden. Durch Wiederholung der beschriebenen Prozeßschritte
können neben- oder ineinanderliegende Bereiche der Si-Schicht
verschiedenartig dotiert werden, wobei die Querausdehnung der
Bereiche durch die Größe der Fenster im Siliziumdioxidfilm und
ihre Dicke durch Dauer und Temperatur der Diffusionsschritte
kontrolliert werden. Kombinationen geeignet geformter Dotie-
rungsbereiche bilden die Bauelemente einer integrierten Schaltung, wenn sie durch Leiterbahnen aus aufgedampftem Aluminium
elektrisch miteinander verbunden werden. Da bei dieser Technik
die ursprüngliche Si-Oberfläche im wesentlichen erhalten
bleibt, spricht man von Planartechnik. Der Begriff monoli-
thisch deutet darauf hin, daß die gesamte Schaltung in einem
einzigen (einkristallinen) Halbleiterbaustein enthalten ist.

Bild 1.1 zeigt als Beispiel einen Widerstand in planarer Bauweise. Der Widerstand ist in einen Bereich der n-dotierten

epitaktischen Schicht eingebettet, der durch einen
Umdotierungsschritt von
den benachbarten n-Berei-
chen isoliert ist. Sofern
jeder Punkt des n-Berei-
ches positives Potential
gegenüber dem umgebenden
p-Material hat, ist der
zugehörige pn-Übergang
in Sperrichtung gepolt
und der n-Bereich gegen-
über dem Rest der Si-

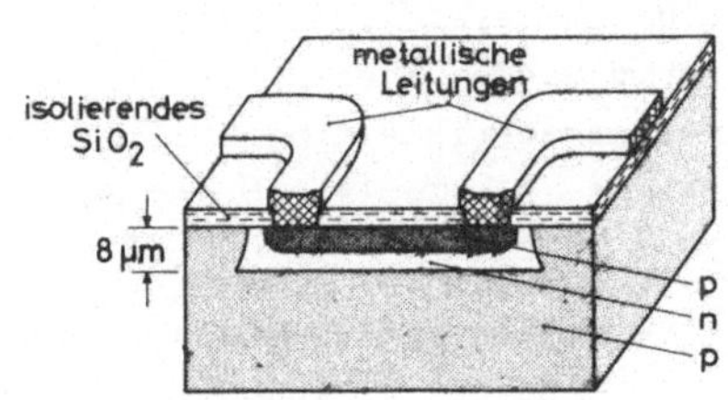

Bild 1.1 Widerstand in planarer
Bauform. Das Bild zeigt
einen Ausschnitt aus
einer etwa 200 µm dik-
ken Si-Scheibe

Scheibe elektrisch isoliert. In den n-Bereich ist eine p-Wanne diffundiert, die den eigentlichen Widerstand bildet. Auch
der dadurch entstandene pn-Übergang muß durch entsprechende
Polung gesperrt sein. Die Kontakte zum Widerstandsbereich werden durch zwei Fenster in der darüberliegenden Isolierschicht
aus SiO₂ ermöglicht. Leiterbahnen aus Aluminium sorgen für die
elektrische Verbindung des Widerstandes zu benachbarten Bauelementen.

Die an Hand von Bild 1.1 skizzierte Technik erlaubt den Aufbau
auch komplizierterer Bau-
elemente, wie Bild 1.2 am
Beispiel eines bipolaren
Transistors zeigt. Der
Emitter ist völlig in die
p-dotierte Diffusionswan-
ne der Basis eingebettet.
Der Kollektorkontakt liegt
in derselben Ebene wie
Emitter- und Basiskontakt.
Ein zusätzlicher, stark
n-dotierter Bereich, der
- wie die Emitterzone -
mit n$^+$ bezeichnet wird,

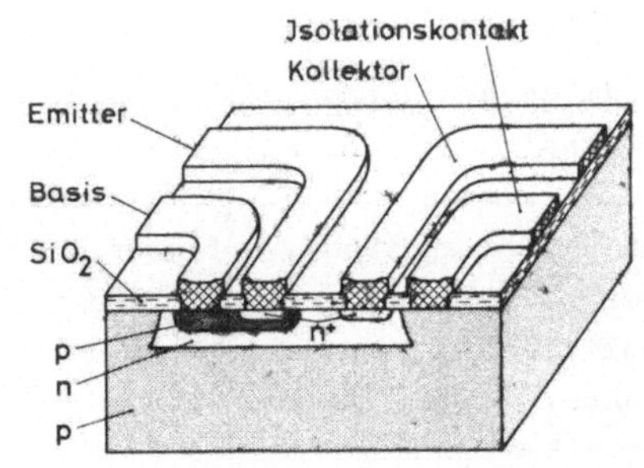

Bild 1.2 Transistor in planarer
Bauweise, Ausschnitt aus
etwa 200 µm dicker Si-
Scheibe

sorgt für guten elektrischen Kontakt zwischen der Leiterbahn und dem n-Bereich. In Bild 1.2 ist zusätzlich der Isolationskontakt wiedergegeben, mit dem das Potential des p-dotierten Substratmaterials eingestellt werden kann. Dadurch wird eine wirkungsvolle Isolation der Bauelemente untereinander gewährleistet.

Mit denselben Mitteln lassen sich Dioden herstellen, worauf wir in Kap. 3.3.4 eingehen, aber auch planare Kondensatoren, die die Sperrschichtkapazität eines pn-Überganges ausnutzen (vgl. Bild 3.13). Eine wichtige Variante ist der MOS-Kondensator (nach "metal-oxide-semiconductor"; vgl. Bild 3.15), bei dem zwischen einer metallischen Kontaktfläche und einer n-dotierten Diffusionswanne als zweiter Elektrode eine dünne SiO_2-Schicht als Dielektrikum liegt. Die MOS-Technologie hat eine wichtige Anwendung bei den MOS-Feldeffekttransistoren (vgl. Bild 3.25) gefunden, bei denen zwei n-dotierte Inseln in einem p-Substrat als voneinander elektrisch isolierte Kontaktzonen dienen, weil sie gegeneinander geschaltete pn-Übergänge darstellen. Erst durch eine positive Spannung, die über einer Steuerelektrode (Gate) angelegt wird, bildet sich ein leitender und steuerbarer Kanal von Elektronen zwischen den Kontaktzonen aus. In dieser Ausführungsform ist die MOS-Technologie besonders einfach, weil sowohl auf eine epitaktische Schicht als auch auf eine elektrische Isolation durch pn-Übergänge zwischen den Bauelementen verzichtet werden kann.

Damit stehen aktive und passive Bauelemente zur Verfügung, die zu Schaltungen von außerordentlich großer Komplexität verknüpft werden können. Zur Herstellung solcher Schaltungen werden photographische Verfahren eingesetzt, die eine starke Verkleinerung der Bauelemente und damit der ganzen Schaltung ermöglichen. Die Miniaturisierung ist einer der wesentlichen Punkte, die die enorme wirtschaftliche Bedeutung der planaren Technik ausmachen. Dadurch, daß die Kontakte aller Bauelemente in einer Ebene liegen, können eine große Anzahl von Bauelementen durch metallische Leiterbahnen in einem Produktionsschritt miteinander verschaltet werden. Es entfallen die zahlreichen

Lötstellen zwischen den herkömmlichen (diskreten) Bauelementen, die eine starke Quelle von Fehlern darstellen. Bei einer hochkomplexen integrierten Schaltung brauchen nur noch wenige Anschlußdrähte von der Schaltung nach außen geführt werden. Bei reduziertem Raumbedarf und erhöhter Leistungsfähigkeit sind integrierte Schaltungen zuverlässiger als herkömmliche Schaltungen aus diskreten Bauelementen.

Die photographischen Verfahren, die zur Miniaturisierung integrierter Schaltungen in planarer Bauweise geführt haben, ermöglichen auch, daß in *einem* Schritt mehrere gleichartige Schaltungen, auf einer Halbleiterscheibe nebeneinander angeordnet, gefertigt werden können. Dies erlaubt eine Massenfabrikation integrierter Schaltungen mit den damit verbundenen reduzierten Kosten. Es kommt hinzu, daß die Ausbeute funktionsfähiger Schaltungen erhöht wird.

Silizium ist heute derjenige Halbleiterwerkstoff, aus dem die meisten integrierten Schaltungen gefertigt werden, denn die Technologie des Siliziums wird am besten im großtechnischen Maßstab beherrscht. Silizium hat eine relativ große Elektronenbeweglichkeit, eine gute Wärmeleitfähigkeit zur Abfuhr der in der integrierten Schaltung erzeugten Joule'schen Wärme und eine gute Temperaturstabilität seiner Eigenschaften. Weiterhin läßt sich die Oberfläche des Siliziums sehr leicht in Siliziumdioxid (SiO_2) umwandeln, das hervorragende Isolationseigenschaften besitzt. Dies wird z.B. in digitalen Voltmetern ausgenutzt, deren Eingangswiderstand heute meist weit über $10^{10}\Omega$ liegt. SiO_2 kann einerseits zur elektrischen Isolation oder als Dielektrikum eines Kondensators innerhalb der Schaltung verwendet werden. Andererseits schützt es als Passivierungsschicht über der gesamten Si-Scheibe die integrierte Schaltung vor den Einflüssen der äußeren Atmosphäre und trägt damit in starkem Maße zur Langzeitstabilität der Schaltung bei.

Ein Nachteil der Integrationstechnik ist, daß bisher noch keine befriedigende Lösung zur Realisierung von Induktivitäten gefunden wurde. Beim Entwurf integrierter Schaltungen muß man sich deshalb auf Konzepte beschränken, die nur Widerstände,

Kondensatoren, Dioden und Transistoren verwenden. Eine weitere
Beschränkung liegt darin, daß Widerstände und Kondensatoren
mit hohen Werten große Flächen auf der Si-Scheibe einnehmen
und deshalb der erwünschten Miniaturisierung entgegenwirken.
Beim Entwurf integrierter Schaltungen muß man diesen Beschränkungen Rechnung tragen. Eine Konsequenz ist, daß passive Komponenten möglichst vermieden, dafür aber in verstärktem Maße
aktive Bauelemente eingesetzt werden.

Die Entwicklung der Halbleiterelektronik ist durch eine zuneh-
mende Miniaturisierung gekennzeichnet. Mehr und mehr Bauelemente werden auf einer Halbleiterscheibe untergebracht. Es ist
üblich, den Integrationsgrad an der Anzahl von Elementarzellen
zu messen, die auf einem Halbleiterbaustein untergebracht
sind. (Als Richtzahl kann man ansetzen, daß eine Elementarzelle 5 - 10 Bauelemente enthält.) Eine Elementarzelle ist ein
Teil einer integrierten Schaltung, der eine individuelle
Schaltungsfunktion ausführt. Ein logisches Gatter stellt z.B.
eine Elementarzelle in Rechenschaltungen dar. Die Si-Technologie brachte bisher Schaltungen der folgenden Integrationsgrade
zur großindustriellen Anwendung:

Kleinintegration   bis 10 Elementarzellen,
SSI ("small-scale integration")

mittlere Integration   10...100 Elementarzellen,
MSI ("medium-scale integration")

Großintegration   über 100 Elementarzellen.
LSI ("large-scale integration")

Gegenwärtig bewegt sich die Si-Technologie über die Großintegration hinaus auf eine Stufe hin, die mit Größtintegration
("very-large-scale integration"; VLSI) bezeichnet wird. In wenigen Jahren können auf einer Si-Scheibe integrierte Schaltungen erwartet werden, die 10^6 Elementarzellen enthalten.

Gemessen am Integrationsgrad sind alle anderen Technologien
gegenüber der Planartechnologie mit Silizium im Anfangsstadium
der Entwicklung. Integrierte Schaltungen auf Galliumarsenid,

das gegenüber Silizium einige prinzipielle Vorzüge hat (höhere
Elektronenbeweglichkeit und höherer Bandabstand, Realisierbar-
keit von semi-isolierendem GaAs-Substratmaterial), erreichen
gegenwärtig in Mustern den mittleren Integrationsgrad (MSI).

Die planare Technologie mit Silizium und der damit erreichbare
hohe Integrationsgrad haben in vielen Beziehungen ein Umdenken
im Entwurf und Aufbau von Schaltungen und elektronischen Sy-
stemen zur Folge. Zum einen werden in immer stärkerem Maße digitale Schaltungen eingesetzt. Digitale Schaltungen arbeiten
zwischen relativ weit voneinander entfernten Arbeitspunkten,
die auch bei ungenauer Einstellung und stärkerer Drift eindeutig voneinander zu unterscheiden sind. Dies kommt der Planartechnologie entgegen, bei der die einzelnen Bauelemente nur
mit gewissen Toleranzen gefertigt werden können. Demgegenüber
verlangen analoge Schaltungen, bei denen sich der Arbeitspunkt kontinuierlich ändert, erhöhte Präzision und besondere
Kompensationsmaßnahmen. Beides erhöht die Kosten.

Zum anderen erlaubt die Komplexität hochintegrierter Schaltungen nicht mehr die Zerlegung der Schaltung in einzelne Bauelemente. Statt dessen müssen in Entwurf und Aufbau ganze Sub-
systeme betrachtet werden. Anhand digitaler Schaltungen läßt
sich dies durch die Entwicklung vom Gatter über das Register
zum Prozessor illustrieren [1.1]. Das Gatter ist aus einzelnen
Bauelementen aufgebaut; seine Informationseinheit ist das Bit.
Das Register ist eine Zusammenschaltung von Gattern, die ein
logisches Wort verarbeiten. Der Prozessor, die Zentraleinheit
eines elektronischen Rechners, besteht aus einer Reihe von
Subsystemen wie Befehlsregister, Indexregister (zur vorüber-
gehenden Datenspeicherung), Rechenwerk u.a. [1.2]. Der Prozessor wird durch das Programm gesteuert. Bei den analogen Schaltungen verlief die Entwicklung vom Transistor über den Verstärker zum Differentialverstärker, der meist auch Operationsverstärker genannt wird.

Die einschneidenden Änderungen, die durch die Si-Technologie
hervorgerufen werden, zeigen sich gegenwärtig in dem wachsen-
den Einsatz von Mikroprozessoren. Darunter versteht man einen

Prozessor, der auf einer einzigen Halbleiterscheibe integriert ist. Erst dadurch kann der Mikroprozessor wirtschaftlich in größerem Umfang verwendet werden. Um aber die Möglichkeiten des Mikroprozessors voll ausnutzen zu können, wird eine immer engere Zusammenarbeit der Software-Spezialisten, der System-Entwickler und der Halbleiter-Fachleute notwendig werden.

Die Entwicklung der Halbleiterelektronik in den vergangenen Jahrzehnten hat zu einer ständigen Verminderung der Kosten pro Bauelement geführt. Bild 1.3 illustriert diese Entwicklung für die Kosten pro Transistorfunktion. In aufeinanderfolgenden Stufen wurden vorangehende, teurere Bauformen abgelöst [1.1]:

1. Röhren werden durch Transistoren ersetzt;
2. SSI-Schaltungen ersetzen Schaltungen aus diskreten Bauteilen;
3. Produktion der ersten LSI-Rechner;
4. LSI-Speicher ersetzen Magnetkernspeicher in Großrechnern;
5. Produktion der ersten quarzgesteuerten Armbanduhren.

Zwischen diesen Entwicklungsstufen ergaben sich für den Geräteentwickler Möglichkeiten, die Funktion der Geräte zu verbessern und auszuweiten, ohne daß zusätzliche Kosten entstanden. Bisher ist keine prinzipielle Grenze zu sehen, die einer weiteren Kostenreduzierung in der Zukunft und damit einem weiteren Produktionszuwachs von integrierten Schaltungen entgegensteht.

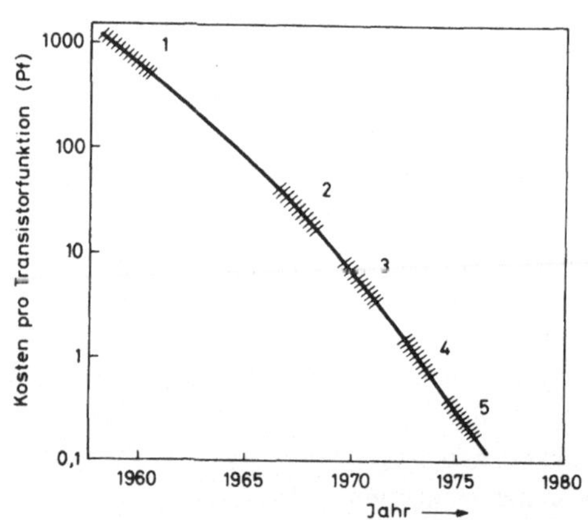

Bild 1.3 Entwicklung der Kosten pro Transistorfunktion (siehe Text)

2 Grundlagen der technologischen Prozesse

2.1 <u>Siliziumtechnologie</u>

2.1.1 <u>Übersicht</u>

Für die Herstellung integrierter Schaltungen aus Silizium sind
zahlreiche Arbeitsgänge erforderlich, die mit der Abscheidung
polykristallinen Reinstsiliziums beginnen und mit dem Einbau
der Schaltung in ein Gehäuse enden. Von diesen technologischen
Prozessen sollen im Rahmen des vorliegenden Skriptums nur die
der Bauelementfertigung im engeren Sinne zugeordneten behandelt werden, d.h. es soll von polierten Si-Scheiben ausgegan-
gen werden, welche vom Materialhersteller zu beziehen sind.
Die beiden Standardprozesse zur Herstellung von integrierten
Schaltungen lassen sich mit folgendem Ablaufschema beschreiben:

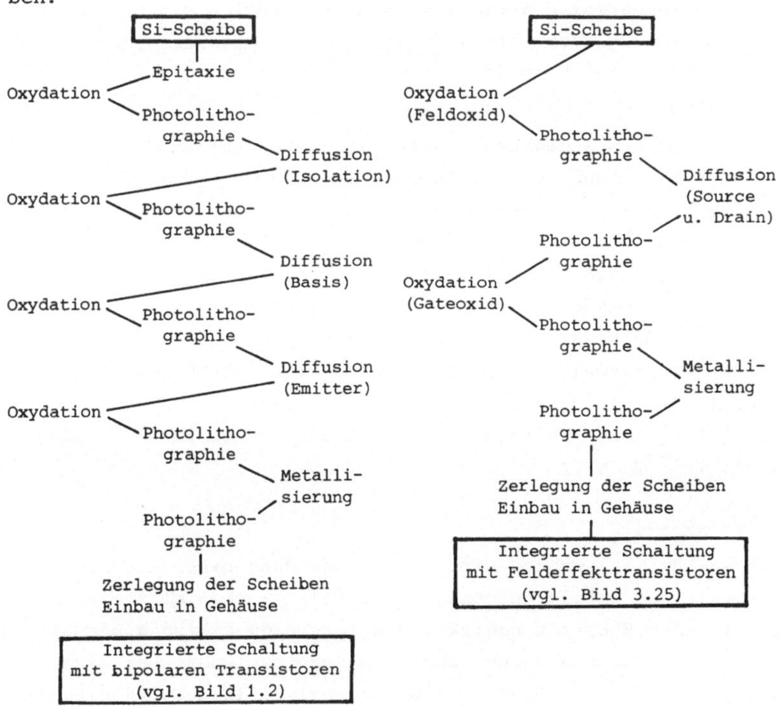

Wie aus vorstehendem Schema hervorgeht, umfaßt die Fertigung
von integrierten Schaltungen mit bipolaren Transistoren im wesentlichen einen Epitaxieprozeß und eine Folge wiederholter
Oxydations-, Photolithographie- und Diffusionsprozesse. Mittels Epitaxie und Störstellendiffusion wird eine geeignete
vertikale Konzentrationsverteilung der Donatoren und Akzeptoren im Silizium erzeugt; hierdurch entstehen mehrere pn-Übergänge (siehe Bild 1.2). Die Oxydationsprozesse dienen - in
Verbindung mit der Photolithographie - der *lateralen* Begrenzung der pn-Übergänge. Außerdem wirkt das hierbei gebildete
Siliziumdioxid als Oberflächenschutz und als Isolation zwischen dem Halbleiterkörper und den metallischen Leiterbahnen.

Die Anzahl der Arbeitsgänge zur Herstellung von integrierten
Schaltungen mit (Anreicherungs-) MOS-Feldeffekttransistoren
ist vergleichsweise gering. Allerdings stellen die Prozesse
zur Herstellung des Gateoxids und der Metallisierung bei diesen Bauelementen besonders hohe Anforderungen an Reinheit und
Präzision.

Die vorstehend angegebenen Arbeitsabläufe stellen das Mindest-
maß des fertigungstechnischen Aufwandes dar. In der Praxis
sind zusätzliche Verfahrensschritte zur Verbesserung der elektrischen Eigenschaften, der Langzeitstabilität usw. erforderlich. Manche Prozeßschritte (z.B. Emitterdiffusion und anschließende Oxydation) können in einem Arbeitsgang erledigt
werden. Andererseits wird beispielsweise die Basisdiffusion in
der Regel in zwei getrennten Arbeitsgängen (Vorbelegung und
Tiefdiffusion) durchgeführt. Unter dem Begriff "Photolithographie" sind stets mehrere einzelne Arbeitsgänge zusammengefaßt
(vgl. Kap. 2.1.4).

2.1.2 Epitaxie

Bei dem Epitaxieprozeß wird die Abscheidung einer dünnen einkristallinen Halbleiterschicht auf einem - ebenfalls einkristallinen - Substrat bewirkt. Die Abscheidung kann grundsätzlich durch Materialzufuhr über die Gasphase oder über eine
Schmelze (flüssige Phase) erfolgen. Bei Silizium wird z.Z.

ausschließlich die Gasphasenepitaxie angewandt, während bei Verbindungshalbleitern (z.B. GaAs, siehe Kap. 2.2) die Flüssigphasenepitaxie eine nicht unerhebliche Rolle spielt.

Beim Standardverfahren zur Herstellung von integrierten Schaltungen mit bipolaren Transistoren wird zunächst eine homogen dotierte, n-leitende Si-Schicht auf einem schwach p-dotierten Substrat benötigt. Zur Abscheidung von Silizium aus der Gasphase können folgende chemische Reaktionen herangezogen werden:

$$SiCl_4 + 2\ H_2 \rightleftharpoons Si + 4\ HCl \tag{2.1}$$
$$SiHCl_3 + H_2 \rightleftharpoons Si + 3\ HCl \tag{2.2}$$
$$SiH_2Cl_2 \rightleftharpoons Si + 2\ HCl \tag{2.3}$$
$$SiH_4 \rightarrow Si + 2\ H_2. \tag{2.4}$$

Die wichtigsten Eigenschaften der genannten Ausgangssubstanzen sind in Tafel 2.1 zusammengestellt.

	$SiCl_4$	$SiHCl_3$	SiH_2Cl_2	SiH_4	
Schmelzpunkt	-70	-127	-122	-185	^oC
Siedepunkt	58	32	8	-111	^oC
Dampf- (0^oC)	0,09	0,27	0,8	(gasf.)	bar
druck (20^oC)	0,26	0,67	1,6		bar

Tafel 2.1 Physikalische Eigenschaften der Ausgangssubstanzen
für die Siliziumepitaxie

Wie aus Tafel 2.1 hervorgeht, handelt es sich bei Siliziumtetrachlorid ($SiCl_4$), Trichlorsilan ($SiHCl_3$) und Dichlorsilan (SiH_2Cl_2) um Substanzen, die bei 0 ^oC flüssig sind; Silan (SiH_4) liegt als Gas vor. Die genannten Substanzen werden mittels eines Trägergases (Wasserstoff) in geeigneter Verdünnung in den Reaktionsraum transportiert.

Bild 2.1 zeigt schematisch den Aufbau einer Apparatur für die Siliziumepitaxie unter Verwendung von Siliziumtetrachlorid als Ausgangssubstanz. Die $SiCl_4$-Konzentration in der Gasphase kann über die Temperatur des Sättigungsgefäßes ($SiCl_4$-Dampfdruck)

und über die H_2-Flußraten eingestellt werden. Die Substrate
befinden sich auf hochfrequenzbeheizten Suszeptoren aus Graphit, der zur Verbesserung der Oberflächenqualität mit einer
dünnen Siliziumkarbidschicht überzogen ist. Im rechten Teil
von Bild 2.1 sind drei gebräuchliche Bauformen des Reaktorge-
fäßes und der dazugehörigen Suszeptoren (scheiben-, quader-
oder zylinderförmig) dargestellt.

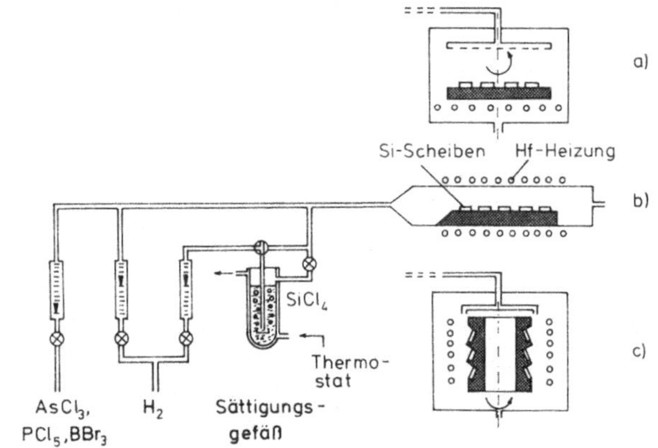

Bild 2.1   Apparatur zur Abscheidung von Silizium aus
           der Gasphase. Rechts Bauformen für Epitaxie-
           Reaktoren: a) Vertikalreaktor, b) Horizon-
           talreaktor, c) Barrel-Reaktor

Die Steuerung der Störstellenkonzentration in den Epitaxieschichten erfolgt durch Zufuhr von gasförmigen Dotierungssub-
stanzen (Arsenwasserstoff, Phosphin oder Diboran) während des
Aufwachsens. Prinzipiell ist auch eine Zugabe flüssiger Dotierstoffe (z.B. $AsCl_3$) zum Siliziumtetrachlorid möglich.

Die epitaktische Abscheidung von Silizium aus der Gasphase
wird üblicherweise bei Temperaturen zwischen 1000 und 1200 $^{\circ}$C
durchgeführt. Hohe Abscheidungstemperaturen fördern die Kri-
stallperfektion, führen jedoch gleichzeitig zu einer - meist
unerwünschten - Diffusion von Störstellen, z.B. aus einer im
Substrat befindlichen n^+-Zone ("vergrabene Schicht" oder "Subkollektor"; vgl. Kap. 3.3.2, Bild 3.19) in die n-Epitaxie-

schicht. Bild 2.2 zeigt - wiederum am Beispiel des Systems
$SiCl_4/H_2$ - schematisch den Zusammenhang zwischen der Abscheidungsrate und der Gaszusammensetzung bei verschiedenen Temperaturen. Wie aus Bild 2.2 hervorgeht, existiert für jede Ab-
scheidungstemperatur ein Maximum der Wachstumsrate. Bei hoher
$SiCl_4$-Konzentration erfolgt eine Ätzung des Si-Substrates;
dieser Effekt wird ausgenutzt, um unmittelbar vor Beginn des
Wachstumsprozesses eine dünne Si-Schicht abzutragen (Oberflä-
chenreinigung durch "in situ"-Ätzung): Die Ätzung kann auch
durch kurzzeitige Zugabe von Chlorwasserstoff bewirkt werden.

Die Abscheidung von
Silizium erfolgt in
der Regel bei niedri-
gem $SiCl_4$-Partial-
druck, d.h. im anstei-
genden Ast der Kurven.

Bei den Reaktionen
(2.1) bis (2.3) han-
delt es sich um Gleich-
gewichtszustände, d.h.
diese Reaktionen füh-
ren zwar unter geeig-
neten Bedingungen zu
einer Abscheidung von
Silizium, gleichzei-

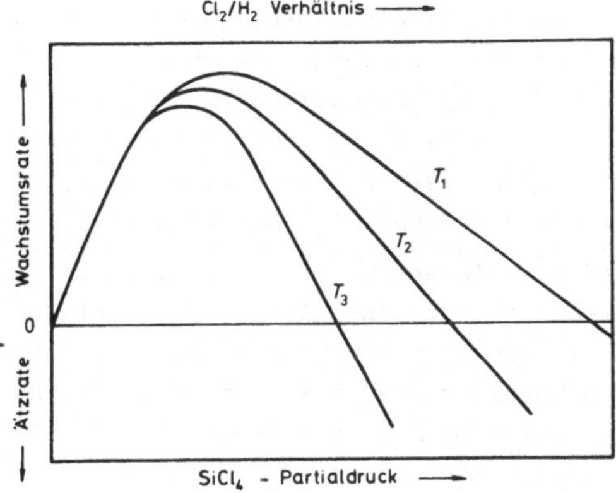

Bild 2.2   Wachstums- bzw. Ätzrate in
Abhängigkeit vom $SiCl_4$-Par-
tialdruck (schematisch)

tig ist jedoch - in der Anfangsphase der Abscheidung - mit einer Überführung von Si-Atomen des Substrates in die Gasphase
zu rechnen. Damit werden auch Dotierungsatome aus dem Substrat
freigesetzt; diese können auf dem Umweg über die Gasphase in
die Epitaxieschicht eingebaut werden. Hierdurch ergibt sich
- ebenso wie durch Diffusion - eine Veränderung des Störstel-
lenprofiles an der Grenzfläche Substrat/Epitaxieschicht. Nur
die Reaktion (2.4) verläuft in dem betrachteten Temperaturbereich praktisch ausschließlich von links nach rechts; in diesem Falle ist der Transport von Störstellen aus dem Substrat
in die Epitaxieschicht über die Gasphase ausgeschlossen. Die

Verwendung von Silan ist daher erforderlich, wenn hohe Anforderungen an die Einhaltung bestimmter Störstellenprofile in der Nähe der Grenze Substrat/Epitaxieschicht gestellt werden.

Ein epitaktisches Wachstum dünner Halbleiterschichten ist auch auf einem Fremdsubstrat möglich ("Heteroepitaxie"), wenn das Fremdsubstrat die gleiche oder eine artverwandte Gitterstruktur besitzt. Von besonderer Bedeutung für die Technologie integrierter Schaltungen ist die Abscheidung von Silizium-Schichten auf Saphirsubstraten (siehe Kap. 3.1). Bei diesem Verfahren wird die Reaktion (2.4) verwendet (d.h. Silan als Ausgangssubstanz), um eine Reaktion des Substrates mit HCl-Gas zu vermeiden. Die Abscheidungstemperaturen liegen zwischen 900 und 1000 $^{\circ}$C, die Wachstumsraten bei etwa 0,2 bis 1 µm/min. Infolge der unterschiedlichen Gitterparameter von Substrat und Epitaxieschicht ist in letzterer ein Bereich von ca. 0,2 µm an der Grenze zum Substrat stark gestört.

Erfolgt die Abscheidung von Silizium auf einem amorphen Substrat, so entsteht eine polykristalline Si-Schicht. Derartige Schichten können - nach entsprechender Dotierung - anstelle von Metallen als Gateelektroden für Feldeffekttransistoren und als Leiterbahnen in integrierten Schaltungen mit Feldeffekttransistoren eingesetzt werden. Die Verwendung von polykristallinem Silizium als Leitermaterial bietet technologische Vorteile hinsichtlich der Temperaturbeständigkeit und der Oxydierbarkeit. Es können in diesem Falle z.B. Diffusionsprozesse *nach* der Aufbringung der Gateelektrode vorgenommen werden; außerdem lassen sich durch thermische Oxydation (Kap. 2.1.3) Si-Leiterbahnen wirkungsvoll isolieren.

2.1.3 Dielektrische Schichten

In der Halbleitertechnologie erfüllen dielektrische Schichten (insbesondere Siliziumdioxid und Siliziumnitrid) verschiedene Aufgaben sowohl während des Herstellungsprozesses als auch als Bestandteil der fertigen Bauelemente. Beim Planarprozeß wird z.B. ein geeignetes SiO_2-Muster zur lateralen Begrenzung der Diffusion und der Ionenimplantation eingesetzt. Als Bestand-

teil fertiger Bauelemente dient Siliziumdioxid der Oberflächenpassivierung und als Isolator zwischen den Leiterbahnen und
dem Halbleiterkörper (siehe z.B. Bild 1.1). Siliziumnitrid kann
ebenfalls als Maskierungssubstanz während der Diffusion herangezogen werden; hauptsächlich findet Si_3N_4 jedoch als Medium
zur Oberflächenpassivierung Verwendung (Schutz gegen Eindiffusion von Alkaliionen). Mit einem Si_3N_4-Muster läßt sich darüber hinaus die thermische Oxydation der Si-Oberfläche be-
reichsweise verhindern. Eine derartige selektive Oxydation
kann zur Isolation von Bauelementen herangezogen werden (Isoplanarverfahren, Bild 3.2).

Zur Herstellung dielektrischer Schichten sind zahlreiche Verfahren erarbeitet worden; die wichtigsten sind in dem folgenden Schema enthalten.

Von den vorstehend aufgeführten Verfahren sollen im Rahmen des
vorliegenden Skriptums nur die thermische Oxydation von Silizium, die Herstellung von Siliziumnitrid und Siliziumdioxid
mittels thermisch aktivierter Gasphasenreaktionen und die Hoch-
frequenz-Katodenzerstäu-
bung näher beschrieben
werden.

Die im Temperaturbe-
reich von ca. 900 bis
1200 °C durchgeführte
Oxydation von Silizium
liefert besonders
dichte SiO_2-Schichten,
welche die oben erwähn-

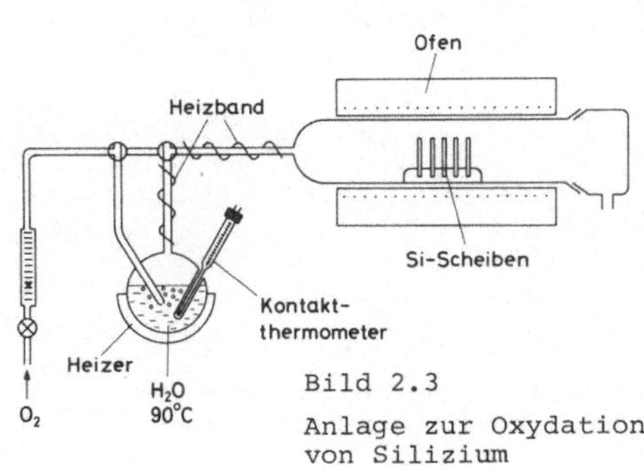

Bild 2.3

Anlage zur Oxydation
von Silizium

ten Aufgaben im Rahmen der Planartechnik erfüllen. Bild 2.3 zeigt eine Anlage zur thermischen Oxydation von Silizium; als oxydierende Medien dienen Sauerstoff bzw. Wasserdampf. In Bild 2.4 ist der Zusammenhang zwischen der SiO_2-Schichtdicke und der Dauer des Oxydationsprozesses bei verschiedenen Temperaturen dargestellt. Wie aus Bild 2.4 hervorgeht, ist die Schichtdicke angenähert proportional zur Wurzel aus der Oxydationszeit. Es ist ferner ersichtlich, daß die Oxydation in einer wasserdampfhaltigen Atmosphäre wesentlich schneller voranschreitet.

Für die Diffusionsmaskierung sind SiO_2-Schichten mit einer Dicke von ca. 4000 Å erforderlich. Die Oxydation soll unter möglichst geringer zeitlich-thermischer Beanspruchung der Si-Scheiben erfolgen, um eine unerwünschte Diffusion von Störstellen zu vermeiden. In diesem Fall ist das "nasse" Oxydationsverfahren vorzuziehen. Beim Gateoxid (in MOS-Feldeffekttransistoren), dessen Dicke weniger als 1000 Å beträgt, kommt es dagegen entscheidend auf die Oxidqualität an; die Oxydation muß daher in extrem trockenem Sauerstoff erfolgen. Zusätzlich sind besondere Vorkehrungen notwendig, um den Einbau von Alkaliionen zu vermeiden.

Eine Nitrierung der Si-Oberfläche ist unter technologisch sinnvollen Druck- und Temperaturbedingungen nicht möglich. Die Herstellung von Si_3N_4-Schichten muß daher durch Abscheidung aus der Gasphase nach chemischen Verfahren erfolgen (in der angelsächsischen Literatur: CVD = chemical vapour deposition). Für die Abscheidung von Sili-

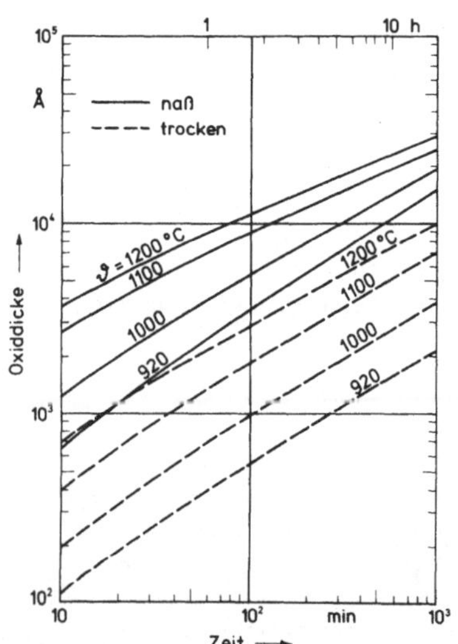

Bild 2.4 Oxiddicke in Abhängigkeit von der Oxydationszeit

ziumnitrid wird die Reaktion

$$3\ SiH_4 + 4\ NH_3 \rightarrow Si_3N_4 + 12\ H_2 \qquad\qquad (2.5)$$

herangezogen; eine Anlage dieser Art ist in Bild 2.5 dargestellt. Die Abscheidung erfolgt im Wasserstoff- oder Stick-
stoffstrom bei Temperaturen zwischen 700 und 1100 ^{o}C.

Die Anlage gemäß Bild 2.5 kann auch zur Abscheidung von Siliziumdioxid dienen, wenn anstelle von Ammoniak ein schwach oxy-
dierendes Gas (CO_2, NO, N_2O etc.) zugeführt wird. Das auf che-
mischem Wege im Temperaturbereich von ca. 500 ^{o}C bis ca.
900 ^{o}C erzeugte Siliziumdioxid weist eine erheblich geringere
Qualität auf als das durch thermische Oxydation erhaltene. Die

pyrolytische Ab-
scheidung von SiO_2
wird daher nur dann
angewandt, wenn ei-
ne thermische Oxy-
dation aus den er-
wähnten Gründen un-
möglich oder nicht
zweckmäßig ist.

Durch Gasphasenre-
aktionen können
auch dotierte SiO_2-

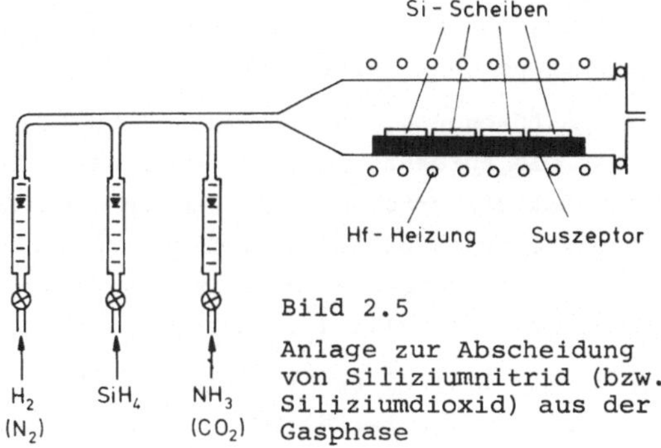

Bild 2.5

Anlage zur Abscheidung
von Siliziumnitrid (bzw.
Siliziumdioxid) aus der
Gasphase

Schichten (Bor, Phosphor oder Arsen enthaltend), sowie andere
Dielektrika (z.B. Aluminiumoxid, Zinnoxid, Bornitrid) erzeugt
werden; die Abscheidung von Metallen ist ebenfalls möglich.

Soll eine dielektrische Schicht auf einer Halbleiterscheibe
aufgebracht werden, die bereits metallische Leiterbahnen enthält, so ist ein Verfahren zu wählen, bei dem die Scheibentem-
peratur gering ist (im Falle der Verwendung von Aluminium beispielsweise unter 400 ^{o}C). Für derartige Anwendungen (z.B.
Oberflächenschutz bei fertigen Bauelementen) werden physikalische Herstellungsmethoden bevorzugt. Bei der Hochfrequenz-Ka-
todenzerstäubung wird durch ein hochfrequentes Wechselfeld ein
Argonplasma erzeugt. Die (positiv geladenen) Argonionen tref-

fen auf eine aus SiO_2 bzw. Si_3N_4 bestehende Platte ("Target"),
aus welcher SiO_2- bzw. Si_3N_4-Moleküle herausgeschlagen werden.
Durch diese Moleküle wird auf der gegenüberliegenden Si-Scheibe eine dielektrische Schicht entsprechender Zusammensetzung
gebildet.

2.1.4 Photolithographie

Wie in Kap. 2.1.1 erläutert, sind für die Herstellung integrierter Bauelemente stets mehrere photolithographische Prozesse erforderlich. Die meisten Photolithographieschritte dienen der Strukturierung von SiO_2-Schichten und damit der lateralen Begrenzung von pn-Übergängen. Die Photolithographie ermöglicht ferner eine selektive Ätzung von Metall- oder Halbleiterschichten zwecks Erzeugung von ohmschen Kontakten, Steu-
erelektroden und Leiterbahnen.

Für die Anwendung des photolithographischen Verfahrens ist zunächst die Anfertigung einer geeigneten Photomaske (bzw. eines
Maskensatzes) erforderlich. Verschiedene Möglichkeiten der Umsetzung eines Schaltungsentwurfes in eine Arbeitsmaske sowie
der Übertragung des Musters von der Maske auf die Halbleiterscheibe sind in Bild 2.6 zusammengestellt.

Zur Herstellung einer Arbeitsmaske sind in der Regel mehrere
Reduktions-, Vervielfältigungs- und Kopierschritte erforderlich. Beim "konventionellen" Verfahren wird die geometrische
Anordnung der Schaltung in geeigneter Vergrößerung (zwischen
100:1 und 1000:1) auf Spezialfolien übertragen (je eine Folie
für jeden Diffusions-, Ätz- oder Metallisierungsschritt). Die
Folien bestehen aus einem durchsichtigen Trägermaterial und
einem roten Deckblatt, aus dem einzelne Bereiche herausge-
schnitten werden. Durch photographische Verkleinerung wird zunächst eine Zwischenvorlage ("reticle") erzeugt; in einem weiteren Schritt erfolgt die Vervielfachung des Musters und die
Verkleinerung auf die Endgröße ("step-and-repeat-Verfahren").
Von den so entstandenen Muttermasken werden im Kontaktkopier-
verfahren die für den Produktionsprozeß erforderlichen Arbeitsmasken hergestellt.

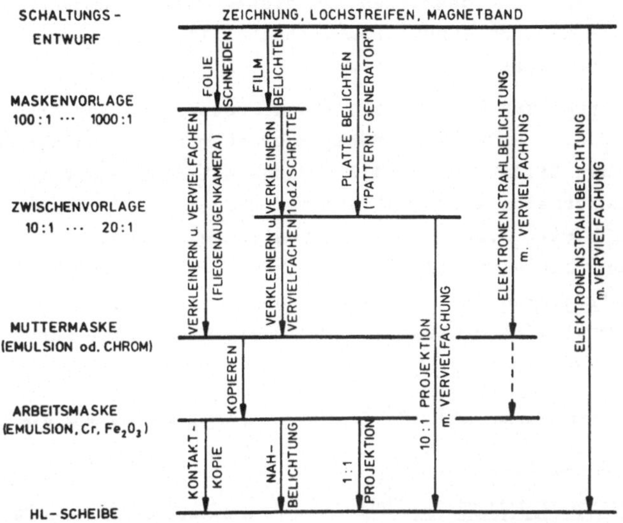

Bild 2.6   Arbeitsgänge zur Herstellung von Mikro-
strukturen mittels Photolithographie

Emulsionsmasken sind am preisgünstigsten; in der Produktion
werden jedoch häufig Masken mit einer Chromschicht eingesetzt,
da diese eine höhere Abriebfestigkeit aufweisen. Fe_2O_3-Schich-
ten absorbieren die in der Photolithographie verwendete UV-
Strahlung, sind jedoch im sichtbaren Spektralbereich durchläs-
sig; hierdurch wird das Justieren von Masken mit komplizier-
ten Strukturen erleichtert ("see-through-Masken").

Bei hochintegrierten Schaltungen erfolgt die Herstellung der
Vorlage bzw. der Zwischenvorlage auf optisch-mechanischem Wege unter Verwendung einer rechnergesteuerten Anlage ("pattern-
generator"). Ferner können Mutter- oder Arbeitsmasken durch
Elektronenstrahlbelichtung (ohne Zwischenvorlage) erzeugt werden.

Im Prinzip ist auch eine direkte Übertragung des Schaltungsentwurfes auf die photolackbeschichtete Si-Scheibe mittels eines computergesteuerten Elektronenstrahles möglich. Infolge

der hohen Investitionskosten ist dieses Verfahren jedoch nur bei extrem kleinen Strukturen wirtschaftlich (d.h. wenn licht-optische Verfahren versagen).

Die Verfahren zur Übertragung eines Musters von der Arbeits-maske auf eine SiO_2- bzw. Metallschicht mittels Kontaktkopie sind in den Bildern 2.7 und 2.8 dargestellt. Die oxydierte Halbleiterscheibe wird zunächst mit Photolack beschichtet (Bild 2.7b bzw. 2.8b). Negativ arbeitende Lacke werden nach Belichtung mit ultravioletter Strahlung (Bild 2.7c) unlöslich; die _unbelichteten_ Stellen werden durch organische Lösungsmit-tel entfernt ("Entwickeln", Bild 2.7d). Nach einem Härtungs-

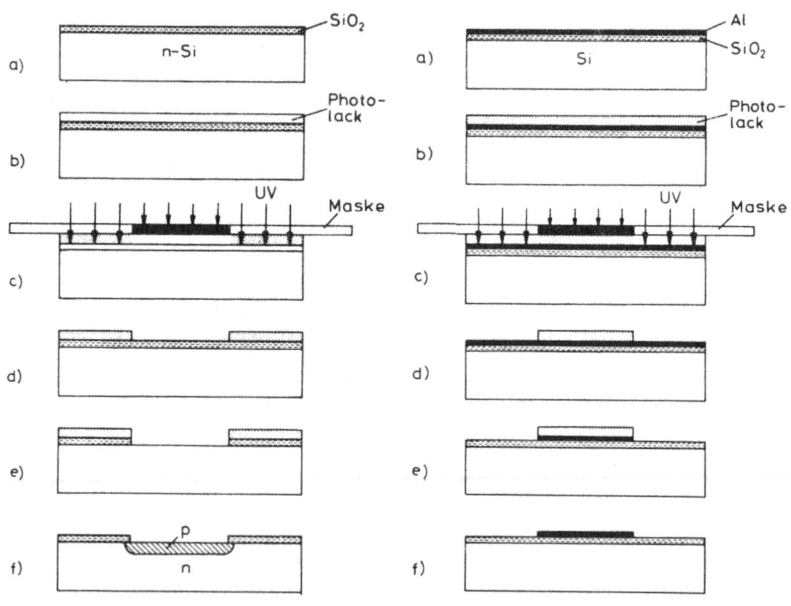

Bild 2.7

Photolithographischer Prozeß unter Verwendung eines Nega-tivlackes. Beispiel: Öffnung von SiO_2-Fenstern für selek-tive Diffusion

Bild 2.8

Photolithographischer Prozeß unter Verwendung eines Posi-tivlackes. Beispiel: Struktu-rierung von Metallschichten

prozeß (z.B. Erhitzen auf 180 $^{\circ}$C) läßt sich die SiO_2-Schicht mittels gepufferter Flußsäure ($HF/NH_4F/H_2O$) selektiv ätzen, so daß Fenster für die nachfolgende Diffusion (oder Kontaktierung) entstehen (Bild 2.7e). Vor der Diffusion (Bild 2.7f) muß der restliche Photolack sorgfältig entfernt werden.

Die Verfahrensweise bei Verwendung eines Positivlackes ist in Bild 2.8 am Beispiel der Strukturierung einer Metallschicht dargestellt. Während unbelichteter Positivlack nur in organischen Substanzen löslich ist, lassen sich die _belichteten_ Bereiche mittels einer leicht alkalischen, wässrigen Lösung entfernen (Bild 2.8c,d). Die stehengebliebene Lackstruktur (Bild 2.8e) ermöglicht eine selektive Ätzung der Metallschicht (Bild 2.8f).

2.1.5 Diffusion und Ionenimplantation

Diffusions- und Ionenimplantationsverfahren dienen der Erzeugung inhomogener Störstellenverteilungen, insbesondere in Form von pn-Übergängen. Die laterale Begrenzung der Diffusion bzw. Ionenimplantation wird mittels einer geeignet strukturierten Maskierungsschicht (vorwiegend SiO_2 oder Si_3N_4, siehe Kap. 2.1.3 und 2.1.4) erreicht. Dieses Verfahren basiert darauf, daß die meisten Dotierstoffe in den Maskierungsschichten wesentlich langsamer als im Silizium diffundieren.

In der Diffusionstechnik erfolgt bei Temperaturen zwischen etwa 900 und 1250 $^{\circ}$C eine ungeordnete (statistisch verteilte) Bewegung von Dotierungsatomen im Siliziumgitter. Existiert ein Konzentrationsgradient ausschließlich in x-Richtung, so resultiert nach dem 1. FICKschen Gesetz eine Teilchenstromdichte in x-Richtung

$$S = - D\frac{\partial C}{\partial x} \tag{2.6}$$

mit dem - temperaturabhängigen - Diffusionskoeffizienten D. Mit der Kontinuitätsgleichung

$$\frac{\partial C}{\partial t} + \frac{\partial S}{\partial x} = 0 \tag{2.7}$$

ergibt sich die Diffusionsgleichung

$$\frac{\partial c}{\partial t} = D\frac{\partial^2 c}{\partial x^2} \qquad\qquad (2.8)$$

(2. FICKsches Gesetz); hierbei wird vorausgesetzt, daß der Diffusionskoeffizient unabhängig von der Störstellenkonzentration c ist. Durch geeignete Wahl der Rand- und Anfangsbedingungen lassen sich gemäß Gl. (2.8) verschiedene Störstellenverteilungen $c(x,t)$ realisieren. In der Praxis werden insbesondere folgende Methoden - ggf. auch kombiniert - angewandt:

1. Die Störstellenkonzentration wird durch laufende Zufuhr an der Halbleiteroberfläche ($x = 0$) konstant gehalten, d.h. $c(0,t) = c_0 = $ const.

2. Die Oberfläche wird vor der Diffusion mit Störstellen belegt (Flächendichte Q). Diese Störstellen diffundieren in das Halbleiterinnere; während der Diffusion erfolgt keine Nachlieferung von Störstellen ($Q = $ const.).

Im ersten Falle, d.h. mit den Rand- und Anfangsbedingungen

$$c(0,t) = c_0 \quad , \quad c(\infty,t) = 0 \quad , \quad c(x,0) = 0$$

ergibt sich das Konzentrationsprofil

$$c(x,t) = c_0 \left[1 - \frac{2}{\sqrt{\pi}} \int_0^{x/2\sqrt{Dt}} e^{-\xi^2}d\xi \right] = c_0 \ \mathrm{erfc}\ (x/2\sqrt{Dt}), \qquad (2.9)$$

welches (auf c_0 normiert) in Bild 2.9 für drei verschiedene Zeiten (entsprechend den Diffusionslängen $L = 0{,}1$ µm, $L = 0{,}5$ µm und $L = 1$ µm) dargestellt ist ($L = 2\sqrt{Dt}$). Erfolgt die Störstellendiffusion in einem Halbleiter entgegengesetzten Leitungstyps mit homogener Dotierung c_B, so resultiert ein pn-Übergang, dessen Abstand $x_j(t)$ von der Oberfläche aus Gl.(2.9) berechnet werden kann, indem man

$$c(x_j,t) = c_B$$

setzt. Die Tiefe des pn-Überganges ist somit proportional zur Wurzel aus der Diffusionskonstanten bzw. Diffusionszeit:

$$x_j \sim \sqrt{Dt}. \qquad\qquad (2.10)$$

Bei einer Diffusion mit konstanter Flächenbelegung Q (keine Störstellennachlieferung und keine Ausdiffusion von Störstellen) lauten die Rand- und Anfangsbedingungen

$$\left(\frac{\partial c}{\partial x}\right)_{x=0} = 0,$$

$$\int_{0}^{\infty} c(x,t)\,dx = Q$$

(für alle t),

$$c(x,0) = 0$$

(für $x \neq 0$)

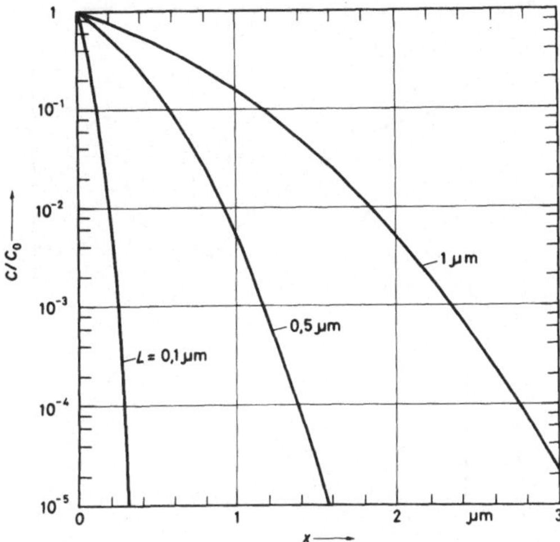

Bild 2.9 Störstellenverteilung bei Diffusion mit konstanter Oberflächenkonzentration c_O

und die Lösung der DGl. (2.8):

$$c(x,t) = \frac{Q}{\sqrt{\pi D t}}\, e^{-x^2/4Dt}. \tag{2.11}$$

Auch in diesem Falle nimmt die Eindringtiefe der Störstellen im Verlauf des Diffusionsprozesses zu; die Oberflächenkonzentration nimmt jedoch laufend ab (Bild 2.10). Die Tiefe $x_j(t)$ eines pn-Überganges, der durch Störstellendiffusion in einem Halbleiter entgegengesetzten Leitungstyps mit homogener Dotierung c_B entsteht, ergibt sich wiederum durch Gleichsetzen von $c(x_j,t)$ und c_B.

Die Herstellung von Bereichen mit hoher Störstellenkonzentration (z.B. Emitterzonen bei bipolaren Transistoren, Source- und Drainbereiche bei Feldeffekttransistoren) erfolgt ausschließlich nach der unter 1. genannten Methode, d.h. mit konstantgehaltener Oberflächenkonzentration. Für Bereiche niedriger bis mittlerer Störstellenkonzentration (z.B. Basiszonen bipolarer Transistoren) wird dagegen häufig ein zweistufiger

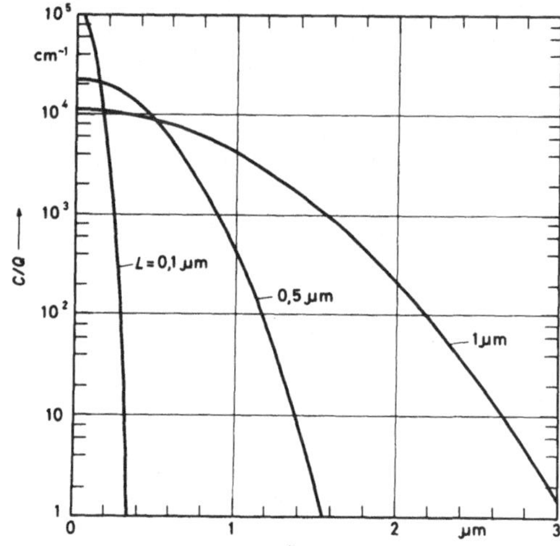

Bild 2.10   Störstellenverteilung bei
Diffusion mit konstanter
Flächenbelegung Q

Diffusionsprozeß (Vorbelegung und Nachdiffusion) angewandt. Beim Vorbelegungsprozeß werden Störstellen in hoher Konzentration (c_O = const.) durch kurze Diffusionszeit t_1 bei relativ niedriger Temperatur (Diffusionskonstante D_1) nur bis zu einer Tiefe von ca. 0,1 μm eindiffundiert. Die Verteilung der Dotierungsatome kann somit näherungsweise als eine flächenhafte Belegung angesehen werden, für die sich aus Gl. (2.9) die Flächendichte

$$Q = \int\limits_0^\infty c(x,t_1)\,dx = 2\,c_O\sqrt{\frac{D_1 t_1}{\pi}} \tag{2.12}$$

ergibt. Bei der anschließenden Nachdiffusion ohne äußere Quelle bei höherer Temperatur (Diffusionskonstante D_2) und ggf. mit längerer Diffusionsdauer t_2 werden die unter der Oberfläche befindlichen Dotierungsatome tiefer in das Halbleiterinnere eindiffundiert, wobei die Oberflächenkonzentration laufend abnimmt. Die resultierende Störstellenverteilung ist dann durch die Formel

$$c(x) = \frac{2\,c_O}{\pi}\sqrt{\frac{D_1 t_1}{D_2 t_2}}\;e^{-x^2/4D_2 t_2} \tag{2.13}$$

zu beschreiben. Wie aus Gl.(2.13) hervorgeht, lassen sich die Oberflächenkonzentration und die Eindringtiefe der Störstellen durch die experimentellen Bedingungen der Vorbelegung (c_O, D_1,

t_1) und der Nachdiffusion (D_2, t_2) in weiten Grenzen einstellen.

Die Temperaturabhängigkeit der Diffusionskoeffizienten der wichtigsten Donatoren (P, As, Sb) und Akzeptoren (B, Al, Ga) in Silizium ist in Bild 2.11 dargestellt. Diese Daten gelten für niedrige bis mittlere Störstellendichten; bei Konzentrationen oberhalb $10^{18}\,cm^{-3}$ ist mit einer Konzentrationsabhängigkeit der Diffusionskoeffizienten zu rechnen.

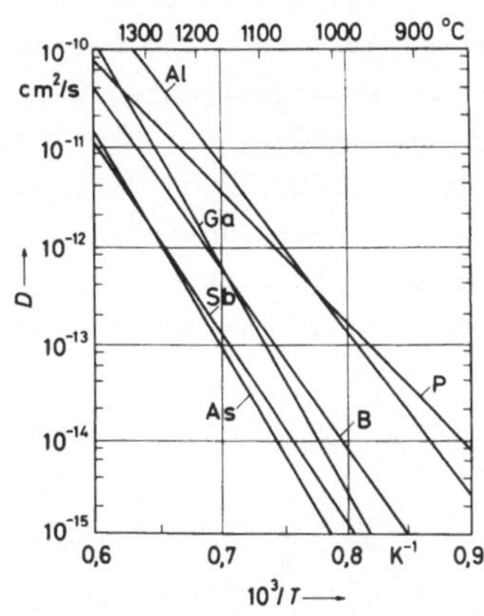

Bild 2.11 Diffusionskoeffizienten der Störstellen in Silizium

Die Störstellendiffusion in Silizium kann nach verschiedenen Verfahren erfolgen. Man unterscheidet zwischen Verfahren, bei denen sich die Störstellenquelle in direktem Kontakt mit dem Silizium befindet und Verfahren mit räumlicher Trennung von Quelle und Halbleiter; im letzteren Falle ist ein Transport der Dotierungsatome über die Gasphase erforderlich.

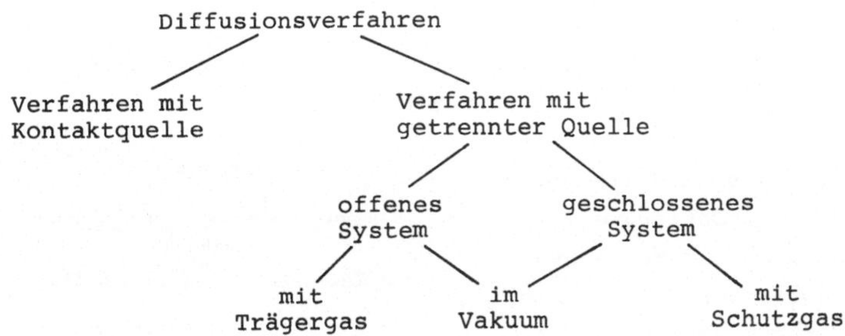

Das Verfahren mit Kontaktquelle zeichnet sich durch geringen apparativen Aufwand aus. Die mit einer Dotiermittelschicht (Bor-, Phosphor- oder Arsenosilikat) versehenen Si-Scheiben

werden in einer Inertgas- oder leicht oxydierenden Atmosphäre
auf die gewünschte Diffusionstemperatur gebracht.

Beim offenen Diffusionsverfahren wird ein kontinuierlicher
Gasfluß über die in einem Diffusionsofen befindlichen Si-
Scheiben geleitet. Die Dotierungsatome werden dem Trägergas
in Form einer geeigneten Verbindung (z.B. B_2H_6, BCl_3, $POCl_3$,
AsH_3) zugemischt. Bild 2.12 zeigt eine Diffusionsapparatur,
welche die Verwendung gasförmiger bzw. flüssiger Dotierstoffe
gestattet. Feste Dotierstoffe mit entsprechend geringem Dampfdruck (z.B. Bornitrid) können in unmittelbarer Nähre der Si-
Scheiben in der heißen Zone des Diffusionsofens untergebracht

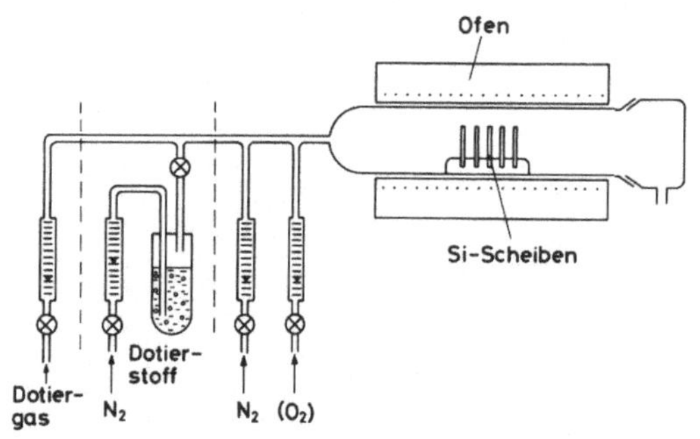

werden.

Durch Zusatz von
Sauerstoff in gerin-
ger Konzentration
wird an der Silizi-
umoberfläche eine
dünne SiO_2-Schicht
gebildet; hierdurch
lassen sich Ero-
sionserscheinungen
verhindern.

Bild 2.12   Diffusion im offenen System
            mit gasförmiger oder flüssi-
            ger Quelle

Beim geschlossenen Diffusionsverfahren befinden sich die Halb-
leiterscheiben zusammen mit dem Dotierstoff in einer evakuier-
ten oder mit Inertgas ge-
füllten Quarzampulle (Bild
2.13). Als Dotierquelle
wird in diesem Falle häu-
fig dotiertes Silizium in
Pulverform verwendet.

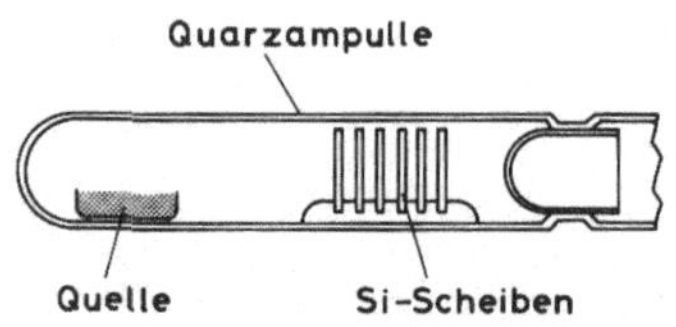

Bild 2.13   Diffusion im abge-
            schlossenen System

Bei der Diffusion treten verschiedene Sekundäreffekte auf, die
zu Abweichungen von den theoretisch ermittelten Störstellenverteilungen nach den Gln. (2.9),(2.11) und (2.13) führen. Wie
bereits erwähnt, muß bei hohen Störstellenkonzentrationen mit
einem konzentrationsabhängigen Diffusionskoeffizienten gerechnet werden. Ferner kann die Diffusion durch ein inneres elektrisches Feld unterstützt werden, welches infolge der Wechselwirkung von ionisierten Störstellen und beweglichen Ladungsträgern (Elektronen und Löcher) entsteht; dieser Effekt ist
immer dann wirksam, wenn die Störstellenkonzentration größer
als die während des Diffusionsvorganges herrschende Eigenkon-
zentration n_i ist. Auch mechanische Spannungen, die durch hohe
Störstellenkonzentrationen im Halbleiter hervorgerufen werden,
können den Diffusionsvorgang beeinflussen; die Dotierstoffe
der Basis werden während der anschließenden Emitterdiffusion
unter dem Emitter tiefer in das Kollektorgebiet hineingetrie-
ben als an anderen Stellen ("Emitter-Treib-Effekt"). Für eine
ausführlichere Erläuterung dieser Erscheinungen sei auf die
Spezialliteratur verwiesen [2.1], [2.2].

Die technische Durchführung von Diffusionsprozessen ist mit
einer Reihe von Problemen verbunden, deren wichtigste im folgenden aufgeführt seien:

1. Die mehrfache Aufheizung der Si-Scheiben auf Temperaturen
   über 900 °C führt zu einer Belastung des Kristallmaterials,
   d.h. zu einer Verschlechterung der Kristallqualität.

2. Die hohen Diffusionstemperaturen schränken die Auswahl geeigneter Maskierungssubstanzen stark ein (z.Z. werden ausschließlich SiO_2 und Si_3N_4 verwendet).

3. Mit der Diffusionstechnik können nur bestimmte Störstellenprofile erzeugt werden; beispielsweise ist es nicht möglich,
   eine streckenweise konstante Störstellenkonzentration zu
   erzielen.

4. Die reproduzierbare Einstellung sehr niedriger Störstellenkonzentrationen (z.B. unter $10^{16} cm^{-3}$) ist nur durch aufwendige, mehrstufige Diffusionsprozesse möglich.

5. Eine Erfolgskontrolle ist beim Diffusionsverfahren grundsätzlich erst nach Abschluß des Diffusionsprozesses möglich.

Die vorstehend genannten Probleme können größtenteils durch
Anwendung des Ionenimplantationsverfahrens gelöst werden. Bei
der Ionenimplantation werden Störstellenatome ionisiert, beschleunigt und in den Halbleiterkristall eingeschossen. Eine
derartige Anlage ist in Bild 2.14 schematisch dargestellt. Die
ionisierten Dotierungsatome werden zunächst mit Spannungen
zwischen etwa 10 und 30 kV extrahiert und fokussiert; an-
schließend erfolgt die Beschleunigung auf die gewünschte Energie. Die verschiedenen Ionensorten werden durch Ablenkung im Magnetfeld getrennt und mit einer Blende aussortiert. Mit einem Ablenksystem wird der Ionenstrahl rasterförmig über die Halbleiterscheibe geführt.

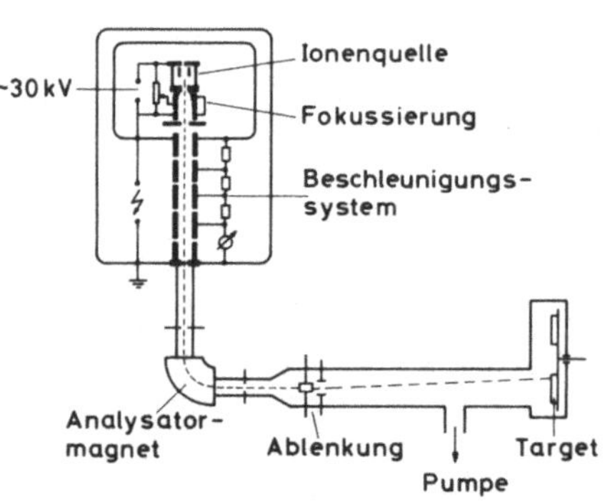

Bild 2.14   Ionenimplantationsanlage

Die Konzentrationsverteilung der implantierten Ionen läßt sich
angenähert durch eine Gaußverteilung um eine mittlere Reichweite R_p mit einer Schwankungsbreite (Standardabweichung) ΔR_p
beschreiben:

$$C(x) = \frac{Q}{\sqrt{2\pi R_p}} \exp - \left[(x - R_p)^2 / 2(\Delta R_p)^2 \right]; \qquad (2.14)$$

hierin ist Q die Dosis, d.h. die Gesamtzahl der pro Flächeneinheit eingeschossenen Ionen. Die mittlere Reichweite R_p ist
angenähert proportional der Ionenenergie und umgekehrt proportional der Ionenmasse und der Dichte des Substrates. Beispielsweise betragen bei der Implantation von Bor in Silizium bei einer Energie von 300 keV die mittlere Reichweite R_p = 1 µm und

die Schwankungsbreite ΔR_p = 0,14 µm. Es ist darauf zu achten, daß der Einschuß nicht in Richtung niedrig indizierter Achsen erfolgt, weil sonst R_p erheblich vergrößert wird ("channelling-Effekt").

Die Ionenimplantation kann bei Raumtemperatur vorgenommen werden. Allerdings ist zur Ausheilung von Strahlenschäden und zur Aktivierung der Dotierungsatome (Einbau auf Gitterplätzen) eine kurzzeitige Erhitzung des Siliziums auf etwa 700 - 900 °C erforderlich; die thermische Belastung des Halbleiters bleibt jedoch erheblich geringer als bei der Diffusionstechnik. Durch Messung des Ionenstromes ist es möglich, die Zahl der pro Zeiteinheit implantierten Ionen während des Implantationsprozesses sehr genau zu bestimmen.

Das Ionenimplantationsverfahren erfordert einen hohen apparativen Aufwand (hohe Beschleunigungsspannungen), wenn insbesondere schwere Atome (z.B. Arsen) tief implantiert werden sollen. In diesem Fall ist es zweckmäßig, die Ionenimplantation nur als Vorbelegungsprozeß einzusetzen und anschließend eine Diffusion durchzuführen, durch welche die endgültige Einstellung der Störstellenverteilung vorgenommen wird; durch die thermische Behandlung erfolgt gleichzeitig eine Ausheilung der Strahlenschäden und eine Aktivierung der Störstellen.

Mit großem Erfolg wird die Ionenimplantation bei der Einstellung der Schwellenspannung von MOS-Feldeffekttransistoren eingesetzt; hierfür ist nur eine sehr geringe Eindringtiefe bei niedriger Dosis erforderlich.

Auch bei der Herstellung hochohmiger Präzisionswiderstände hat sich die Ionenimplantation besonders bewährt. Durch zusätzlichen Einschuß von Edelgasionen können Strahlenschäden erzeugt werden, welche in diesem Falle erwünscht sind, da sie zur Linearisierung und Verringerung des Temperaturkoeffizienten des Widerstandes beitragen.

2.1.6 Kontaktierung und Montage

Zum Betrieb der durch Diffusion, Ionenimplantation etc. herge-
stellten Bauelemente sind elektrische Kontakte erforderlich,
die eine möglichst lineare (ohmsche) Kennlinie mit geringem
Kontaktwiderstand aufweisen sollen. An den Kontaktwerkstoff
sind darüber hinaus folgende Forderungen zu stellen:

1. Gute Haftfähigkeit auf Silizium und Siliziumdioxid,
2. mechanische Festigkeit der Verbindung mit Gold- oder Aluminiumdrähten,
3. hohe elektrische Leitfähigkeit,
4. Korrosionsbeständigkeit.

Es ist evident, daß ein Kontaktwerkstoff nicht alle der vor-
stehenden Forderungen in idealer Weise zu erfüllen vermag. Mit
Aluminium lassen sich ohmsche Kontakte auf p-Silizium erzielen,
wenn die Störstellenkonzentration mindestens $10^{16}\,\text{cm}^{-3}$ beträgt;
bei n-Silizium ist dagegen eine Dotierung von mehr als $10^{19}\,\text{cm}^{-3}$
erforderlich. Der Kontaktwiderstand nimmt mit steigender Dotierung des Halbleitermaterials ab. Hinsichtlich der 3. und 4.
Forderung ist Aluminium nicht optimal; es stellt aber eine ak-
zeptable und preisgünstige Lösung dar. In den meisten integrierten Schaltungen wird daher Aluminium für Kontakte und
Leiterbahnen verwendet. Die in Aluminium bei hohen Stromdich-
ten auftretende Materialwanderung kann durch einen geringen
Zusatz von Kupfer in erträglichen Grenzen gehalten werden.

Bei gesteigerten Anforderungen ist eine mehrschichtige Kontaktierung erforderlich. In dem Beispiel gemäß Bild 2.15 werden
Platinsilizid als Kontaktmaterial, Titan als Haftvermittler
und Gold für die Leiterbahn
eingesetzt; eine dünne Platin-
Zwischenschicht ist in diesem
Falle erforderlich, um die Diffusion von Gold in Titan zu
verhindern.

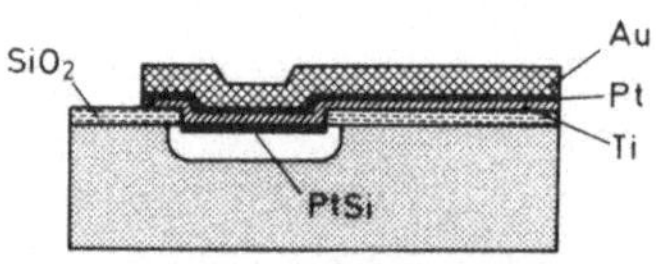

Bild 2.15   Beispiel einer
            Mehrschichtkon-
            taktierung

Die Kontaktierung erfordert stets mehrere Prozeßschritte, wie
Aufdampfen (ggf. mehrfach), Sintern (oder Legieren) und Struk-
turieren der Kontakte und Leiterbahnen (z.B. gemäß Bild 2.8).
Nach der Metallisierung (und ggf. Funktionsprüfung) wird die
Siliziumscheibe in einzelne Plättchen ("Chips"), die jeweils
eine integrierte Schaltung enthalten, zerlegt. Der Einbau der
Plättchen in Gehäuse erfolgt mittels Legierungstechnik, durch
Löten oder mit Hilfe eines leitfähigen Klebers.

Das Legierungsverfahren beruht auf der Bildung der eutektischen Legierung von Gold und Silizium (31 At.% Si) bei Temperaturen oberhalb 375 °C. Dementsprechend muß die für das Sili-
ziumchip vorgesehene Fläche des Gehäuses mit einer etwa 2 µm
starken Goldschicht versehen werden. Als Lotwerkstoffe werden
bevorzugt niedrig schmelzende Goldlegierungen (z.B. Au/Ge) verwendet. Die Klebetechnik eignet sich besonders für einen auto-
matisierten Fertigungsablauf; allerdings sind die elektrischen
und thermischen Eigenschaften einer derartigen Verbindung weniger günstig.

Für den Einbau integrierter Schaltungen stehen verschiedene
Gehäusetypen zur Verfügung (Bild 2.16). Schaltungen mit geringem Integrationsgrad (geringe Zahl von Anschlüssen) werden
häufig in Rundgehäusen untergebracht, welche eine Weiterent-

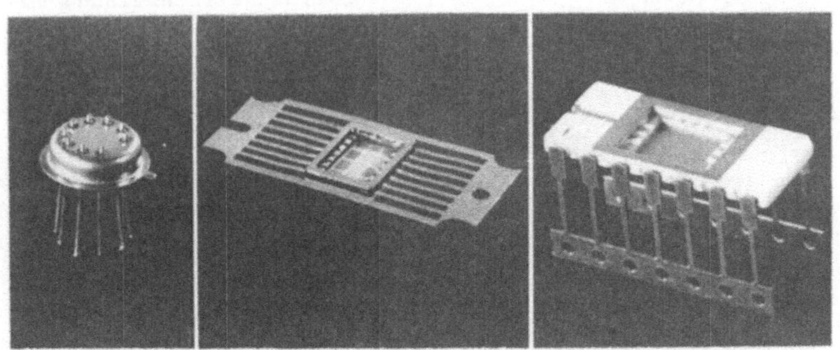

Bild 2.16 Gehäusetypen für integrierte Schaltungen

a) Rundge-   b) Flachgehäuse (äußerer   c) Dual-in-line-
   häuse   Metallrahmen noch   Gehäuse
                     nicht weggestanzt)

wicklung konventioneller Transistorgehäuse darstellen. Speziell für die Aufnahme integrierter Schaltungen wurden die Flachgehäuse ("flat package") und die "Dual-in-line-Gehäuse" (abgekürzt DIP) entwickelt. Beim Flachgehäuse führen die Zuleitungen mit einem Rastermaß von 1,27 mm parallel zur Plättchenoberfläche von gegenüberliegenden Seiten in das Gehäuseinnere. Bei der derzeit am häufigsten eingesetzten Gehäusebauform, dem Dual-in-line-Gehäuse, werden ebenfalls zwei Reihen von Anschlußstiften seitlich eingeführt. Das Rastermaß beträgt in diesem Falle 2,54 mm; die Zuführungen werden um 90° abgebogen, um das Einsetzen der Schaltung in eine Leiterplatte zu ermöglichen.

Flach- und Dual-in-line-Gehäuse werden in Keramik- und Kunststoffausführungen gefertigt. Bild 2.17 zeigt die Einzelteile eines Dual-in-line-Gehäuses in Keramikbauweise.

Nach der Montage des Siliziumplättchens müssen leitende Verbindungen zwischen den auf dem Silizium befindlichen Kontaktflächen und den Anschlußflächen des Gehäuses hergestellt werden. Man verwendet hierzu dünne Gold- oder Aluminiumdrähte, die mittels Thermokompression oder Ultraschallschweißung angebracht werden. Beim Thermokompressionsverfahren wird der Draht bei erhöhter Temperatur (jedoch unterhalb der Schmelzpunkte bzw. der eutektischen Temperaturen der beteiligten Werkstoffe) gegen die Kontaktfläche gepreßt. Nach der Form des Werkzeuges bzw. der Art der Trennung des Drahtes unterscheidet man

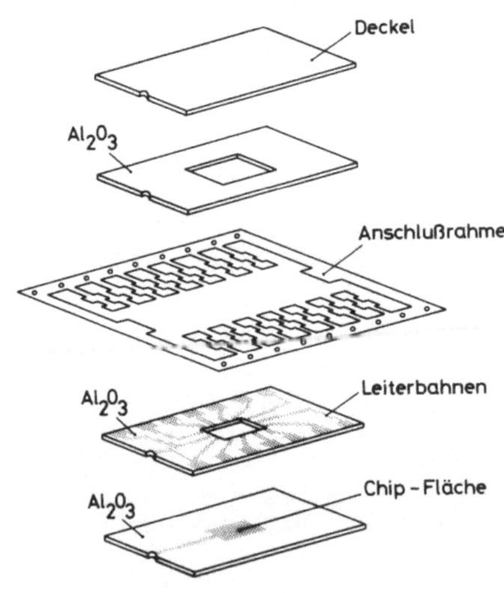

Bild 2.17   Dual-in-line-Gehäuse
            (Keramikbauweise)

zwischen Keil-Kontaktierung ("wedge-bonding"), Stich-Kontaktierung ("stitch-bonding") und Nagelkopf-Kontaktierung ("nailhead-bonding"). Mit der Keil-Kontaktierung können Verbindungen auch bei extrem kleinen Kontaktierungsflächen hergestellt werden. Das Nagelkopfverfahren eignet sich nur für Golddrähte, während die Stichkontaktierung sowohl bei Gold- als auch bei Aluminiumdrähten eingesetzt wird. Bild 2.18 zeigt die Arbeitsgänge beim Nagelkopfverfahren. Die Trennung des Drahtes erfolgt in diesem Falle mittels einer Wasserstoffflamme; dabei entsteht auch die für den nächsten Kontaktierungsprozeß erforderliche Kugelform des Drahtendes.

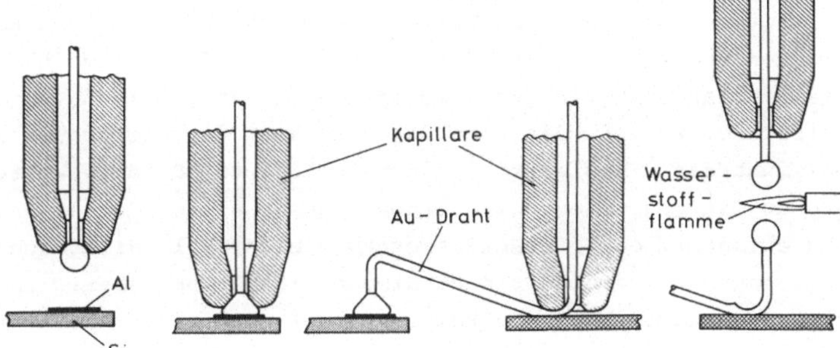

Bild 2.18   Arbeitsablauf bei der Nagelkopf-Kontaktierung

Die Ultraschallschweißung findet insbesondere dann Anwendung, wenn sowohl die Kontaktflächen als auch die Zuleitungsdrähte aus Aluminium bestehen oder wenn eine thermische Belastung des Systems vermieden werden soll. Während des Schweißvorganges, der bei Zimmertemperatur durchgeführt werden kann, erfolgt eine seitliche Vibration des zum Anpressen des Drahtes verwendeten Keiles; hierdurch werden die an der Aluminiumoberfläche befindlichen Oxidschichten aufgebrochen.

Der Herstellungsprozeß für integrierte Schaltungen wird durch Verkapselung der Gehäuse (Metall- oder Keramikdeckel) bzw. durch Plastikumhüllung abgeschlossen.

2.2 Galliumarsenidtechnologie

Der (im Zinkblendegitter kristallisierende) Halbleiterwerkstoff Galliumarsenid ist in einigen physikalischen Eigenschaften dem Silizium überlegen. Von besonderer Bedeutung für die Technologie integrierter Schaltkreise ist die Tatsache, daß GaAs-Kristalle durch Dotierung mit Chrom oder Eisen in "semiisolierender" Form, d.h. mit einem spezifischen Widerstand von rd. $10^8\Omega$cm hergestellt werden können. Mit einem derartigen Substratmaterial läßt sich das Problem der elektrischen Isolierung der einzelnen Komponenten voneinander - insbesondere bei hohen Frequenzen - wesentlich eleganter als bei der Verwendung von Silizium lösen. Es entfallen die als parasitäre Kapazitäten wirkenden pn-Übergänge zwischen den aktiven Bereichen und dem Substrat (vgl. z.B. Bild 1.2), und es kann auf die sehr aufwendigen Isolationsmethoden gemäß Bild 3.4 und 3.5 verzichtet werden. Die hohe Beweglichkeit der Elektronen im Galliumarsenid gestattet die Herstellung von Feldeffekttransistoren mit günstigen Hochfrequenzeigenschaften. Ferner sei daran erinnert, daß die Realisierung einiger Halbleiterbauelemente (Gunn-Oszillatoren, Leuchtdioden, Injektionslaser) eine bestimmte Bandstruktur des Halbleiterwerkstoffes voraussetzt, welche beim Galliumarsenid (und anderen III-V-Halbleitern), nicht aber beim Silizium vorliegt. Schließlich behält Galliumarsenid auf Grund des hohen Bandabstandes (1,43 eV) seine günstigen elektrischen Eigenschaften zu höheren Temperaturen hin als Silizium.

Die Vorteile des Galliumarsenids müssen mit einem erheblich höheren Preis des Kristallmaterials, einer in der Regel etwas komplizierteren Dotierungstechnologie und einer gegenüber Silizium um den Faktor drei reduzierten Wärmeleitfähigkeit erkauft werden. Der Einsatz von Galliumarsenid ist somit nur dann in Betracht zu ziehen, wenn die gewünschten Schaltungsfunktionen mit Silizium nicht zu erzielen sind. Dies gilt insbesondere für extrem schnelle Schaltungen und solche, die optoelektronische Bauelemente enthalten.

Die Erzeugung der für eine integrierte Schaltung erforderli-

chen Störstellenverteilung erfolgt auch beim Galliumarsenid
durch Epitaxie, Diffusion und Ionenimplantation. Es sollen im
folgenden vor allem diejenigen Prozeßschritte behandelt werden,
bei denen die Galliumarsenidtechnologie wesentlich von der Si-
liziumplanartechnik abweicht. Einzelheiten sind der Spezialliteratur (z.B. [2.3]) zu entnehmen.

Die epitaktische Abscheidung von Galliumarsenid aus der Gasphase (engl. "vapour-phase epitaxy", VPE) setzt die Reaktion
zweier gasförmiger Substanzen voraus, von denen die eine Gallium, die andere Arsen enthält. Neben den Elementen Gallium
und Arsen können beispielsweise die Verbindungen Galliumtri-
chlorid, Trimethylgallium, Arsentrichlorid und Arsenwasserstoff als Ausgangssubstanzen verwendet werden. Mit diesen Substanzen ergeben sich die folgenden Kombinationsmöglichkeiten,
von denen die derzeit bevorzugten durch starke Verbindungsli-
nien hervorgehoben sind:

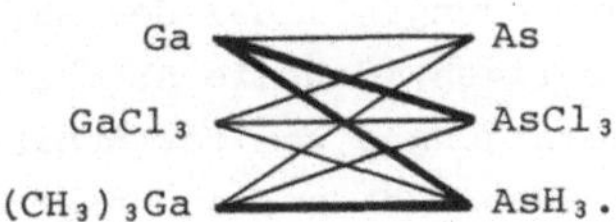

Im Rahmen des vorliegenden Skriptums soll lediglich das auf
der Verwendung von elementarem Gallium und von Arsenwasserstoff basierende "Tietjen-Verfahren" beschrieben werden (Bild
2.19). Da elementares Gallium bei Temperaturen unter 1000 °C

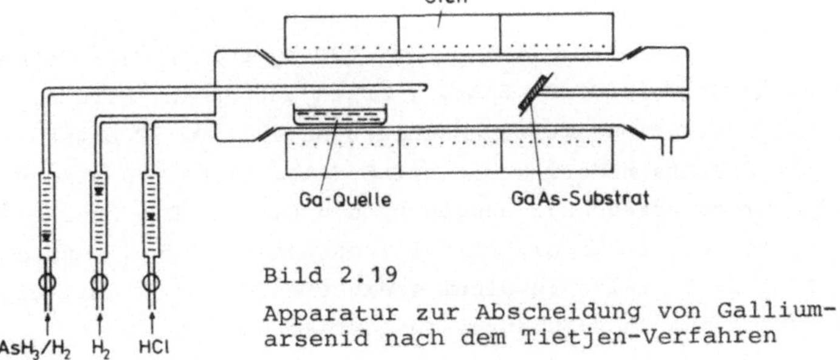

Bild 2.19

Apparatur zur Abscheidung von Galliumarsenid nach dem Tietjen-Verfahren

einen sehr geringen Dampfdruck besitzt, ist zunächst eine Umsetzung in Galliummonochlorid mittels Chlorwasserstoff erforderlich. Diese Reaktion erfolgt in der Quellenzone, die das flüssige Gallium enthält, bei etwa 850 $^{\circ}$C. Der Arsenwasserstoff wird in die mittlere Zone (Mischzone) des Systems eingeleitet; er zerfällt dabei in As_4- und Wasserstoffmoleküle. Das Substrat befindet sich in einer Zone, deren Temperatur um 50 bis 100 $^{\circ}$C unter derjenigen der Quelle liegt. Hier findet die Abscheidung von Galliumarsenid gemäß den Reaktionen

$$4 \, GaCl + As_4 + 2 \, H_2 \rightarrow 4 \, GaAs + 4 \, HCl \qquad (2.15)$$

oder

$$6 \, GaCl + As_4 \rightarrow 4 \, GaAs + 2 \, GaCl_3 \qquad (2.16)$$

statt. Als Trägergas dient hochreiner Wasserstoff.

Zur p-Dotierung wird Zink (elementar oder als Diäthylzink) bevorzugt; als Donatoren dienen die Elemente Schwefel, Selen und Tellur (bzw. deren Verbindungen). Bei der Galliumarsenidepitaxie ist zu berücksichtigen, daß die Abscheidungsrate und die Einbaurate von Verunreinigungen von der Substratorientierung abhängig sein können. Besonders krasse Unterschiede findet man zwischen der Abscheidung auf der (111)-Fläche (Ga-Seite) und der ($\overline{1}\overline{1}\overline{1}$)-Fläche (As-Seite). In der Praxis wird meist die (100)-Orientierung als Substratoberfläche bevorzugt.

Bei der Flüssigphasenepitaxie ("liquid-phase epitaxy", LPE) wird die starke Temperaturabhängigkeit der Löslichkeit von Arsen in einer Galliumschmelze im Bereich von 30 $^{\circ}$C (Schmelzpunkt des Galliums) bis ca. 900 $^{\circ}$C ausgenutzt (siehe Legierungsdiagramm Bild 2.20). Eine auf 900 $^{\circ}$C erhitzte Ga-Schmelze kann gemäß Bild 2.20 rd. 5 At. % Arsen aufnehmen. Wird die bei 900 $^{\circ}$C gesättigte Schmelze anschließend auf 700 $^{\circ}$C abgekühlt, so sinkt die Arsenlöslichkeit auf 0,7 At. %. Es muß also eine entsprechende Arsenmenge ausgeschieden werden. Die Abscheidung erfolgt in Form einer einkristallinen GaAs-Schicht, wenn die übersättigte Schmelze zu einem geeigneten Zeitpunkt mit einem einkristallinen GaAs-Substrat in Kontakt gebracht wird.

Erfolgt die gesamte Abscheidung
unter thermodynamischen Gleich-
gewichtsbedingungen (d.h. genügend langsam), so ist die Gesamt-
menge des abgeschiedenen Galliumarsenids nur von der Anfangs- und
der Endtemperatur des Vorganges

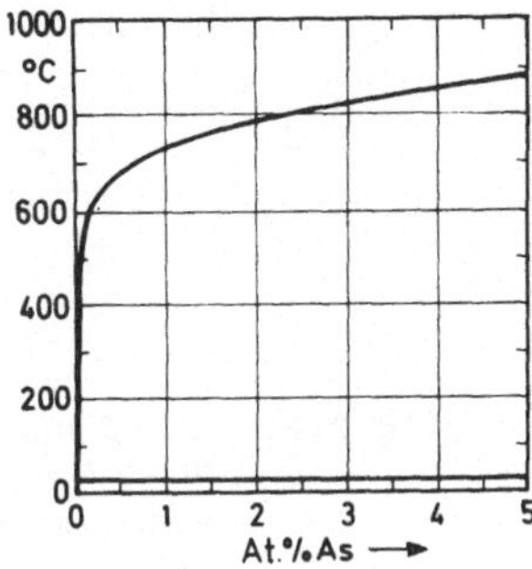

Bild 2.20   Legierungsdiagramm
            Gallium/Arsen (Ga-
            reiche Seite)

sowie von dem Galliumvolumen abhängig. In der Praxis wird allerdings meistens unter Bedingungen gearbeitet, bei denen die
Diffusion des Arsens im Gallium für den Wachstumsvorgang ge-
schwindigkeitsbestimmend ist. Die gewünschte Schichtdicke kann
dann über die Dauer der Abscheidung eingestellt werden.

Die für die Flüssigphasenepitaxie erforderliche Zusammenführung von Schmelze und Substrat sowie ihre Trennung nach Been-
digung des Wachstumsvorganges können nach verschiedenen Verfahren vorgenommen werden (Kippverfahren, Tauchverfahren,
Schiebetiegelverfahren u.a.). Bei geeigneter Auslegung der
Apparatur ist es möglich, in unmittelbar aufeinanderfolgenden
Arbeitsgängen mehrere unterschiedlich dotierte GaAs-Schichten
(oder auch III-V-Mischkristalle, beispielsweise $Ga_xAl_{1-x}As$)
aufzubringen. Bild 2.21 zeigt eine Anordnung, die zur Herstellung von Doppelheterostrukturlasern verwendet wird. Mit dieser
Anordnung, die aus hochreinem Graphit gefertigt ist, erhält
man (vom Substrat aus gesehen) folgende Schichtenfolge: n-GaAs,
n-$Ga_xAl_{1-x}As$, p-GaAs, p-$Ga_xAl_{1-x}As$, p-GaAs. Die in der Anordnung links vom Substrat befindliche (undotierte) GaAs-Scheibe
liefert das Arsen, welches für die exakte Einstellung der Sättigung der jeweils darüber befindlichen Schmelze erforderlich
ist. Die Aufheizung und Abscheidung muß selbstverständlich in
einer Gasatmosphäre erfolgen, die völlig frei von Sauerstoff
ist; in der Regel wird hierfür hochreiner Wasserstoff verwendet.

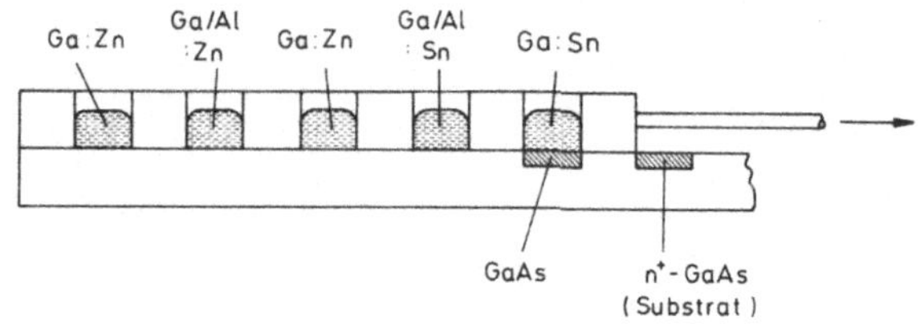

Bild 2.21   Anordnung zur Herstellung von GaAs-
und $Ga_xAl_{1-x}As$-Schichten mittels Flüssigphasenepitaxie (Schiebetiegelverfahren)

Auch hinsichtlich der Temperaturführung existieren mehrere
Verfahrensvarianten. Drei Temperatur-Zeit-Kurven sind in Bild
2.22 schematisch dargestellt. Durch jeweils zwei Pfeile sind
diejenigen Zeitpunkte markiert, bei denen eine Zusammenführung
(↓) bzw. eine Trennung (↑) von Substrat und Schmelze erfolgt.
Der Temperaturzyklus gemäß Bild 2.22 a beinhaltet eine Aufheiz-
periode, ein Zeitintervall mit konstanter Temperatur zur Homo-
genisierung der Schmelze und eine Abkühlphase. Die Arsenzufuhr
wird so reichlich bemessen, daß die Schmelze zu jedem Zeitpunkt gesättigt ist. Bei dem Temperaturzyklus gemäß Bild
2.22 b wird die Arsenzugabe derart begrenzt, daß eine unter-
sättigte Schmelze entsteht, wenn die Temperatur die gestrichelte Linie übersteigt. (Ein Zeitintervall mit hoher Schmelztem-
peratur fördert die Durchmischung der Schmelze). Da eine un-
tersättigte Ga/As-Schmelze in der Lage ist, Galliumarsenid auf-
zulösen, darf in diesem Falle die Schmelze erst dann mit dem
Substrat in Berührung gebracht werden, wenn der gesättigte Zustand wiederhergestellt ist (zweiter Schnittpunkt der $\vartheta(t)$-
Kurve mit der gestrichelten Linie). Im dritten Falle (Bild
2.22 c) wird die zunächst gesättigte Schmelze sprunghaft um
5 bis 10 °C abgekühlt. Aus der dann übersättigten Schmelze
wird Galliumarsenid ausgeschieden, sobald diese das Substrat
berührt.

Die Dotierung der Schichten erfolgt in der Regel durch Zugabe
von Dotierungselementen zur Ga/As-Schmelze (vgl. Bild 2.21);

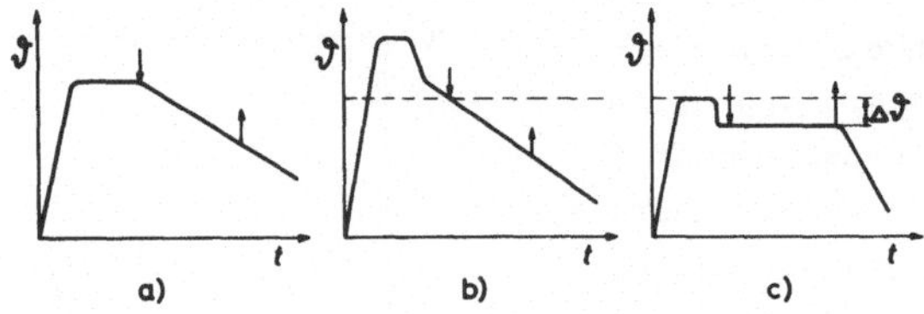

Bild 2.22   Temperatur-Zeit-Kurven bei der
Flüssigphasenepitaxie

a) dauernd gesättigte Schmelze
b) zeitweise ungesättigte Schmelze
c) stufenweise Abkühlung (zeitweise übersättigte Schmelze)

nach Möglichkeit werden hierzu Elemente mit geringem Dampfdruck verwendet (Zink und Germanium als Akzeptoren, Zinn und
Tellur als Donatoren). Auch eine Zufuhr von Dotierungselementen über die Gasphase (z.B. als Zn-Dampf) ist möglich.

Die Erzeugung einer Störstellenverteilung in Galliumarsenid
mittels Diffusion ist - im Vergleich zur Diffusionstechnik bei
Silizium - aufwendig, da bei Temperaturen über 800 °C Arsen
abdampft und es zu Erosionserscheinungen kommt, sofern nicht
besondere Maßnahmen zur Stabilisierung der GaAs-Oberfläche getroffen werden. Die Diffusion ist daher im Falle des Galliumarsenids nur dann zu empfehlen, wenn andere Verfahren (Epitaxie, Ionenimplantation) nicht eingesetzt werden können. Eine
Ausnahme bildet die Zinkdiffusion, welche - bei hoher Zinkkon-
zentration - schon bei relativ niedrigen Temperaturen (um
700 °C) abläuft. Man verwendet für die Diffusion in der Regel
ein geschlossenes System (analog zu Bild 2.13). Eine $ZnAs_2$-
Quelle liefert gleichzeitig die Dotierungsatome und den As-
Dampfdruck, welcher notwendig ist, um eine Dissoziation der
GaAs-Oberfläche zu verhindern. Sollen Zn-Oberflächenkonzentra-
tionen unter $10^{20} cm^{-3}$ erzeugt werden, so ist eine Quelle zu
verwenden, die aus einer Zn/Ga-Legierung besteht; in diesem
Falle muß elementares Arsen hinzugefügt werden, um den erforderlichen As-Dampfdruck einzustellen. Da Zink in Galliumarsenid sowohl über Gitterplätze als auch über Zwischengitterplät-
ze diffundieren kann, ist der Diffusionskoeffizient konzentra-

tionsabhängig (Bild 2.13);
die mit Zinkdiffusion er-
zeugten Dotierungsprofile
weichen dementsprechend
- mehr oder weniger stark -
von denjenigen ab, die in
Kap. 2.1.5 diskutiert wurden. Wie ferner aus Bild
2.23 hervorgeht, läßt sich
die Diffusion von Zink in
Galliumarsenid auch durch
den Arsendampfdruck beeinflussen.

Bild 2.23

Diffusionskoeffizient von
Zink in Galliumarsenid in
Abhängigkeit von der Zn-
Konzentration
(--- bei erhöhtem As-Druck)

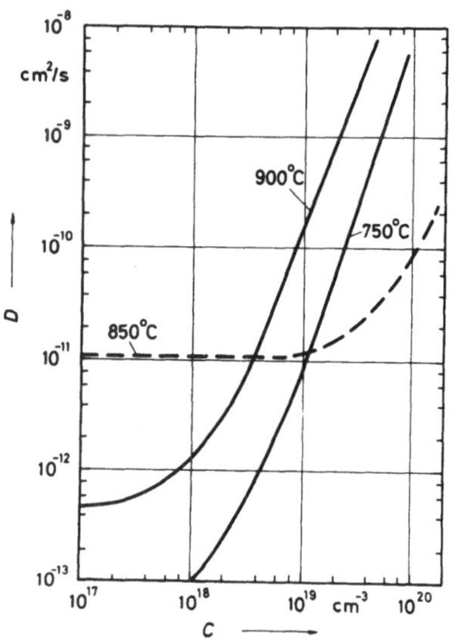

Die Ionenimplantation in Galliumarsenid erfordert (bei vergleichbarer Ionenmasse) eine - gegenüber Silizium - um den
Faktor zwei höhere Energie. Zur Aktivierung der Dotierungsatome und zur Ausheilung von Strahlenschäden ist eine kurzzeitige
Temperbehandlung bei etwa 900 °C erforderlich. Die GaAs-Oberfläche muß dabei durch eine für Gallium und Arsen undurchläs-
sige Schicht geschützt werden; hierfür hat sich eine durch
Katodenzerstäubung aufgebrachte Siliziumnitridschicht bewährt.
Mittels Ionenimplantation können insbesondere n-leitende Zonen
in einem semi-isolierenden Substrat erzeugt werden.

Die GaAs-Oberfläche kann thermisch oder elektrolytisch oxy-
diert werden. Die so erzeugten Oxidschichten lassen sich jedoch nicht für Zwecke der Diffusionsmaskierung verwenden; auch
als Oberflächenschutz sind derartige Schichten nur bedingt geeignet. In der Galliumarsenidtechnologie müssen daher die benötigten dielektrischen Schichten in der Regel durch Abscheidung aus der Gasphase (CVD, vgl. Kap. 2.1.3) oder durch physikalische Methoden (z.B. Katodenzerstäubung) aufgebracht werden.

3 Komponenten integrierter Schaltungen

3.1 Isolationsmethoden

In der Technik der monolithischen planaren Integration sind
sämtliche Komponenten der integrierten Schaltungen in einer
epitaktischen Schicht von meist 5 bis 10 µm Dicke ausgebildet,
die von dem Substratkristall getragen wird. Da die epitaktische Schicht und meist auch das Substrat eine erhebliche Leitfähigkeit aufweisen, müssen die Komponenten der Schaltung
durch zusätzliche Maßnahmen elektrisch voneinander isoliert
werden, so daß nur die gewollten Verbindungen durch die metallischen Leiterbahnen wirksam werden. Diese Isolationsmaßnahmen
müssen mit der planaren Technologie verträglich sein und möglichst wenige zusätzliche Prozeßschritte der Herstellung integrierter Schaltungen hinzufügen.

Wir haben bereits in Bild 1.1 und 1.2 die Isolation durch einen pn-Übergang beschrieben, die die weiteste Anwendung gefunden hat. Mit dieser Methode
wird die meist n-leitende
epitaktische Schicht in eine
Anzahl von Inseln unter-
teilt, die durch gegenein-
andergeschaltete pn-Übergänge elektrisch voneinander
getrennt sind. In diese n-
Inseln werden die einzelnen
Schaltungskomponenten hin-
eindiffundiert und durch
Leiterbahnen miteinander
verbunden. Die Form und Anzahl der Inseln hängt von
den Komponenten der Schaltung ab. Sobald über die
geometrische Anordnung, das
"Lay-out", der Schaltungskomponenten entschieden ist,

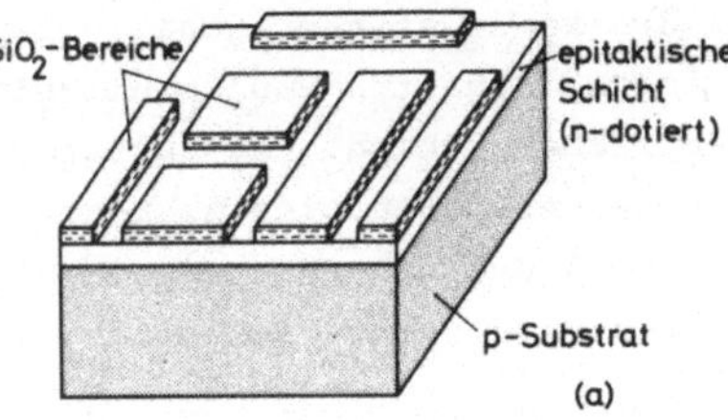

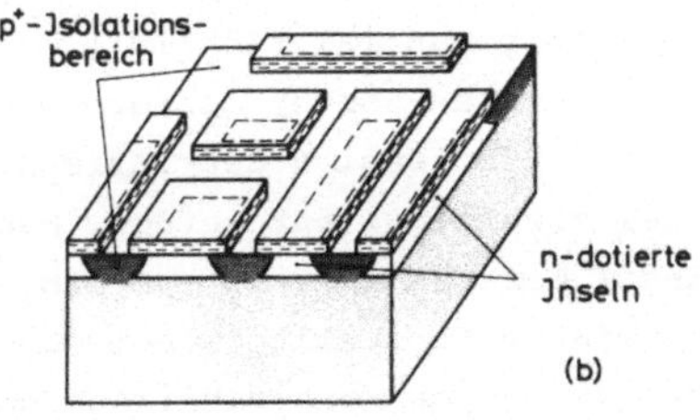

Bild 3.1　Herstellung eines Iso-
lationsbereiches mit
pn-Übergang

kann auch die Form der Isolationsbereiche festgelegt werden.
Dazu wird die epitaktische Schicht mit einer SiO_2-Schicht versehen, in die das Muster der Isolationsbereiche geätzt wird
(Bild 3.1a). Die Si-Scheibe wird nun einer p-Diffusion (Bor)
unterworfen, wobei die Bereiche der epitaktischen Schicht, die
nicht von einer SiO_2-Insel geschützt werden, zu stark p-leitenden Zonen (p^+) umdotiert werden. Die Diffusion muß so tief
sein, daß die Verbindung von der Halbleiteroberfläche durch
die epitaktische Schicht hindurch zum p-leitenden Substrat
hergestellt wird (Bild 3.1b). Da die epitaktische Schicht relativ dick ist, kommt es zu einer erheblichen lateralen Diffusion unter den SiO_2-Inseln. Nach der Isolationsdiffusion wird
die Halbleiteroberfläche mit einer frischen, durchgehenden
SiO_2-Schicht versehen, damit in nachfolgenden Prozeßschritten
die Schaltungskomponenten in die n-Inseln der epitaktischen
Schicht selektiv eindiffundiert werden können. Zur Isolation
der Bauelemente untereinander muß das Potential des Substrats,
das durch einen Isolationskontakt (vgl. Bild 1.2) eingestellt
werden kann, stärker negativ sein als jeder Punkt der integrierten Schaltung. Dann bildet der pn-Übergang zwischen epitaktischer Schicht und Substrat und zwischen n-Inseln und p^+-
Diffusionsrahmen eine gesperrt gepolte Diode mit einem sehr
geringen und nahezu spannungsunabhängigen Sperrstrom. Die n-
Inseln sind damit elektrisch voneinander getrennt.

Häufig benötigt jede Komponente der Schaltung eine n-Insel für
sich. Dies gilt prinzipiell für Transistoren (Bild 1.2), deren
Kollektorpotential sich im Arbeitsbereich der Schaltung verän-
dert. Dagegen können mehrere Widerstände nach Bild 1.1, die
mit der p-Diffusion der Basis hergestellt werden, in einer n-
Insel zusammengefaßt werden. Nach Bild 1.1 ist klar, daß jeder
dieser Widerstände mit dem Substrat einen parasitären pnp-
Transistor darstellt, wobei die n-Insel die Basis bildet. Dieser Transistor kann unwirksam gemacht werden, indem der n-Bereich mit dem am stärksten positiven Potential der Schaltung
verbunden wird.

Neben der Isolation der Komponenten untereinander dienen pn-

Übergänge der beschriebenen Art auch zur Isolation von Leiterbahnen gegenüber dem Substrat. Im allgemeinen liegt zwischen
Leiterbahn und Substrat ein isolierender SiO_2-Film. Dieser
Film kann aber feinste Löcher ("pin holes") aufweisen, so daß
es örtlich zum Kurzschluß kommen kann. Man verwendet deshalb
insbesondere unter den großen Kontaktflächen, auf denen die
Anschlußdrähte zwischen Gehäuse und integrierter Schaltung angebracht werden (vgl. Bonden, Kap. 2.1.6), Isolationsinseln.
Dieses Verfahren bietet den weiteren Vorteil, daß die parasitäre Kapazität Kontaktfläche-Oxidfilm-Halbleiter durch die in
Serie geschaltete Kapazität des Isolations-pn-Übergangs reduziert wird.

Die Isolation mit Hilfe eines pn-Überganges läßt sich leicht
in den Herstellungsprozeß planarer Schaltungen einbauen und
erfordert nur wenige zusätzliche Prozeßschritte. Sie hat jedoch einige Nachteile, die im folgenden aufgeführt sind.

1. Lange Diffusionszeit bzw. hohe Diffusionstemperatur: Da
   durch die gesamte epitaktische Schicht hindurch diffundiert
   werden muß, ist der zeitliche Aufwand hoch; eine Steigerung
   der Diffusionstemperaturen kann zu Kristallbaufehlern führen.

2. Erhöhter Platzbedarf: Wegen der erheblichen lateralen Diffusion wird ein beträchtlicher Teil der Halbleiteroberfläche für den Isolationsbereich verbraucht. Dies bedeutet
   eine reduzierte effektive Packungsdichte der Komponenten
   der integrierten Schaltung.

3. Parasitäre Kapazität: Mit dem pn-Übergang der Isolation ist
   eine parasitäre Kapazität verbunden, die wegen der großen
   Fläche zwischen n-Insel und Substrat insbesondere bei erhöhten Frequenzen nicht mehr zu vernachlässigen ist. Die
   Isolation zwischen den Schaltungskomponenten untereinander
   einerseits und zwischen Schaltung und Substrat andererseits
   wird umso schlechter, je höher die Signalfrequenz ist. Wie
   am Beispiel des p-diffundierten Widerstandes angedeutet,
   führt die parasitäre Kapazität der Isolation zu einer Kom-

plizierung des Ersatzschaltbildes der integrierten Schaltung.

Es sind deshalb eine Reihe weiterer Verfahren zur Isolation entwickelt worden, die zwar eine ausgezeichnete Isolation zwischen den Bauelementen garantieren, aber nicht die Kapazität zwischen Schaltung und Substrat eliminieren. Zudem erfordern die Alternativverfahren eine größere Zahl von Verfahrensschritten, so daß sie nur in besonderen Fällen eingesetzt werden.

Das Isoplanar-Verfahren verwendet zur seitlichen Isolation ein dielektrisches Material, wofür sich bei Silizium sein Oxid (SiO_2) anbietet. In das p-Substrat wird an den Stellen, an denen sich später ein Transistor befindet, eine n^+-Wanne diffundiert. Als Dotierstoff werden Arsen oder Antimon verwendet, die beide einen geringen Diffusionskoeffizienten in Silizium aufweisen. Dadurch wird vermieden, daß während des folgenden Epitaxieschrittes eine zu starke Ausdiffusion in die Epitaxieschicht erfolgt (Bild 3.2a). Aufgrund des Oxydations- und Diffusionsschrittes, der zur Herstellung der n^+-Wanne notwendig ist, zeichnet sich auf der Substratoberfläche und später auch auf der Oberfläche der epitaktischen Schicht das Muster der Wanne in einer geringen Vertiefung von wenigen 100 Å ab. Das Muster kann unter dem Mikroskop zur Justierung der nächsten Photomaske verwendet werden.

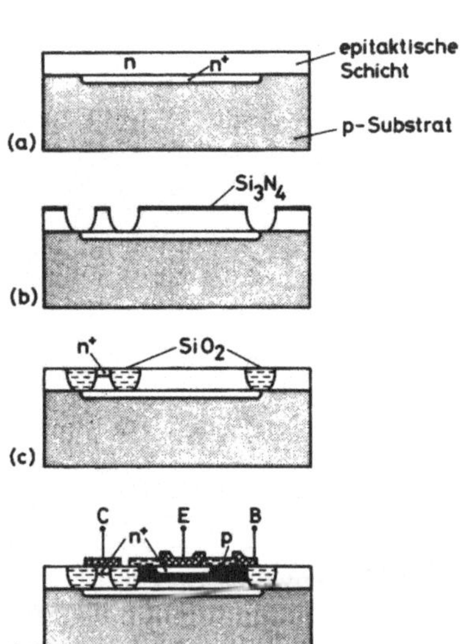

Bild 3.2 Prozeßschritte bei der Transistorherstellung nach dem Isoplanarverfahren

Die Technik der n^+-Wanne, die als "vergrabene Schicht"
("burried layer", "vergrabener Kollektor" oder "Subkollektor")
bezeichnet wird, ist ein Verfahren, das häufig auch bei der
Isolation durch pn-Übergänge angewendet wird. Durch die vergrabene Schicht wird der Kollektorwiderstand, der wegen des langen Weges vom Basis-Kollektor-Übergang zum Kollektorkontakt relativ groß ist, erheblich reduziert. Beim Isoplanar-Verfahren
stellt die vergrabene Schicht den einzigen Kontakt zwischen
diesen beiden Stellen des Transistors dar.

Die epitaktische Schicht wird mit einer Isolationsschicht aus
Si_3N_4 bedeckt, in die Fenster in Form des späteren Transistors
eingebracht werden. In den Fenstern wird die epitaktische
Schicht weggeätzt (Bild 3.2b). In einem weiteren Schritt werden die Öffnungen mit thermisch gewachsenem SiO_2 gefüllt, das
aber nicht auf den mit Si_3N_4 geschützten Flächen wachsen kann.
Es folgt eine n^+-Diffusion an der Stelle des späteren Kollektorkontaktes (Bild 3.2c). Die p-Diffusion für die Basis, die
n^+-Diffusion für den Emitter und die Metallisierung schließen
sich an, so daß ein Transistor in der Form von Bild 3.2d resultiert.

Das Isoplanar-Verfahren ermöglicht eine erhebliche Platzersparnis (etwa den halben Platzbedarf wie bei Isolation mit pn-Übergang), weil die Isolation bis an die Schaltungskomponente herangezogen werden kann. Es erfordert keine genaue Justierung
des Kollektorkontaktes C gegenüber dem Emitterkontakt E und
der Emitterdiffusion gegenüber dem Kollektormaterial; nur Emit-
ter- und Basiskontakt B müssen mit geringen Toleranzen gefertigt werden. Die Nachteile des Verfahrens sind, daß es nur für
dünne Epitaxieschichten (etwa 2 µm) anwendbar ist, daß demzu-
folge nur flache Diffusionen möglich sind und daß lange Oxyda-
tionszeiten erforderlich sind. Das Verfahren erscheint dann
als besonders aussichtsreich, wenn es auf hohe Packungsdichte
der Schaltungskomponenten ankommt, z.B. bei hochintegrierten
Speichern.

Hohe Packungsdichte wird auch mit dem V-ATE-Verfahren ("vertical anisotropic etch") erreicht, das sich die Möglichkeit kristallrichtungsabhängigen Ätzens in Silizium zunutze macht. Das Verfahren beginnt mit Si-Scheiben, deren Oberfläche in der kristallographischen Ebene (100) liegt. Der vergrabene Kollektor, die epitaktische Schicht und die Basiszone (p-Diffusion) seien bereits vorhanden (Bild 3.3a). Danach werden V-förmige Gräben dort geätzt, wo eine Isolation erforderlich ist. Die V-förmigen Ätzgräben können später ohne Schwierigkeiten mit aufgedampften Leiterbahnen überbrückt werden; senkrechte Ätzstufen bedeuten dagegen meist eine Unterbrechung für aufgedampfte Leiterbahnen. Die V-förmigen Ätzgräben benötigen nur wenig Platz, da die p-dotierte Basiszone unmittelbar anschließen kann und auch keine Toleranzen wegen lateraler Diffusion beachtet werden müssen. Die geätzte Halbleiteroberfläche wird

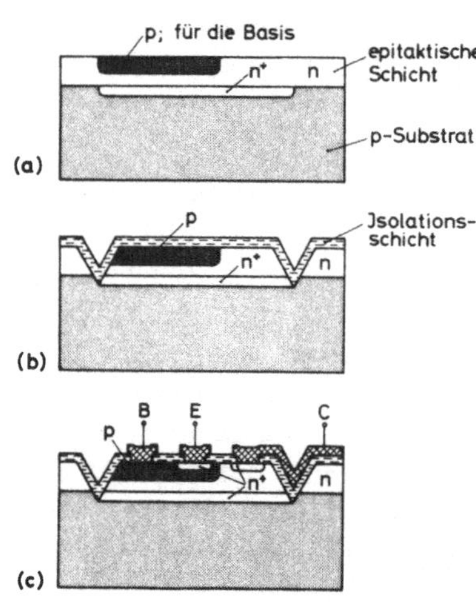

Bild 3.3 Prozeßschritte bei der Transistorherstellung nach dem V-ATE-Verfahren

nun mit einer Isolationsschicht versehen (SiO_2 oder eine Folge von SiO_2, Si_3N_4 und SiO_2 zur Erleichterung der anschließenden Diffusionsschritte), in die aufeinanderfolgend Fenster für die Emitter- und Kollektorkontaktdiffusion und für die Basiskontaktierung geöffnet werden. Nach der Metallisierung ergibt sich eine Anordnung wie in Bild 3.3c.

In einer Variante des V-ATE-Verfahrens, dem VIP-Verfahren, werden die V-förmigen Ätzgräben mittels Abscheidung aus der Gasphase durch polykristallines Silizium aufgefüllt. Dadurch wird eine Leiterbahnenanordnung in einer Ebene erreicht mit der damit verbundenen erhöhten Zuverlässigkeit.

Soll die Sperrschichtkapazität zwischen epitaktischer Schicht

und Substrat, die bei allen bisher beschriebenen Verfahren
noch wirksam ist, eliminiert werden, dann sind zusätzliche Her-
stellungschritte notwendig. Bild 3.4 illustriert ein Verfahren,
bei dem die Halbleiterwanne
für eine Schaltungskomponente auf allen Seiten mit einer SiO_2-Schicht zur Isolation umgeben wird. In eine
Si-Scheibe wird zunächst an
den notwendigen Stellen
durch n^+-Diffusion eine Wanne eingebracht, die beim
fertigen Bauelement als vergrabene Schicht dienen soll
(Bild 3.4a). Danach werden
durch etwa 5 µm tiefe Gräben
Inseln in die Halbleiter-
oberfläche geätzt, die dann
ganzflächig mit einer SiO_2-
Schicht belegt wird. Auf
diese SiO_2-Schicht wird mit
Hilfe der Abscheidung aus
der Gasphase eine dicke Si-
Schicht aufgebracht, die we-

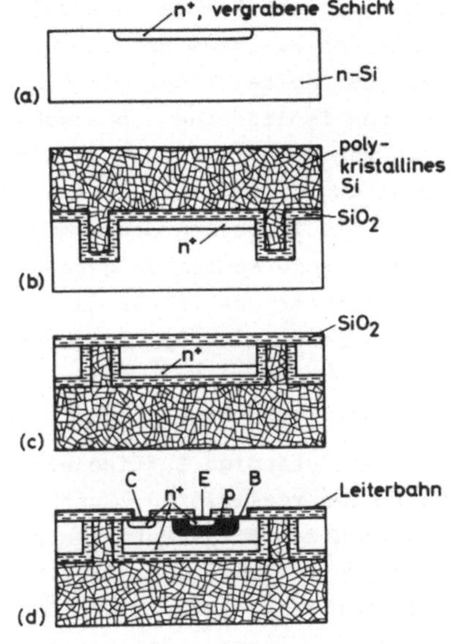

Bild 3.4   Herstellung eines Tran-
            sistors mit dielektri-
            scher Isolation

gen der amorphen SiO_2-Unterlage polykristallin wächst (Bild
3.4b). Nun wird die ursprüngliche Si-Scheibe abgeläppt bis auf
die von SiO_2 umgebenen, etwa 5 µm tiefen Inseln, wobei das polykristalline Silizium als Trägermaterial dient. Die freie
Oberfläche wird erneut mit SiO_2 überzogen (Bild 3.4c), und in
die Si-Inseln werden mit Standardverfahren die Komponenten eindiffundiert (Bild 3.4d). Wegen der relativ dicken SiO_2-Isola-
tionsschicht ist die Kapazität zum Substrat gegenüber dem Stan-
dardisolationsverfahren stark vermindert; sie ist außerdem
spannungsunabhängig. Das Verfahren erfordert jedoch eine hohe
mechanische Präzision beim Abläppen der Si-Scheibe. Es wird
deshalb nur dann eingesetzt, wenn die parasitäre Isolationska-
pazität stark stört oder wenn es (wegen des polykristallinen

Siliziums) auf Strahlungsresistenz der Schaltung ankommt.

Das SOS-Verfahren ("silicon on sapphire") geht über das soeben beschriebene Verfahren hinaus, indem es Luftisolation zwischen den einzelnen Halbleiterinseln bietet. Es nutzt die Heteroepitaxie von Silizium auf einem einkristallinen Saphirsubstrat aus. Der epitaktische Si-Film wird durch Ätzgräben, die bis auf das isolierende Saphirsubstrat reichen, in geeignete Inseln unterteilt, in die dann die Komponenten der integrierten Schaltung diffundiert werden. Das SOS-Verfahren liefert eine sehr gute Isolation der Komponenten untereinander. Da heteroepitaktische Schichten gegenüber homoepitaktischen Schichten von geringer Qualität sind (reduzierte Elektronenbeweglichkeit), haben nach dem SOS-Verfahren gefertigte Komponenten relativ schlechte elektrische Eigenschaften; können aber in hoher Packungsdichte integriert werden.

Eine vollständige Luftisolation läßt sich mit dem "Beam-Lead"-Verfahren realisieren. Zunächst werden die Schaltungskomponenten nach dem Standardverfahren in eine epitaktische Schicht integriert, wobei aber die Isolationsdiffusion ausgelassen wird. Bild 3.5 illustriert dies am Beispiel eines Transistors und eines Widerstands, der gleichzeitig mit der Basisdiffusion des Transistors entstanden ist. Es muß allerdings besonderer Aufwand bei der Herstellung der Leiterbahnen getrieben werden.

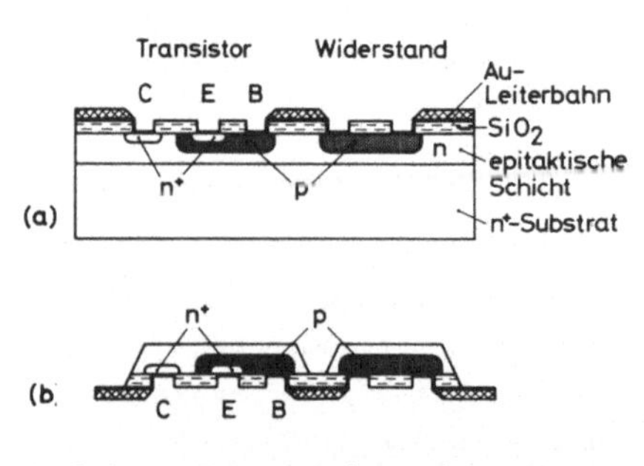

Bild 3.5 Integration eines Transistors und eines Widerstandes nach dem "Beam-Lead"-Verfahren

Zunächst wird Platin aufgeputtert, das in inerter Atmosphäre bei 700 ^{O}C in den Kontaktfenstern Platinsilizid (Pt_5Si_2) und damit guten Kontakt bildet. Es folgt eine 0,1 - 0,2 µm dicke Titanschicht und eine etwa 0,1 µm dicke Goldschicht. Titan macht guten elektrischen Kontakt mit Pt_5Si_2 und Gold, reagiert aber mit keinem von beiden.

Nun werden photolithographisch die Leiterbahnen gebildet, und das Gold wird galvanisch auf 10 - 15 µm verstärkt. In einem letzten Schritt wird das Substrat dünngeläppt und die Halbleiterinseln gemäß Bild 3.5b herausgeätzt. Die Schaltung befindet sich nun, in voneinander durch Luft isolierte Halbleiterinseln unterteilt, auf einem Netz von verstärkten Au-Leiterbahnen, mit deren Hilfe ohne Bonddrähte auch der Anschluß an eine äussere Fassung möglich ist. Wegen der guten Isolation und da in der Schaltung selbst keine Kontaktflächen zum Bonden (vgl. Kap. 2.1.6) vorgesehen werden müssen, sind die parasitären Kapazitäten sehr gering. Jedoch ist das Herstellungsverfahren sehr aufwendig und nur bei geeigneter Konfiguration der Leiterbahnen realisierbar.

Alle beschriebenen Isolationsverfahren werden bei Silizium eingesetzt. Galliumarsenid hat gegenüber Silizium den Vorteil, daß einkristalline semi-isolierende GaAs-Substrate hergestellt werden können (vgl. Kap. 2.2). Auf semi-isolierenden Substraten können epitaktische GaAs-Schichten aufgebracht werden, deren Beweglichkeit nicht wie bei Silizium im SOS-Verfahren drastisch reduziert, sondern, abhängig von der Qualität des Epitaxieverfahrens, eher verbessert ist. Ähnlich wie beim SOS-Verfahren werden die Komponenten der integrierten Schaltung als Inseln ("Mesa-Struktur") aus der epitaktischen GaAs-Schicht herausgeätzt. Für kapazitätsarme Isolation sorgt das hochohmige Substrat.

3.2 Passive Komponenten

3.2.1 Widerstände

Die meisten Schaltungen in planarer Technik enthalten neben Transistoren auch passive Komponenten. Sehr gebräuchlich ist die Herstellung von Widerständen mit den Diffusionsprozessen, die ohnehin für die aktiven Komponenten (Transistoren) notwendig sind. Bipolare Transistoren erfordern die meisten Diffusionsschritte, die zur Einhaltung geringer Toleranzen in den elektrischen Daten möglichst gut kontrolliert werden müssen.

Man ist deshalb bestrebt, die Widerstände gleichzeitig mit den aktiven Komponenten herzustellen, ohne daß weitere Diffusionsschritte hinzugefügt werden müssen. Die geometrische Auslegung der Widerstände wird den Gegebenheiten der Diffusionsschritte für die aktiven Komponenten angepaßt.

Eine weitere Beschränkung für den Entwurf planarer Schaltungen ergibt sich daraus, daß Widerstände wegen der Ungenauigkeiten in den Diffusionsprozessen und in den photolithographischen Schritten nur mit relativ großen Toleranzen hergestellt werden können. In vielen Fällen muß mit Schwankungen von ± 20 % gerechnet werden. Widerstände innerhalb einer Schaltung oder in verschiedenen Schaltungen auf einer Halbleiterscheibe variieren dagegen in ihren Werten gegeneinander nur um wenige Prozent, weil sie mit den gleichen Prozessen hergestellt werden. Für den Entwurf von integrierten Schaltungen bedeutet dies, daß die Schaltungen möglichst unempfindlich gegen Schwankungen der Absolutwerte der Widerstände sein müssen, daß aber das Verhältnis der Widerstandswerte zueinander sehr genau in der Produktion eingestellt werden kann.

Ein Widerstand in einfachster Form läßt sich mit dem Standardverfahren der Isolation mittels gesperrtem pn-Übergang (vgl. Kap. 3.1) herstellen. Dazu wird mit Hilfe photolithographischer Verfahren eine n-Insel geeigneter Form aus der epitaktischen Schicht gebildet, die dann kontaktiert wird. Einen solchen Widerstand nennt man epitaktischen oder, da er aus dem gleichen Material wie der Kollektor eines Transistors (vgl. Bild 1.2) gefertigt ist, auch Kollektor-Widerstand. Da die epitaktische Schicht meist nur wenig dotiert ist und deshalb einen relativ hohen spezifischen Widerstand aufweist, erreichen derartige Widerstände auch hohe Werte. Die Unsicherheit in der tiefen Isolationsdiffusion und Schwankungen in Dotierung und Dicke der Epitaxieschicht führen allerdings zu großen Herstellungstoleranzen. Weiterhin ist wegen der geringen Dotierung der Schicht die Temperaturabhängigkeit des Widerstandswertes sehr groß (um $6 \cdot 10^{-3}/\text{grad}^{-1}$). Epitaktische Widerstände werden deshalb nur selten eingesetzt.

Die meisten Widerstände werden zusammen mit der Basisdiffusion
hergestellt. Sie haben die Bauform nach Bild 1.1. Der Widerstandswert wird durch die Länge l und die Breite b des Widerstandsstreifens kontrolliert. Breiten unter etwa 10 µm werden
vermieden, da die Photolithographie in diesem Falle zu ungenau
wird. Widerstände mit höheren Werten werden deshalb mäanderför-
mig gestaltet. Bild 3.6 zeigt zwei Ausführungsformen in Auf-
sicht. Der p-dotierte Bereich des Widerstandes muß an allen

Punkten negativ gegenüber dem umgebenden n-Bereich sein, damit er
durch den gesperrten pn-Übergang
wirksam isoliert wird. Der Kontakt
zur integrierten Schaltung wird mit
Leiterbahnen durch Kontaktfenster
hergestellt.

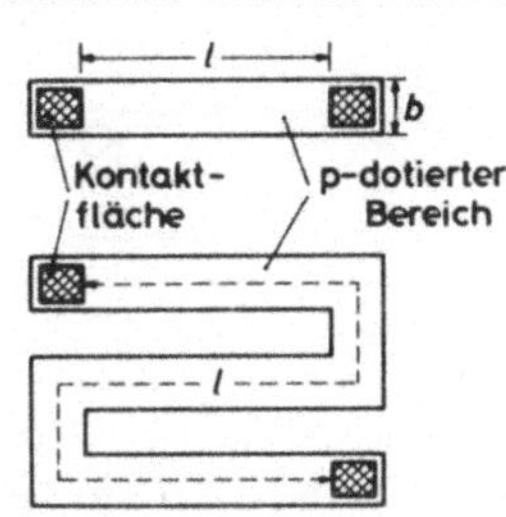

Bild 3.6   Ausführungsformen planarer
           Widerstände in Aufsicht

Der Dotierungsverlauf der Basisdiffusion, die meist im Anschluß an eine Vorbelegung mit Bor durchgeführt wird, läßt
sich durch eine Gauß-Verteilung beschreiben (vgl. Gl. (2.8)):

$$N(x) = N_0 \cdot \exp -(x/x_0)^2 - N_{on}.$$

$N(x)$ stellt dabei die Konzentration der Ladungsträger dar, die
mit dem Abstand x von der Oberfläche der epitaktischen Schicht
variiert. N_0 ist die Akzeptorenkonzentration an dieser Oberfläche, und N_{on} ist die Hintergrundkonzentration, also die homogene Dotierung der epitaktischen Schicht. x_0 ist ein Parameter,
der durch Diffusionskoeffizient und Diffusionszeit bestimmt
wird. Der inhomogene Dotierungsverlauf hat eine inhomogene
Leitfähigkeit $\sigma(x)$ in der Widerstandsschicht zur Folge. Es ergibt sich als Widerstandswert:

$$R = l\left[b \int_0^d \sigma(x)\,dx\right]^{-1}. \tag{3.1}$$

Die Integration muß über die gesamte Dicke d der Widerstandsschicht durchgeführt werden. $\sigma(x)$ hängt sowohl von der Dotierung $N(x)$ als auch von der Ladungsträgerbeweglichkeit μ ab. Da μ ebenfalls von der Dotierung abhängt, ist eine analytische Auswertung des Integrals nicht möglich. Irvin [3.1] hat für einen großen Parameterbereich numerische Lösungen angegeben, wobei er eine bestimmte Geometrie und die üblichen Diffusionsprofile zugrunde gelegt hat. Bild 3.7 zeigt einige der Irvin-Kurven, wobei ein Gauß-Profil angenommen ist. Es handelt sich

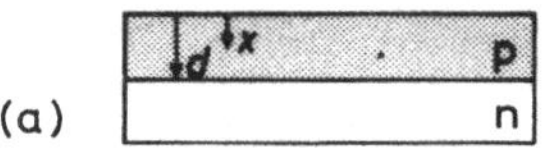

(a)

um eine p-Diffusion in n-Material der homogenen Dotierung $N_{on} = 10^{15}\,\text{cm}^{-3}$, so daß sich ein pn-Übergang im Abstand d von der Kristalloberfläche bildet (Bild 3.7a). Die damit verbundene Verarmungsschicht wird vernachlässigt. Die Irvin-Kurven von Bild 3.7b geben die mittlere Leitfähigkeit

$$\bar{\sigma} = \frac{1}{(d-x)} \int_{x}^{d} \sigma(x)\,\mathrm{d}x$$

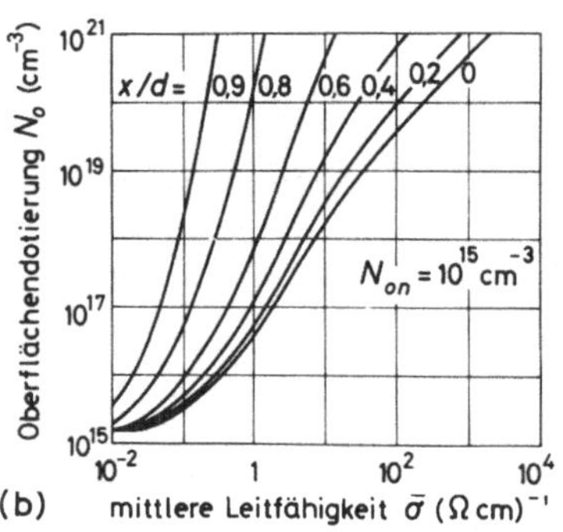

Bild 3.7

pn-Übergang (a) und Irvin-Kurven für p-dotierte Schicht mit Gaußprofil in eine Hintergrundkonzentration von $N_{on} = 10^{15}\,\text{cm}^{-3}$ vom n-Typ (b)

einer Schicht an, die durch den pn-Übergang und durch eine parallele Ebene im Abstand x von der Halbleiteroberfläche begrenzt wird. Als Variable ist die Oberflächendotierung N_0 gewählt. Wir wollen als Beispiel einen Widerstand von 800 Ω in einer 2 μm dicken Basisdiffusionsschicht mit einer Oberflächendotierung von $10^{19}\,\text{cm}^{-3}$ dimensionieren. Bild 3.7b liefert über die Kurve mit dem Parameter $x/d = 0$ eine mittlere Leitfähigkeit $\bar{\sigma}$ von nahezu 35 $(\Omega\text{cm})^{-1}$. Damit ergibt sich:

$$\rho_{\square} = \left[\int_{o}^{d} \sigma(x)\,dx \right]^{-1} = (d\bar{\sigma})^{-1} = 140 \ \Omega.$$

Die Größe $\rho_{\square}$ bezeichnet man als Schichtwiderstand. Sie ist eine in der Halbleitertechnologie häufig gebrauchte Größe und bezeichnet nach Gl. (3.1) den Widerstand einer quadratischen Schicht ($l = b$), unabhängig von der Größe des Quadrates. Nehmen wird die Breite des Widerstandsstreifens $b = 20 \ \mu m$ an, dann muß nach Gl. (3.1) der 800 Ω-Widerstand eine Länge $l \approx 115 \ \mu m$ haben. Aus der Basisdiffusionsschicht lassen sich Widerstände innerhalb der Grenzen von etwa 50 Ω und etwa 50 kΩ herstellen. Die Temperaturabhängigkeit wird mit wachsender Dotierung geringer. Der Temperaturkoeffizient liegt im Bereich von $0,5 \cdot 10^{-3}$ bis $2 \cdot 10^{-3}$ grad^{-1}.

Der Bereich herstellbarer Widerstände läßt sich beträchtlich zu höheren Werten hin (bis zu mehreren hundert kΩ) erweitern, wenn die Basisdiffusionsschicht durch die nachfolgende Emitterdiffusion, die stark n-dotierend wirkt, eingeschränkt wird. Bild 3.8 zeigt den Querschnitt durch einen derart "abgeschnürten" Widerstand ("pinch resistor"). Durch die ohnehin zur Herstellung der integrierten Schaltung notwendige

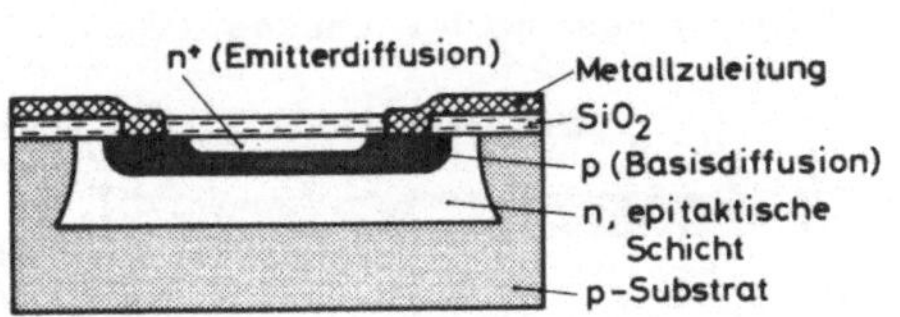

Bild 3.8
Querschnitt durch einen "abgeschnürten" Widerstand ("pinch resistor").
Die p-Wanne der Basisdiffusion
stellt die Widerstandsschicht dar.

Emitterdiffusion wird der Stromfluß im abgeschnürten Widerstand auf diejenige Schicht der Basisdiffusionswanne beschränkt, die eine niedrige Dotierung aufweist.

Wird von dem Einfluß der Verarmungszonen der pn-Übergänge zum Emitter- und Kollektorgebiet abgesehen, dann läßt sich ein abgeschnürter Widerstand mit Hilfe der Irvin-Kurven nach Bild 3.7 berechnen. Als Beispiel nehmen wir dieselben Daten wie beim vorhergehenden Basiswiderstand, geben aber zusätzlich eine Emitterdiffusionstiefe von 1,6 µm vor. Aus der Kurve mit dem Parameter $x/d = 1,6/2 = 0,8$ folgt für eine Oberflächenkonzentration der Basisdiffusion von 10^{19}cm^{-3} eine mittlere Leitfähigkeit von etwa 0,5 $(\Omega\text{cm})^{-1}$ und damit als Schichtwiderstand $5 \cdot 10^{4}$ Ω. Mit $l = 115$ µm und $b = 20$ µm folgt $R \approx 290$ kΩ.

Da der abgeschnürte Widerstand nur einen geringen Querschnitt besitzt, ist er empfindlich gegen Vorspannungen, die die Dicke der Verarmungszonen der angrenzenden pn-Übergänge beeinflussen. Dies kann entweder durch einen Spannungsabfall entlang des Widerstandes oder durch Spannungen zwischen dem Widerstand und dem angrenzenden n-Gebiet geschehen. Beide Spannungen sollten deshalb auf wenige Volt beschränkt sein.

Das Ersatzschaltbild von Dünnschichtwiderständen muß strenggenommen den verteilten Charakter von Widerstand und parasitärer Kapazität berücksichtigen; es ist jedoch einfacher als das Ersatzschaltbild diffundierter Widerstände, weil diese pn-Übergänge enthalten. Bild 3.9a zeigt als Beispiel das Ersatzschaltbild eines Basiswiderstandes (vgl. dazu Bild 1.1), wobei der Widerstand der Kontakte vernachlässigt ist. Das Gebiet der Basisdiffusion, das den eigentlichen Widerstandskörper bildet, das n-Isolationsgebiet der epitaktischen Schicht und das Substrat sind in eine Reihe von Widerständen aufgelöst, die als Widerstandsbelag (Widerstand pro Längeneinheit) im Sinne der Leitungstheorie

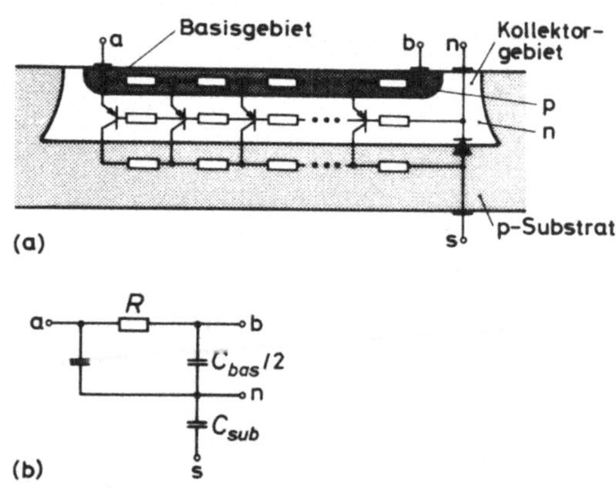

Bild 3.9
a) Ersatzschaltbild eines Basiswiderstandes mit verteilten Elementen
b) vereinfachtes Ersatzschaltbild eines Basiswiderstandes mittleren und größeren Wertes

aufzufassen sind. Diese Widerstände sind durch pn-Übergänge
verknüpft, die als ebenfalls verteilte Transistoren zusammengefaßt sind. Schließlich kommt noch eine Diode hinzu, die den
pn-Übergang der seitlichen Isolationswände symbolisiert. Dieses Ersatzschaltbild wird meist dadurch vereinfacht, daß die
Polung der pn-Übergänge (auch in den Transistoren) als gesperrt angenommen wird. Damit werden die verteilten Transistoren zu verteilten Kapazitäten. Dies wird durch einen Kapazi-
tätsbelag berücksichtigt. Die Näherung mit Kapazitäten ist nur
dann zulässig, wenn der Sperrstrom der Isolationsdioden gegenüber dem Strom durch den Widerstand vernachlässigt werden kann.
Trotzdem ist das Ersatzschaltbild noch nicht praktikabel, da
die Sperrschichtkapazitäten spannungsabhängig sind. Wenn ein
mittlerer Kapazitätswert eingesetzt wird, kann das Ersatzschaltbild mit Mitteln der Leitungstheorie behandelt werden.

In vielen Fällen reicht jedoch eine Zusammenfassung in konzen-
trierte Elemente nach Bild 3.9b aus. Ebenso wie in Bild 3.9a
sind a und b die Anschlüsse an den Widerstand, dessen Wert relativ groß angenommen ist. Dann können die Widerstände des n-
Isolationsgebietes des Kollektorbereiches und des Substrates
vernachlässigt werden. C_{bas} ist die Kapazität zwischen p-Wi-
derstandsbereich und n-Isolationsgebiet; C_{sub} ist die Kapazität zwischen Substrat und n-Gebiet.

Die Berechnung der Kapazitäten wollen wir an Hand der Konfiguration nach Bild 3.10
durchführen. Die Wider-
standsbahn habe die Länge
l und die Breite b in einem Diffusionsgebiet der
Dicke d. An beiden Enden
befinden sich Kontakte mit
quadratischen Metallflä-
chen der Breite b. Zur Erleichterung der Justie-
rung sei das p-Gebiet des
Widerstands nach allen

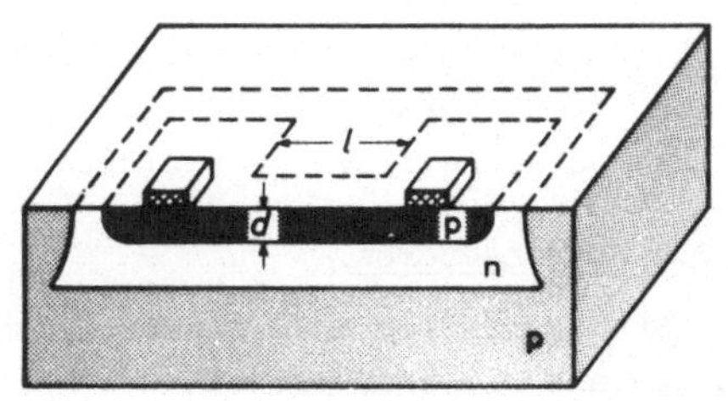

Bild 3.10

Zur Abschätzung der parasitären
Kapazitäten eines Widerstands
im Basisdiffusionsgebiet

Seiten der Metallflächen um die Breite b ausgedehnt. Damit wird:

$$C_{bas} = c_{bc} \cdot l \cdot b + c_{bc} \cdot 2 \cdot \frac{2\pi d}{4} \cdot l + 2\, C_{kon}. \qquad (3.2)$$

c_{bc} ist die Kapazität pro Flächeneinheit der Basis-Kollektor-Diode. Der erste Term von Gl. (3.2) ist die Kapazität des Bodens der p-Diffusionswanne. Der zweite Term ist der Beitrag der Seitenflächen; dazu wird angenommen, daß wegen der lateralen Diffusion die Seitenflächen die Form eines Viertelzylinders haben. C_{kon} ist die Kapazität einer Kontaktfläche. Da diese Fläche 3b·3b hat, gilt unter Vernachlässigung der Beiträge der Ecken:

$$C_{kon} = c_{bc} \cdot 9b^2 + c_{bc} \cdot \frac{2\pi d}{4} \cdot 11b, \qquad (3.3)$$

wobei wiederum der erste Term von der Bondfläche und der zweite von den Seitenwänden herrührt. Zusammenfassen von Gln. (3.2) und (3.3) führt zu:

$$C_{bas} = c_{bc} \cdot l \cdot b \left(1 + \frac{\pi d}{b}\right) + 2\, c_{bc} b^2 \left(9 + \frac{5{,}5\pi d}{b}\right).$$

Mit ähnlichen Betrachtungen läßt sich C_{sub} bestimmen. c_{bc} ist spannungsabhängig und läßt sich für übliche Diffusionsprofile nur numerisch berechnen. Darauf wird in Kap. 3.2.2 eingegangen.

Für die übrigen diffundierten Widerstände lassen sich ähnliche Formeln finden. Stellt man die diffundierten Widerstände verschiedener Bauart, aber gleichen Wertes, einander gegenüber, dann hat der abgeschnürte Widerstand trotz der beiden begrenzenden pn-Übergänge die bei weitem geringste parasitäre Kapazität, da seine Länge am kleinsten ist.

3.2.2 Kondensatoren

Das Standardverfahren der Herstellung von integrierten Schaltungen aus Silizium bietet zwei Möglichkeiten, Kondensatoren zu realisieren. Einmal kann die Sperrschichtkapazität des Basis-Kollektor- oder des Emitter-Basis Überganges ausgenutzt werden. Zum anderen kann die SiO_2-Isolationsschicht als Dielektrikum zwischen zwei Elektroden verwendet werden, was den übli-

chen Vorstellungen eines Plattenkondensators entspricht. Beide
Bauformen werden in integrierten Schaltungen genutzt. Da aber
der Flächenverbrauch groß ist, sind nur Kapazitäten bis zu 50
bis 100 pF vertretbar. Man bemüht sich deshalb von vornherein
beim Schaltungsentwurf, Kondensatoren so weit wie möglich zu
vermeiden.

Bei der Auswahl eines Kondensators für eine integrierte Schaltung kommt es weniger auf die Dielektrizitätskonstante an, als
vielmehr auf Durchbruchfestigkeit, Stabilität des Dielektrikums und einfache Herstellbarkeit. Im Einzelfall müssen die
Eigenschaften der beiden Bauformen gegeneinander abgewogen werden. Sperrschichtkondensatoren sind naturgemäß stark spannungsabhängig und können nur in einer Polung benutzt werden. Sie
weisen u.U. eine geringe Durchbruchfestigkeit auf. Ihre Dielektrizitätskonstante ist etwa 12; ihr spezifischer Widerstand
ist hoch und wird durch den Sperrstrom des pn-Überganges bestimmt. MOS-Kondensatoren mit SiO_2 als Dielektrikum haben eine
Dielektrizitätskonstante von 4 und einen spezifischen Wider-
stand von mehr als $10^{16}\,\Omega\mathrm{cm}$. Die Kapazität von MOS-Kondensatoren (häufig auch MIS-Kondensatoren genannt, "metal-insulator-
semiconductor") ist nur in geringem Maß von der angelegten
Spannung abhängig. Sie sind spannungsfest (über 300 V pro µm
SiO_2), können aber bei großen Flächen lokale Kurzschlüsse wegen Fehlstellen im SiO_2 aufweisen.

Die Kapazität eines Sperrschichtkondensators ergibt sich aus
der Verarmungszone, die sich am Übergang von einem n-dotierten
zu einem p-dotierten Bereich ausbildet. Denn im thermodynamischen Gleichgewicht müssen sowohl der Strom i_n der Elektronen
als auch der Löcherstrom durch den pn-Übergang verschwinden.
Der Elektronenstrom i_n setzt sich aus dem Diffusionsstrom, der
sich auf Grund des Gradienten dn/dx der Elektronenkonzentration ergibt, und aus dem Driftstrom zusammen, der aus dem Feld
E über dem pn-Übergang resultiert. Das Feld E ist eine Folge
der Elektronendiffusion aus dem n- ins p-Gebiet, weil die ionisierten Donatoren nicht mehr durch eine entsprechende Elektronenladung kompensiert werden. Wenn D_n der Diffusionskoeffi-

zient für Elektronen ist und μ_n deren Beweglichkeit, gilt:

$$i_n = eD_n \frac{dn}{dx} + e\mu_n nE$$

(e = Elementarladung). Unter Verwendung der Einstein'schen Beziehung $D_n = kT\mu_n/e$ und wegen des Verschwindens von i_n im Gleichgewicht folgt:

$$\frac{dn}{dx} = -(e/kT)nE.$$

Die Integration dieser Gleichung liefert

$$\ln(n_1/n_2) = (e/kT)\ \textstyle\int E dx = eU_{12}/kT. \tag{3.4}$$

n_1 und n_2 bezeichnen die Elektronenkonzentrationen an den beiden Grenzen der Integration. Die Stelle 1 hat die Spannung U_{12} gegenüber der Stelle 2. Wenn n_1 die Elektronenkonzentration am Rand der Verarmungszone ist (dort ist das n-Gebiet elektrisch neutral), dann zeigt Gl. (3.4), daß die Elektronenkonzentration exponentiell mit der Spannung U_{12} abfällt. Dies ist die Berechtigung dafür, daß die Verarmungszone des pn-Überganges als frei von beweglichen Ladungsträgern angesehen werden kann. Davon ausgenommen sind dünne Übergangsschichten zu beiden Seiten der Verarmungszone, über denen eine Spannung von etwa kT/e (entsprechend 26 mV bei Zimmertemperatur) abfällt. Die beiden Übergangsschichten spielen nur bei Polung in Flußrichtung eine Rolle.

Bild 3.11 stellt die Verhältnisse an einem abrupten pn-Übergang mit der Donatorenkonzentration N_D und der Akzeptorenkonzentration N_A dar. Die Verarmungszone hat die Dicke d_v, wovon der Anteil d_n auf das n-dotierte und der Anteil d_p auf das p-dotierte Gebiet entfällt. Nach Gl. (3.4) sind wir berechtigt, die Raumladung ρ durch die ionisierten Donatoren und Akzeptoren in der Verarmungszone als stückweise konstant anzusetzen (Bild 3.11b). Daraus folgt dann eine dreiecksförmige Feldverteilung mit dem maximalen Wert E_m an der Stelle des metallurgischen pn-Überganges. Wenn am pn-Übergang keine Spannung anliegt, dann bezeichnet man das Integral $\int E dx$, genommen über den gesamten Verarmungsbereich, als Diffusionsspannung U_d, die bei Silizium etwa 800 mV beträgt. Der Feldverlauf läßt sich aus der Poisson-Gleichung

$$\frac{\mathrm{d}E}{\mathrm{d}x} = \rho/\varepsilon \qquad (3.5)$$

mit der Raumladung

$$\rho = e(N_D - N_A + p - n) \qquad (3.6)$$

berechnen. Die Dielektrizitätskonstante ε hat für Silizium den Wert von etwa 10^{-12}F/cm. Wenn im n-Gebiet $N_D \gg N_A$ ist, läßt sich Gl. (3.6) vereinfachen zu:

$$\rho = e(N_D - n) \approx eN_D.$$

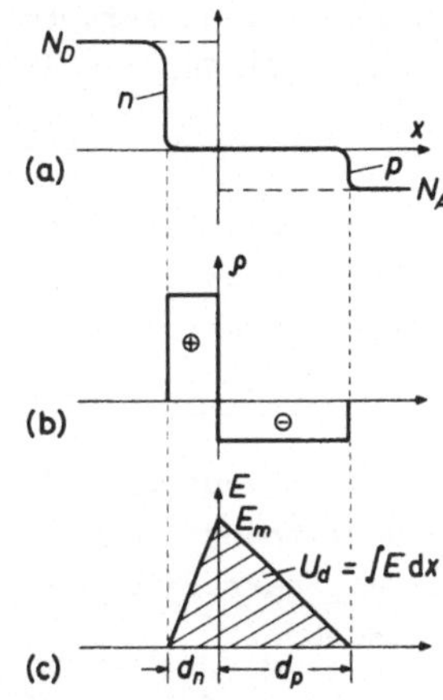

Bild 3.11

Abrupter pn-Übergang
a) Dotierungs- und Ladungsträger-
   verteilung
b) Verlauf der Raumladung
c) Feldverlauf

Entsprechendes gilt für das p-Gebiet der Verarmungszone. Gl. (3.5) läßt sich über die beiden Teilgebiete der Verarmungszone integrieren mit dem Resultat:

$$U_n = eN_D d_n^2/(2\varepsilon) \qquad (3.7)$$

und

$$d_n/d_p = N_A/N_D. \qquad (3.8)$$

U_n ist die Spannung über dem Teil der Verarmungszone, der im n-dotierten Halbleiterbereich liegt. Gl. (3.8) macht die wichtige Aussage, daß die Verarmungszone sich nur wenig in den hochdotierten Bereich, dagegen vorwiegend in den niedrigdotierten Bereich des pn-Überganges ausdehnt. Zusammen mit dem Spannungsanteil U_p über dem p-Bereich der Verarmungszone errechnet sich die Diffusionsspannung zu:

$$U_d = (e/2\varepsilon) \cdot (N_D d_n^2 + N_A d_p^2). \qquad (3.9)$$

Alle bisher abgeleiteten Formeln gelten für den Fall, daß an
dem Halbleiter mit dem pn-Übergang keine Spannung von außen angelegt wird. Wenn ein Vorspannung anliegt, dann muß U_d durch
die Differenz U ersetzt werden, die sich aus der Diffusionsspannung und der äußeren angelegten Spannung ergibt. Handelt
es sich um einen abrupten n^+p-Übergang ($N_D \gg N_A$), dann wird
aus Gl. (3.9) für den allgemeinen Fall der äußeren Spannung:

$$U = (e/2\varepsilon)N_A d_p^2 \approx (e/2\varepsilon)N_A d_v^2. \tag{3.10}$$

In einem Sperrschichtkondensator wirkt die Verarmungszone als
Dielektrikum zwischen den beiden Elektroden im Abstand d_v, so
daß seine Kapazität pro Flächeneinheit

$$c = \varepsilon/d_v \tag{3.11}$$

beträgt. Mit den Gln. (3.10) und (3.11) können wir nun die
Spannungsabhängigkeit der Sperrschichtdicke und die Abhängigkeit der Sperrschichtkapazität von d_v und damit von der Spannung angeben:

$$d_v = \sqrt{2\varepsilon U/(eN_A)} \tag{3.12}$$

$$c = \sqrt{e\varepsilon N_A/(2U)}. \tag{3.13}$$

Die Gln. (3.12) und (3.13) gelten für den pn-Übergang mit ab-
ruptem Dotierungsprofil, der einseitig hoch dotiert ist. Ein
für die Praxis wichtiger Fall ist der pn-Übergang mit linearem
Dotierungsprofil, d.h. mit dem Dotierungsgradienten

$$m = \frac{d}{dx} |N_A - N_D|.$$

Der lineare pn-Übergang läßt sich mit denselben Methoden wie
der abrupte pn-Übergang behandeln. Die Ergebnisse lauten:

$$d_v = (12\varepsilon U/em)^{1/3} \tag{3.14}$$

$$c = (e\varepsilon^2 m/12U)^{1/3}. \tag{3.15}$$

Sowohl der abrupte als auch der lineare Übergang sind für Bauelemente nur Näherungen. Die für integrierte Schaltungen wichtigen Dotierungsprofile sind der Verlauf nach der komplementä-

ren Fehlerfunktion (Emitterdiffusion) und nach der Gauß-Verteilung (Basisdiffusion), vgl. Kap. 2.1.5. Für diese Funktionen lassen sich d_v und c nicht mehr analytisch bestimmen. Lawrence und Warner [3.2] haben numerische Ergebnisse für gebräuchliche Parameter in Graphiken zusammengestellt. Bild 3.12 gibt als Beispiel einige Lawrence-Warner-Kurven, die für gaußförmige Diffusionsprofile berechnet sind. Die Kurven gelten exakt für ein Verhältnis $N_{on}/N_o = 10^{-3}$ mit N_{on} als Hintergrunddotierung, in die mit einer Oberflächenkonzentration N_o eindiffundiert wird. Für einen Bereich zwischen $3 \cdot 10^{-4}$ bis $3 \cdot 10^{-3}$ für dieses Verhältnis sind die Kurven bis auf weniger als 10 % genau. Das

Kurvenfeld spaltet auf der linken Seite in eine Reihe paralleler Linien auf. Dies ist der Bereich, in dem die Formeln (3.14) und (3.15) für den linearen pn-Übergang gültig werden mit dem Dotierungsgradienten m, genommen am Ort des metallurgischen pn-Überganges in der Diffusionstiefe d. Am rechten Rand von Bild 3.12 laufen die Kurven in eine Gerade zusammen; dies ist der Gültigkeitsbereich des abrupten pn-Überganges mit den Gln. (3.12) und (3.13).

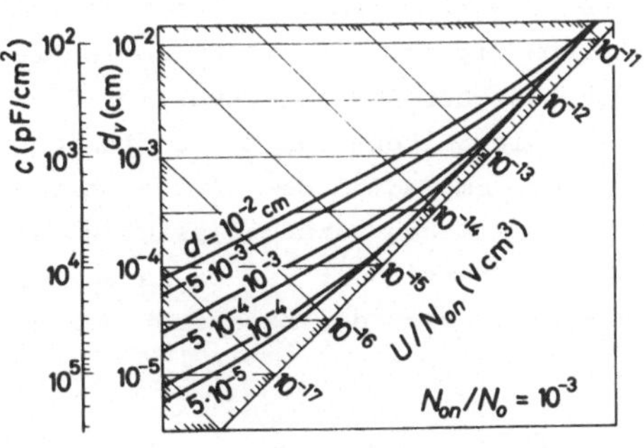

Bild 3.12
Kapazität c pro Flächeneinheit und Dicke d_v einer Verarmungszone bei Diffusion nach einer Gauß-Verteilung in Silizium. N_{on} ist die Hintergrunddotierung und N_o die Oberflächenkonzentration. d ist die Tiefe des metallurgischen pn-Überganges

Zur Illustration wählen wir eine Basisdiffusion von $d = 1$ µm Tiefe mit $N_o = 5 \cdot 10^{18} \mathrm{cm}^{-3}$ in eine epitaktische Schicht von $N_{on} = 5 \cdot 10^{15} \mathrm{cm}^{-3}$. Wenn keine äußere Spannung anliegt, dann besteht über dem pn-Übergang nur die Diffusionsspannung, so daß $U \approx 0,8$ V gilt. Damit wird: $U/N_{on} = 1,6 \cdot 10^{-16} \mathrm{Vcm}^3$. Von diesem Wert auf der diagonalen Skala in Bild 3.12 ausgehend, gehen

wir diagonal in das Kurvenfeld bis zum Schnittpunkt mit der
Kurve mit dem Parameter $d = 10^{-4}$cm. Von diesem Schnittpunkt
gehen wir horizontal zu den beiden Skalen und erhalten:

$$d_{\mathrm{v}} = 5,7 \cdot 10^{-5}\mathrm{cm} \qquad\qquad c = 1,8 \cdot 10^4 \mathrm{pF/cm}^2.$$

Die Lawrence-Warner-Kurven gelten nur für Diffusion in ein Material mit konstanter Hintergrunddotierung. Sie können also
für die Basis-Diffusion und für die Isolationsdiffusion, nicht
aber für die Emitter-Diffusion verwendet werden. Als Beispiel
wollen wir einen 10 pF-Kondensator quadratischer Form berechnen, der mit der oben charakterisierten Basisdiffusion hergestellt wird. Bild 3.13 zeigt seine Form. Da die laterale Diffusion mit der vertikalen fortschreitet, können wir angenähert
den gleichen Dotierungsverlauf überall am pn-Übergang erwarten. Die Seitenwände der Diffusionswanne können als Viertelzy-
linder vom Radius der Diffusionstiefe angenommen und der Beitrag der Ecken vernachlässigt werden. Wenn c_{cb} die Kapazität
pro Flächeneinheit des Basis-Kollektor-Überganges ist, dann
errechnet sich die Kapazität des gesamten Kondensators mit der
Breite b zu:

$$c = (b^2 + 4b \cdot \tfrac{1}{4} \cdot 2\pi d)\, c_{\mathrm{cb}}.$$

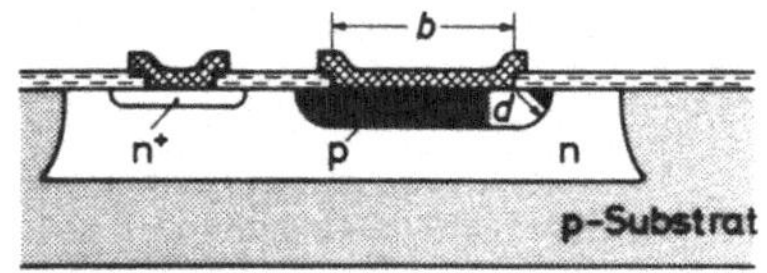

Bild 3.13 Planarer Kondensator,
der mit der Basisdif-
fusion der Tiefe d
hergestellt wird

Ein 10 pF-Kondensator muß danach etwa 230 µm breit sein.
Die Seitenwände tragen in
diesem Beispiel etwa 3 % zur
Kapazität bei. Selbst ein relativ kleiner Kondensator benötigt also schon einen beträchtlichen Anteil der Halbleiteroberfläche.

Die erreichbaren Kapazitäten bei Basis-Kollektor-Übergängen
sind $3 \cdot 10^4$pF/cm², meist jedoch weniger. Höhere Werte erhält
man bei Ausnutzung des Basis-Emitter-Überganges, weil dort die
Dotierung beträchtlich höher ist (vgl. Bild 3.11). Aus dem
gleichen Grund wird allerdings auch die Spannungsfestigkeit
geringer. Emitter-Kondensatoren brechen schon bei 7 bis 10 V

durch, so daß sie nur bis etwa 5 V sicher betrieben werden
können. Die reduzierte Spannungsfestigkeit läßt sich aus Bild
3.11 ableiten. Bei hohen Spannungen brechen pn-Übergänge infolge Stoßionisation durch. Nur bei sehr hohen Dotierungen
(jenseits $10^{18}\mathrm{cm}^{-3}$) tritt der Zener-Effekt auf, bei dem durch
die hohen Felder im gesperrten pn-Übergang lokalisierte Elektronen aus ihren Atomen herausgerissen werden und einen drastisch erhöhten Sperrstrom hervorrufen (vgl. Kap. 3.3.4). Bei
der Stoßionisation dagegen werden die wegen thermischer Erzeugung in geringem Maß stets vorhandenen Löcher und Elektronen
im starken Feld des Verarmungsgebietes derart stark beschleunigt, daß sie beim Stoß mit einem Gitteratom ein Elektron-Loch-
Paar bilden. Diese zusätzlichen Ladungsträger erzeugen nun ihrerseits durch Stoßionisation Elektron-Loch-Paare, so daß es
zu einem lawinenartigen Anwachsen des Sperrstromes und damit
zum Durchbruch des pn-Überganges kommt.

Das kritische Feld E_{krit}, bei dem Stoßionisation eintritt, ist
relativ unabhängig von der Dotierung und liegt für Silizium um
$5 \cdot 10^5\mathrm{V/cm}$. Nach Bild 3.11c ist die größte Feldstärke E_{m} im gesperrten pn-Übergang am Ort des metallurgischen Überganges vom
n- ins p-Gebiet. Wenn U die Spannung über dem pn-Übergang ist,
gilt:

$$U = E_{\mathrm{m}} d_{\mathrm{v}}/2.$$

Die Durchbruchspannung U_{krit} ist dann erreicht, wenn $E_{\mathrm{m}} = E_{\mathrm{krit}}$
wird. Zusammen mit Gl. (3.12) folgt daraus für den unsymme-
trisch-abrupten pn-Übergang ($N_{\mathrm{D}} \gg N_{\mathrm{A}}$):

$$U_{\mathrm{krit}} = \varepsilon E_{\mathrm{krit}}^2 / (2 e N_{\mathrm{A}}). \tag{3.16}$$

Dieses Ergebnis, nach dem U_{krit} mit zunehmender Dotierung abfällt, wird auch durch Messungen an abrupten pn-Übergängen be-
stätigt. Beim Einsatz von Sperrschichtkondensatoren muß deshalb abgewogen werden, ob die reduzierte Spannungsfestigkeit
eines Emitter-Kondensators wegen seiner größeren Kapazität pro
Flächeneinheit in Kauf genommen werden kann. Zusätzlich muß
beachtet werden, daß die nach Gl. (3.16) abgeschätzte Durch-

bruchspannung in der Praxis meist nicht erreicht werden kann,
weil es durch die seitliche Krümmung der Diffusionswannen
(vgl. Bild 3.13) an diesen Stellen zu einer Erhöhung der Feldstärke kommt.

Aus Bild 3.13 läßt sich das Ersatzschaltbild eines Kollektor-
Basis-Kondensators ableiten, das einige parasitäre Elemente
enthält. Im Prinzip muß man auch hier wieder mit räumlich verteilten Komponenten rechnen (vgl. Bild 3.9), die man aber in
erster Näherung nach Bild 3.14 zusammenfassen kann. In diesem
Bild erscheint wegen der ganzflächigen Kontaktierung der Bahnwiderstand des p-Gebietes nicht, wohl dagegen der laterale Widerstand R_1 zum zweiten Kondensatoranschluß, der Widerstand R_v
der epitaktischen Schicht zum Isolationsübergang und der Widerstand R_{sub} des Substrates. C_{sub} ist die Kapazität des Isola-
tionsüberganges zwischen der epitaktischen Schicht und dem Sub-

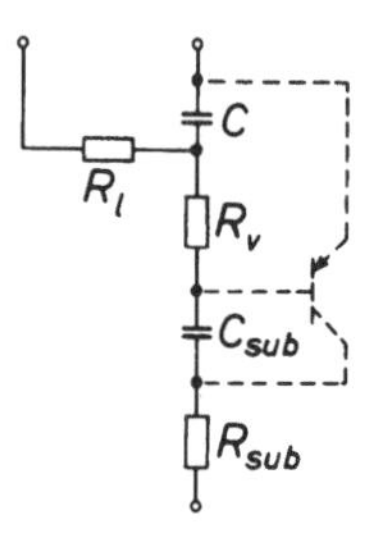

strat. Über den beiden pn-Übergängen mit
den Kapazitäten C und C_{sub} liegen zwei parasitäre Dioden, die zusammen einen Transistor bilden. Um diesen Transistor unwirksam zu machen, müssen beide Dioden in
Sperrichtung gepolt sein.

Bild 3.14 Ersatzschaltbild eines Kollek-
tor-Basis-Kondensators C. Näherung mit konzentrierten Komponenten

MOS-Kondensatoren haben demgegenüber nur einen parasitären pn-
Übergang. Sie können auch so gebaut werden, daß ihre Kapazität
nahezu spannungsunabhängig wird. Bild 3.15 zeigt die üblicherweise verwendete Bauform. Mit der Emitterdiffusion wird in der
epitaktischen Schicht eine großflächige n$^+$-Diffusionswanne gebildet, die als untere Elektrode des Kondensators dient. Als
Dielektrikum wird eine meist 0,1 µm dicke SiO_2-Schicht verwendet, die ebenfalls großflächig mit einer Metallschicht (meist
Aluminium) als zweitem Kontakt bedeckt ist. Da die Dielektrizitätszahl des SiO_2 bei 4 liegt, läßt sich nach Gl. (3.11) in
dieser Anordnung eine Kapazität von 300 pF/mm^2 erreichen. Die

Durchbruchfeldstärke von SiO$_2$ liegt bei $6 \cdot 10^6$ V/cm. Für eine 0,1 μm dicke SiO$_2$-Schicht errechnet sich daraus die beträchtliche Durchbruchspannung von 60 V.

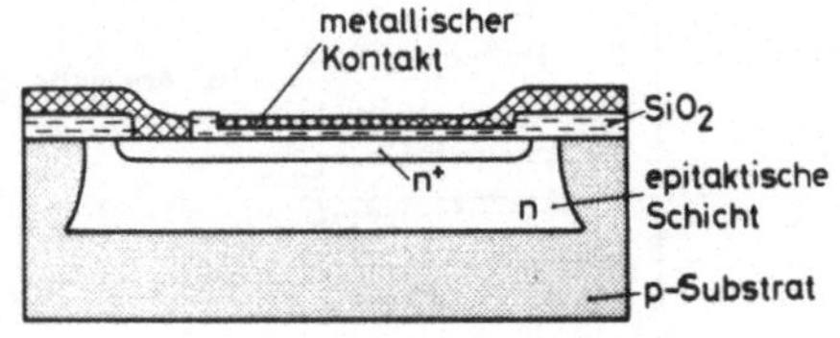

Bild 3.15 Gebräuchliche Bauform eines MOS-Kondensators mit SiO$_2$ als Dielektrikum

Das vom Aufbau her sehr einfache System Metall-SiO$_2$-Silizium zeigt eine Reihe von komplexen Vorgängen, die in ihren Einzelheiten sehr wesentlich von den Parametern der beteiligten Komponenten abhängen. Es ist andererseits das am besten untersuchte zusammengesetzte System, weil es einer wichtigen Klasse integrierter Schaltungen, nämlich den MOS-Schaltungen, zugrunde liegt. Wir wollen deshalb die wesentlichen Eigenschaften von MOS-Strukturen beschreiben, wobei die im Zusammenhang mit dem Sperrschichtkondensator abgeleiteten Beziehungen als Grundlage weitgehend ausreichen, wenn die Parameter der MOS-Struktur eingesetzt werden.

Je nach der angelegten Spannung können MOS-Strukturen nach Bild 3.15 in drei verschiedenen Betriebsarten, die man mit Anreicherung, Verarmung und Inversion bezeichnet, eingesetzt werden. Die Spannungen, bei denen der Übergang von einer Betriebsart zur anderen erfolgt, hängen von dem Verhältnis der Austrittsarbeit des Metalls zur Elektronenaffinität des Halbleiters, von der Dotierung des Halbleiters und von der Qualität des Isolators (besonders hinsichtlich Oberflächen- und Volumenladungen) ab. Die Metallelektrode sei gegenüber dem n-dotierten Halbleiter positiv vorgespannt, so daß sich Elektronen an der Grenzfläche des Halbleiters zum Isolator ansammeln. Da kein Strom fließt, sich der Halbleiter also im thermodynamischen Gleichgewicht befindet, ist die Fermi-Energie E_F im gesamten Halbleiter konstant. Die Fermi-Energie liegt in der oberen Hälfte des verbotenen Bandes im Abstand $eU_F = E_F - E_i$ von der Mitte E_i des verbotenen Bandes, weil der Halbleiter n-leitend ist. E_i ist das Fermi-Niveau in eigenleitendem Material.

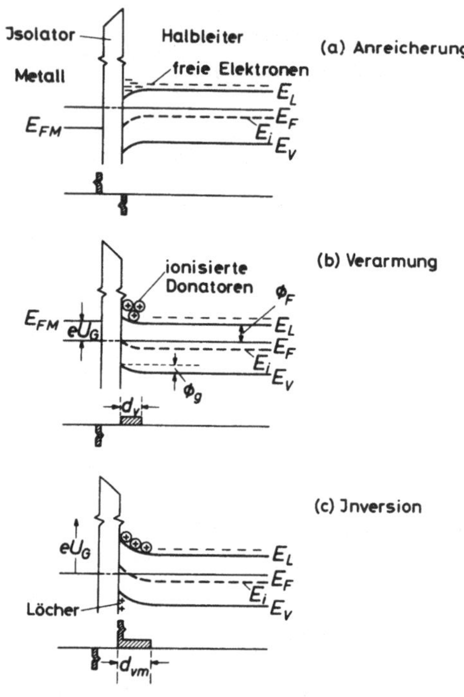

Bild 3.16 Betriebsbedingungen einer MOS-Struktur auf n-leitendem Halbleiter

Die Elektronen an der Halbleiter-Isolator-Grenzfläche verursachen eine Bandwölbung nach unten, ihre Ladung wird an der Metall-Isolator-Grenzfläche durch eine gleich große Ladung kompensiert (vgl. Bild 3.16a) Dies ist der Anreicherungsbetrieb.

Wenn das Metall die negative Spannung U_G gegenüber dem Halbleiter hat, dann werden die Elektronen vom Isolator weg in das Innere des Halbleiters getrieben und lassen die stationäre positive Raumladung der ionisierten Donatoratome zurück. Dies ist der Verarmungsbetrieb (Bild

3.16b). Die von Elektronen leergeräumte Verarmungszone erstreckt sich über d_v in den Halbleiter hinein. Pro Flächeneinheit enthält er die Ladung:

$$Q_v = eN_D d_v.\qquad (3.17)$$

Wird die Metallelektrode stärker negativ geladen, dann wächst zunächst die Verarmungszone weiter in das Halbleiterinnere hinein, bis es zur Inversion kommt. Die Inversion ist dadurch gekennzeichnet, daß sich in einer extrem dünnen Schicht (um 50 bis 100 $\overset{\circ}{A}$) an der Halbleitergrenzfläche zum Isolator Minoritätsträger, in unserem Fall also Löcher, ansammeln (Bild

3.16c). In der Inversion befindet sich die Valenzbandkante E_V nahe dem Isolator derart dicht an der Fermi-Kante E_F, daß sich dort durch thermische Erzeugung eine beträchtliche Anzahl von Löchern bilden kann. Als Einsatzpunkt der Inversion wird allgemein die Spannung angesehen, bei der durch die Bandkrümmung die Valenzbandkante E_V an der Isolatorgrenzfläche denselben Abstand von der Fermi-Energie E_F einnimmt wie die Leitungsbandkante E_L im Inneren des Halbleiters. Diese Bedingung besagt, daß die Löcherkonzentration p_g an der Isolator-Halbleitergrenzfläche gleich der Donatorenkonzentration wird:

$$p_g = N_D.$$

Bei stärker werdender negativer Spannung am Metall nimmt die Inversionsladung nahe der Isolator-Halbleitergrenzfläche sehr rasch zu, ohne daß sich jedoch die Verarmungszone weiter ausdehnt. Sie bleibt bei einer maximalen Dicke d_{vm} konstant. d_{vm} läßt sich, ausgehend von Gl. (3.17), berechnen. Zweimalige Integration liefert den Spannungsverlauf in der Verarmungszone:

$$U = \frac{eN_D d_v^2}{2\varepsilon} \left(1 - \frac{x}{d_v}\right)^2 = U_g \, (1 - x/d_v)^2.$$

U_g ist das Potential an der Grenzfläche Isolator-Halbleiter und gibt die Bandwölbung an (Bild 3.16b):

$$U_g = \frac{eN_D d_v^2}{2\varepsilon}. \tag{3.18}$$

Starke Inversion setzt, wie oben dargelegt, gerade dann ein, wenn die Bandwölbung den Wert $U_{gi} = 2\,U_F$ annimmt. Damit folgt aus Gl. (3.18):

$$d_{vm} = \sqrt{2\varepsilon U_{gi}/(eN_D)}. \tag{3.19}$$

Diese Gleichung ist von ähnlichem Aufbau wie Gl. (3.12), die sich für den spannungslosen Fall nur durch die Diffusionsspannung U_d gegenüber U_{gi} in Gl. (3.19) unterscheidet. Beim abrupten pn-Übergang wird eine Verarmungszone durch Dotierung erzeugt, bei der Inversion durch Anlegen einer Spannung über einen Isolator. Da U_{gi} für die praktisch interessierenden Dotierungskonzentrationen nur relativ schwach von der Dotierung abhängt, wird die maximale Verarmungszonendicke d_{vm} vorwiegend durch die Donatorenkonzentration N_D bestimmt.

Wegen des Auftretens einer Verarmungszone muß zur Kapazität c_i des Isolators einer MOS-Struktur noch die Kapazität c_v eben dieser Verarmungszone hinzugerechnet werden. Die Kapazität c der MOS-Struktur ist demnach die Reihenschaltung von c_i und c_v:

$$1/c = 1/c_i + 1/c_v. \tag{3.20}$$

Wenn ε_i die Dielektrizitätskonstante und d_i die Dicke der SiO_2-Schicht ist, dann gilt offensichtlich für die Kapazitäten (gerechnet pro Flächeneinheit):

$$c_i = \varepsilon_i/d_i \qquad\qquad c_v = \varepsilon/d_v. \tag{3.21}$$

Fassen wir die Gln. (3.20) und (3.21) unter Verwendung von Gl. (3.18) zusammen, so folgt:

$$c/c_i = \frac{1}{1 + \sqrt{\varepsilon_i^2 \cdot 2U_g/(\varepsilon d_i^2 e N_D)}}. \tag{3.22}$$

Diese Formel zeigt, daß die Kapazität c der MOS-Struktur im Verarmungsbereich mit der Wurzel aus U_g und damit mit der Wurzel der an die Metallelektrode gelegten Spannung U fällt. Insgesamt erhalten wir den Verlauf der Kurve b in Bild 3.17. Bei positiven Spannungen herrscht Anreicherung, und die MOS-Struktur zeigt die Kapazität c_i des Dielektrikums. Mit abnehmender Spannung entsteht die Verarmungszone; in diesem Bereich gilt die Formel (3.22). Sobald starke Inversion einsetzt, wächst die Verarmungszone nicht mehr über ihre Maximaldicke d_{vm} hinaus. Demnach ist c im Inversionsbereich konstant. Allerdings ist dieses Verhalten frequenzabhängig. Mißt man die Kapazität mit einer hinreichend niedrigen Wechselspannung (beim System Metall/SiO_2/Si unter 50 bis 100 Hz), dann ist die thermische Erzeugung und Rekombination der Minoritätsträger rasch genug, so daß der Ladungsaustausch mit der Inversionsschicht erfolgen kann. Folglich wird dann wiederum die Kapazität c_i des Isolators gemessen (Bild 3.17, Kurve a). Der Vollständigkeit halber

wollen wir noch die Kurve c in
Bild 3.17 erwähnen, die den
Nicht-Gleichgewichtszustand
bei sehr raschen, impulsmäßi-
gen Messungen zeigt. Unter
dieser Bedingung ist der Aufbau einer Inversionsschicht
nicht mehr möglich. Kurve c
zeigt die Ausdehnung der Verarmungszone über die Maximaldicke d_{vm} hinaus; sie hat nur
für Meßzwecke Bedeutung.

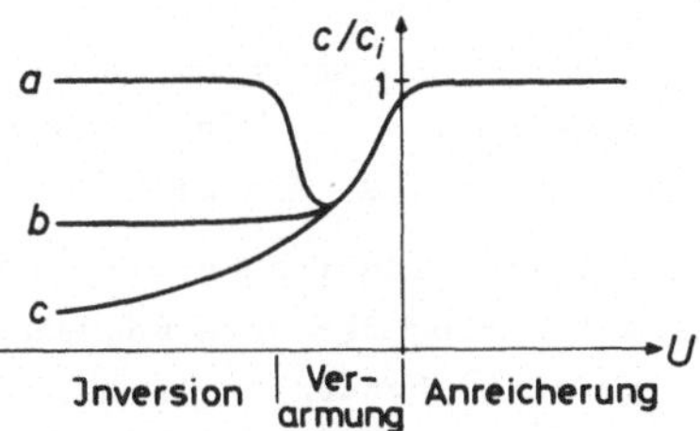

Bild 3.17
Verhalten einer MOS-Struktur
auf n-leitendem Halbleiter.
a: niedrige Frequenzen
b: hohe Frequenzen
c: impulsmäßige Messung (keine
   Ausbildung einer Inversionsschicht)

Alle bisherigen Betrachtungen gelten bei entsprechenden Änderungen natürlich auch für MOS-Strukturen auf p-leitendem Halbleiter, aber nur unter den Einschränkungen, daß die Austrittsarbeit für Metall und Halbleiter gleich sind, also im spannungslosen Fall keine Bänderkrümmung auftritt, und daß sich an
der Oberfläche und im Innern des Isolators keine stationären
oder beweglichen Ladungen befinden. Alle diese Effekte führen
zu einer horizontalen Verschiebung der $c(U)$-Kurve in Bild 3.17
entlang der U-Achse. Für die Praxis haben Oberflächenladungen
und Volumenladungen besondere Bedeutung. Man bemüht sich deshalb, durch strenge Herstellungskontrollen beide zu vermeiden.
Für SiO_2 haben sich als besonders schädlich die Ionen der Al-
kalimetalle erwiesen. Sie beeinträchtigen die Stabilität des
SiO_2, weil sie mit sehr geringer Zeitkonstante durch das SiO_2
driften.

MOS-Strukturen können als spannungsabhängige Kondensatoren
(Varaktoren; Kunstwort aus "variable reactor") eingesetzt werden. In integrierten Schaltungen soll jedoch meist ihre Kapazität von der angelegten Spannung nicht beeinflußt werden. Durch
geeigneten Entwurf muß man dabei vermeiden, daß Inversion erreicht wird und daß der Einfluß der Verarmung merklich wird.
Beides erreicht man durch hohe Dotierung im Halbleiter (vgl.

Bild 3.15). Damit werden der Abstand $eU_F = E_F - E_i$ der Fermi-energie E_F von der Bandmitte E_i und folglich auch die Inversionsspannung $U_{gi} = 2 U_F$ erhöht. Weiterhin wird nach den Gln. (3.18) und (3.19) die Dicke der Verarmungszone reduziert.

Zur Illustration fragen wir nach der Spannung, bei der durch die Aufweitung der Verarmungszone die Kapazität der MOS-Struktur um 10 % abgesunken ist. Die SiO_2-Schicht soll 0,1 µm dick sein und auf einer Emitterdiffusionswanne mit der Randkonzentration $10^{19} cm^{-3}$ gewachsen sein. Zur Vereinfachung werden der Dotierungsabfall in das Halbleiterinnere hinein und die entstehende Inversionsschicht vernachlässigt. Wegen der Gln. (3.20) und (3.21) folgt aus dem Abfall von c auf den Wert $0,9 c_i$:

$$c_v = 9 \ c_i \qquad \text{oder:} \qquad d_v = (\varepsilon/\varepsilon_i) d_i/9.$$

Zwischen dem Spannungsabfall U_i über dem Isolator und der Spannung U_g über der Verarmungszone besteht dann die Beziehung:

$$U_i = 9 \ U_g.$$

Die Verarmungszone hat deshalb die Dicke:

$$d_v = (12/4) \cdot 0,1 \cdot 10^{-4}/9 \ cm = 3,3 \cdot 10^{-6} cm$$

und nach Gl. (3.18) liegt an ihr die Spannung

$$U_g = 8 \ V.$$

Also fällt die MOS-Kapazität erst bei $U_i = 72$ V um 10 % ab. Nehmen wir als Durchbruchfeldstärke des SiO_2 einen Wert um 600 V/µm, dann bricht der MOS-Kondensator schon bei 60 V durch. Aus Bild 3.15 läßt sich leicht das Ersatzschaltbild ableiten. Beschränken wir uns in erster Näherung auf eine Darstellung in konzentrierten Komponenten, dann kommen wir zu Bild 3.18. Der Widerstand R_1 setzt sich aus dem Widerstand der n^+-Diffusionswanne und dem Kontaktwiderstand zusammen. Die übrigen Komponenten haben dieselbe Bedeutung wie in Bild 3.14. Die Güte eines MOS-Kondensators wird nach hohen Frequenzen hin durch R_1 begrenzt, nach niedrigen Frequenzen durch die dielektrischen

Verluste im Isolator. Sie werden im allgemeinen vernachlässigt,
können aber als Ergänzung zu Bild 3.18 als
Parallelwiderstand zu c mitberücksichtigt
werden.

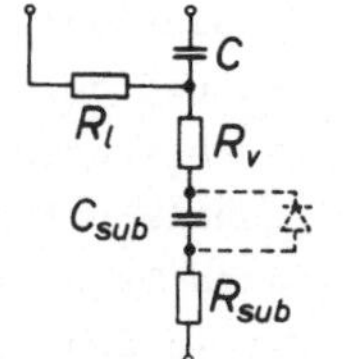

Bild 3.18 Ersatzschaltbild eines MOS-Kondensators mit konzentrierten
Elementen

3.2.3 Spulen

Es gibt heute kein befriedigendes Verfahren, um Spulen in integrierter Form herzustellen. Die Gründe liegen in den Prozeßschritten der planaren Technik, die nur Leiterbahnen mit relativ hohem Widerstand ermöglichen und keine Materialien mit hoher Permeabilität bereitstellen. Ein Vorschlag zur Realisierung von integrierbaren Spulen nutzt die Mittel der Dünnfilm-
technik [3.3]. Dabei wird Gold galvanisch niedergeschlagen,
aus dem durch Ätzen eine Spirale mit relativ geringem Widerstand gefertigt werden kann. Die Induktivität kann durch Auf-
bringen von Ferrit beträchtlich erhöht werden. Spulen mit über
100 Windungen mit Induktivitäten von mehreren 100 µH konnten
realisiert werden. Die höchsten Gütefaktoren lagen zwischen
100 und 130 im Frequenzbereich von 0,5 bis 1,5 MHz.

Da Spulen in planarer Bauform relativ viel Platz einnehmen,
werden sie in integrierten Schaltern praktisch nicht verwendet.
Die Wirkung von Induktivitäten (z.B. zur Frequenzselektion)
wird daher entweder durch geeignete integrierte Schaltungen,
die nur aktive Komponenten, Widerstände und Kondensatoren enthalten, oder durch physikalische Phänomene wie Wechselwirkung
zwischen Ladungsträgern und Ultraschallwellen (im Bereich von
mehreren 100 MHz) simuliert. Da aber in vielen wichtigen Ein-
satzgebieten für integrierte Schaltungen entweder fast ausschließlich (Rechentechnik) oder in ständig steigendem Maß
(Nachrichtentechnik, Meßtechnik) digitale Schaltungskonzepte
verwendet werden, verlieren Induktivitäten an Bedeutung.

3.3 <u>Aktive Komponenten</u>

Transistoren sind die verstärkenden Bauelemente in integrierten Schaltungen. Sie lassen sich in die beiden Gruppen der bipolaren und der unipolaren Transistoren einteilen. Bei bipolaren Transistoren sind sowohl Elektronen als auch Löcher für
die Transistorfunktion notwendig. Die wichtigste Bauform eines
bipolaren Transistors ist der planare, diffundierte Transistor,
den wir in den folgenden Abschnitten eingehender besprechen
wollen. Unipolare Transistoren verwenden nur eine Ladungsträgersorte für den Stromtransport. Der wichtigste Vertreter ist
der MOS-Feldeffekttransistor, der auch in den Schaltungen in
Großintegration eingesetzt wird.

Transistoren in planarer Bauweise benötigen im allgemeinen weniger Platz als Kondensatoren und Widerstände. Man ist daher
beim Schaltungsentwurf darauf bedacht, bevorzugt Transistoren
zu verwenden. Daraus ergibt sich die Notwendigkeit, die an den
Anschlüssen des Transistors gemessenen elektrischen Kennwerte
mit den Entwurfsparametern des Transistors, wie Dimensionen
und Dotierungsprofile, zu verknüpfen. Die integrierte Umgebung
des Transistors muß dabei so weit wie möglich mitberücksichtigt werden. Die Verknüpfung von elektrischen Daten und Entwurfsparametern wird schließlich in einem Ersatzschaltbild dargestellt. Damit ist das Ziel der Abschnitte 3.3.1 bis 3.3.3 um-
rissen.

Wir müssen allerdings von vornherein Einschränkungen machen,
die wir am Beispiel eines bipolaren Transistors illustrieren
wollen. Ein bipolarer Transistor besteht im wesentlichen aus
zwei gegeneinandergeschalteten pn-Übergängen, die über eine
quasineutrale Basiszone miteinander in Wechselwirkung stehen.
Die pn-Übergänge weisen Diodencharakteristiken auf, so daß
auch für den bipolaren Transistor nichtlineares Verhalten erwartet werden muß. Entsprechend kann man ein gut zutreffendes
Ersatzschaltbild nur für den Kleinsignalbetrieb angeben, in
dem die mathematischen Schwierigkeiten durch Linearisierung beträchtlich reduziert werden können. Der Großsignalbetrieb läßt
sich dagegen nur mit erheblichen Näherungen erfassen, ohne daß

die Physik des Transistors von mathematischen Formalismen völlig verdeckt wird.

Der Großsignalbetrieb ist aber gerade für die Praxis sehr wichtig. So werden z.B. in der umfangreichen Klasse der logischen Schaltungen für elektronische Rechner die Transistoren vom Sättigungsbereich mit hohem Strom zum Sperrbereich mit sehr niedrigem Strom geschaltet, wobei der normalerweise für Verstärkung verwendete aktive Bereich nur während des Schaltvorganges durchlaufen wird. Sättigungs- und Sperrbereich stellen die binären Zustände dar. Zum Verständnis der Funktionsweise des Transistors ist aber gerade der aktive Bereich wesentlich, von dem dann relativ leicht zu den Grenzbereichen der Sättigung und Sperrung übergegangen werden kann.

In Kap. 3.3.1 sollen die wesentlichen Gleichungen, die den Stromfluß in einem pn-Übergang beherrschen, zusammengestellt werden. Sie lassen sich mit ausreichender Genauigkeit für bipolare Transistoren modifizieren, so daß sich ein Ersatzschaltbild, in dem die wesentlichen Entwurfsparameter erscheinen, aufstellen läßt (Kap. 3.3.2). In Kap. 3.3.3 werden unipolare Transistoren behandelt. In Kap. 3.3.4 werden kurz Dioden erwähnt, die sich mit den Mitteln der planaren Transistortechnologie realisieren lassen.

3.3.1 Stromfluß im pn-Übergang

In Kap. 3.2.2 haben wir beschrieben, daß in einem pn-Übergang auf Grund des Konzentrationsgefälles der Elektronen und Löcher ein Diffusionsstrom fließt, dem im Gleichgewicht durch einen Driftstrom die Waage gehalten wird. Die Stromgleichungen lauten für Elektronen und Löcher (bezogen auf die Flächeneinheit senkrecht zum Stromfluß):

$$i_n = eD_n \frac{dn}{dx} + e\mu_n nE \qquad (3.23a)$$

$$i_p = -eD_p \frac{dp}{dx} + e\mu_p pE. \qquad (3.23b)$$

Die beiden ersten Terme sind die Diffusionsbeiträge, die wegen der unterschiedlichen Ladung von Elektronen und Löchern auch

unterschiedliches Vorzeichen haben. D_n und D_p sind die jeweiligen Diffusionskonstanten. Die beiden letzten Terme stellen den
Driftstrom auf Grund des elektrischen Feldes E dar. Elektronen,
die sich gegen das elektrische Feld bewegen, und Löcher, die
mit dem elektrischen Feld driften, tragen beide einen positiven Beitrag zum Strom in Richtung E bei. Im thermischen Gleichgewicht verschwinden beide Stromarten für sich. Aus dieser Bedingung haben wir schon früher die Beziehung

$$\ln(n_1/n_2) = (e/kT) \int E\,dx = eU_{12}/kT \qquad (3.4)$$

abgeleitet. Eine analoge Beziehung folgt aus Gl. (3.23b) für
Löcher. Nach Gl. (3.4) hängt die Elektronenkonzentration an
den Orten 1 und 2 von der Potentialdifferenz U_{12} zwischen diesen Orten exponentiell ab. Gleichung (3.4) und die entsprechende Gleichung für Löcher gelten für einen pn-Übergang im thermischen Gleichgewicht auch dann, wenn über dem pn-Übergang eine
äußere Spannung U_b anliegt, nur muß U_{12} entsprechend korri-
giert werden. Nehmen wir die Ränder der Verarmungszone zum neutralen n- und p-Gebiet (vgl. Bild 3.11) als die Orte 1 und 2
und bezeichnen sie mit dem Argument O, so folgt aus Gl. (3.4)
und der entsprechenden Löchergleichung:

$$\ln\left[n_n(O)/n_p(O)\right] = \ln\left[p_p(O)/p_n(O)\right] = e(U_d - U_b)/kT, \qquad (3.24)$$

denn über dem pn-Übergang liegt die um die Diffusionsspannung
U_d reduzierte äußere Spannung U_b. Am Rand (Argument O) der Verarmungszone des pn-Überganges zum neutralen n-Gebiet (Index n)
ist die Elektronenkonzentration $n_n(O)$; die übrigen Bezeichnun-
gen in Gl. (3.24) erklären sich nach demselben Muster.

Gleichung (3.24) vereinfacht sich beträchtlich für einen pn-
Übergang, der auf einer Seite sehr stark dotiert ist, z.B. einen n^+p-Übergang ($N_D \gg N_A$). Bei integrierten Schaltungen ist
diese Bedingung meist erfüllt, da pn-Übergänge in der planaren
Technik durch Überkompensation hergestellt werden. Für einen
n^+p-Übergang nimmt $n_n(O)$ den Wert N_D der hohen Donatorenkonzentration an, da auch ein relativ großer, in das n^+-Gebiet inji-
zierter Löcherstrom durch eine nur geringe Abweichung von der
Quasineutralität des n^+-Gebietes kompensiert werden kann. Wenn

n_{po} die Elektronenkonzentration im p-Gebiet bei verschwindender äußerer Spannung ist, dann wird aus Gl. (3.24):

$$n_p(O) = N_D \exp(-eU_d/kT) \; \exp(eU_b/kT) = n_{po} \exp(eU_b/kT). \qquad (3.25)$$

$n_p(O)$ gibt die Elektronenkonzentration an, die bei anliegender
Spannung in das p-Gebiet injiziert wird. Damit im p-Gebiet La-
dungsneutralität wiederhergestellt wird, erhöht sich die Löcherkonzentration auf den Wert:

$$p_p(O) = N_A + n_p(O). \qquad (3.26)$$

Dieser Wert in Gl. (3.24) eingesetzt, liefert die Löcherkonzentration auf der n-Seite:

$$p_n(O) = \left[N_A + n_p(O)\right] \exp(-eU_d/kT) \; \exp(eU_b/kT). \qquad (3.27)$$

Nach Division der Gleichungen (3.25) und (3.27) erhalten wir:

$$p_n(O) = \frac{N_A + n_p(O)}{N_D} \; n_p(O). \qquad (3.28)$$

Gl. (3.28) zeigt, daß bei normaler, d.h. nicht zu starker Injektion erheblich mehr Elektronen in das p-Gebiet injiziert
werden als Löcher in das n^+-Gebiet. Dies ändert sich erst bei
sehr starker Aussteuerung in der Durchlaßrichtung. Diese unsymmetrische Injektion wird beim Transistor ausgenutzt. Für den
n^+p-Übergang bedeutet sie, daß der injizierte Löcherstrom vernachlässigt und in Gl. (3.23b) $i_p = O$ gesetzt werden kann. Die
in das p-Gebiet injizierten Elektronen diffundieren weiter in
das Innere des p-Gebietes hinein und werden dabei noch durch
ein - zwar kleines - Feld E unterstützt. E wirkt dem abfließen-
dem Löcherstrom entgegen, damit die durch die injizierten Elektronen gestörte Quasineutralität (entsprechend Gl. (3.26)
$p_p = N_A + n_p$) im p-Gebiet wiederhergestellt werden kann. Mit
$i_p = O$ in Gl. (3.23b) und der Einstein-Beziehung folgt:

$$E = \frac{kT}{e(N_A + n_p)} \; \frac{dn_p}{dx}. \qquad (3.29)$$

Gleichung (3.29) muß in Gl. (3.23a) eingesetzt werden, um den
injizierten Elektronenstrom zu erhalten:

$$i_n = eD_n \left[1 + n_p/(N_A + n_p) \right] \frac{dn_p}{dx}. \tag{3.30}$$

Dies ist die erste Gleichung zur Ermittlung von i_n. Eine zweite folgt aus der Kontinuitätsgleichung für Elektronen:

$$\frac{dn_p}{dt} = \frac{d}{dx}(i_n/e) + G - R.$$

Die zeitliche Änderung der Elektronenkonzentration ist nach dem Gauß'schen Satz gleich der Divergenz des Elektronenstroms (hier eindimensional genommen) und der Generationsrate G abzüglich der Rekombinationsrate R. Der einfachste Ansatz für G und R ist, daß die Rückkehr zum Gleichgewichtswert n_{po} der Elektronenkonzentration auf Grund dieser beiden Effekte umso mehr beschleunigt wird, je größer die Abweichung von n_{po} ist, d.h.

$$G - R = (n_{po} - n_p)/\tau_n,$$

wobei die Proportionalität über die Lebensdauer τ_n der Elktronen hergestellt wird. Da im stationären Gleichgewicht dn_p/dt verschwindet, liefern die beiden letzten Gleichungen:

$$\frac{d}{dx}(i_n/e) = (n_p - n_{po})/\tau_n. \tag{3.31}$$

Gln. (3.30) und (3.31) können zusammen gelöst werden mit dem Resultat:

$$\frac{n_p(x) - n_{po}}{n_p(0) - n_{po}} = \frac{i_n(x)}{i_n(0)} = \exp(-x/L_n) \tag{3.32}$$

mit

$$L_n = \sqrt{D_n \tau_n}. \tag{3.32a}$$

Gl. (3.32) besagt, daß die Elektronenkonzentration und der injizierte Elektronenstrom in das Innere des p-Gebietes hinein exponentiell abfallen; in gleichem Maß steigen Löcherkonzentration und Löcherstrom zur Verarmungszone des n^+p-Übergangs hin an. Dabei rekombinieren die Elektronen mit den Löchern, nachdem sie eine durchschnittliche Diffusionslänge L_n zurückgelegt haben.

Wenn wir aus Gl. (3.32) dn_p/dx am Rand der Verarmungszone ($x = 0$) berechnen und in Gl. (3.30) einsetzen, dann folgt zusammen mit Gl. (3.25) für den Fall schwacher Injektion ($n_p \ll N_A$) die Charakteristik eines pn-Überganges:

$$i_n = - \frac{eD_n n_{po}}{L_n} \left[\exp(eU_b/kT) - 1\right]. \tag{3.33}$$

Da kT/e bei Zimmertemperatur etwa 26 mV beträgt, kann schon bei schwachen negativen Spannungen U_b der Exponentialausdruck in Gl. (3.33) vernachlässigt werden. Wir erhalten dann als Sperrstrom:

$$i_s = eD_n n_{po}/L_n. \tag{3.34}$$

Als Beispiel wählen wir die Zahlenwerte:

$$N_A = 10^{16} cm^{-3}; \quad n_{po} = n_i^2/N_A \approx 10^{20}/10^{16} = 10^4 cm^{-3},$$

$$D_n = (kT/e)\mu_n = 26 \cdot 10^{-3} \cdot 1200 \approx 30 \ cm^2/s,$$

$$L_n = \sqrt{D_n \tau_n} = \sqrt{30 \cdot 10^{-7}} \approx 16 \ \mu m,$$

$$i_s \approx 30 \ pA/cm^2.$$

Derart geringe Sperrstromdichten sind der Grund, weshalb pn-Übergänge zur Isolation verwendet werden können (vgl. Kap. 3.1). In der Praxis sind jedoch die Sperrströme bei integrierten Schaltungen größer, als nach Gl. (3.34) zu erwarten wäre, weil erhöhte Ladungsträgererzeugung und Rekombination an der Halbleiteroberfläche nahe dem pn-Übergang beobachtet werden. Die Diodenströme in Durchlaßrichtung sind natürlich sehr viel grösser. Für diesen Fall läßt sich meist die Eins in Gl. (3.33) vernachlässigen. Wählen wir als Beispiel eine Spannung $U_b = 0{,}72$ V, was etwa der Diffusionsspannung entspricht, dann wird der Exponentialausdruck zu 10^{12}, und wir erhalten:

$$i_n = - 30 \ A/cm^2.$$

Dies ist die Größenordnung von Strömen in integrierten Schaltungen. Der über den n^+p-Übergang injizierte Strom nach Gl. (3.33) fällt ebenso wie die Elektronenkonzentration nach Gl.

(3.32) in das Innere des p-Gebietes hinein ab. Um die Quasineutralität des p-Gebietes zu garantieren, nimmt in gleichem Maß die Löcherkonzentration zum n^+p-Übergang hin zu. Durch die Strominjektion wird also im quasineutralen p-Gebiet eine erhöhte Konzentration von beweglichen Ladungen aufgebaut, die bei Schalteranwendungen von Transistoren eine große Rolle spielt. Es ist üblich, diese Ladungsansammlung durch das Konzept der Diffusionskapazität zu beschreiben. Diese mit dem p-Gebiet verknüpfte Diffusionskapazität c_d kommt zu der Sperrschichtkapazität hinzu, die wir in Kap. 3.2.2 eingeführt und mit Gl. (3.13) formelmäßig für den abrupten n^+p-Übergang angegeben haben.

Wenn das p-Gebiet einseitig unbegrenzt ist, dann können wir aus Gl. (3.32) die Gesamtladung der injizierten Elektronen pro Flächeneinheit des n^+p-Überganges als

$$Q = e \int_0^\infty (n_p(x) - n_{po})\,dx = e(n_p(0) - n_{po})L_n \qquad (3.35)$$

berechnen, was sich mit Gl. (3.31) umformen läßt zu:

$$Q = - (L_n^2/D_n)i_n = - \tau_n i_n.$$

Diese Gleichung besagt, daß der Strom i_n während der Lebensdauer τ_n der Elektronen genau die Ladung Q zuführen muß. Zusammen mit den Gln. (3.33) und (3.34) führt sie unmittelbar auf die Diffusionskapazität:

$$c_d = \frac{dQ}{dU_b} = \frac{dQ}{di_n}\frac{di_n}{dU_b} = (e^2 L_n n_{po}/kT)\,\exp(eU_b/kT). \qquad (3.36)$$

Damit können wir das Ersatzschaltbild eines pn-Überganges angeben. Es besteht aus der Parallelschaltung einer Stromquelle nach Gl. (3.33), der Sperrschichtkapazität nach Gl. (3.13), der Diffusionskapazität nach Gl. (3.36) und dem sehr hohen Widerstand der Sperrschicht. In Serie zu dieser Parallelschaltung liegt der Bahnwiderstand der quasineutralen p- und n-Gebiete.

Zu hohen Frequenzen hin reicht die bisherige quasi-statische Behandlung nicht mehr aus. Da dann kein Gleichgewicht mehr erreicht wird, nimmt c_d proportional zu $(\omega\tau_n)^{-1/2}$ mit wachsender Frequenz ω ab. c_d wird also insbesondere bei niedrigen Frequenzen und bei starker Polung in Durchlaßrichtung wichtig.

3.3.2 Bipolare Transistoren

Bipolare Transistoren bestehen im wesentlichen aus zwei pn-Übergängen, die durch eine dünne Basisschicht miteinander in Wechselwirkung treten. Die Dicke d_{BO} der Basiszone muß erheblich geringer als die Diffusionslänge der injizierten Ladungsträger gewählt werden. Bild 3.19 zeigt den Aufbau eines planaren npn-Transistors. Das Bild ist gegenüber Bild 1.2 um die hochdotierte n^+-Schicht am Übergang vom Substrat zur epitaktischen Schicht, den vergrabenen Kollektor, erweitert. Der Kollektorbereich ist aus der epitaktischen Schicht geformt, die eine homogene Dotierung um $10^{16} cm^{-3}$ hat. Die Basis ist eindiffundiert mit einer Oberflächenkonzentration im Bereich von rd. $10^{19} cm^{-3}$, ebenso wie der flache Emitter mit einer Oberflächenkonzentration um $10^{20} cm^{-3}$. Der Emitter-Basis-Übergang ist also ein n^+p-Übergang, während Kollektor und Basis über einen n^-p-Übergang verbunden sind.

Um den planaren Transistor berechnen zu können, wollen wir zwei Näherungen machen. Wir beschränken uns auf den eindimensionalen Fall, dessen Gültigkeitsbereich in Bild 3.19 durch zwei strichpunktierte Linien abgegrenzt ist. Bei der i.a. grossen transversalen Ausdehnung der Transistoren in planarer Bauweise ist diese Näherung recht gut erfüllt; Randeffekte können später durch Korrekturen berücksichtigt werden. Weiterhin nähern wir die Gauß'sche Dotierungsverteilung von Emitter und Basis durch eine homogene Dotierung (von etwa $10^{20} cm^{-3}$ bzw. $10^{18} cm^{-3}$) an.

Der Transistor wird häufig in der Emitterschaltung betrieben, bei der das Eingangssignal zwischen Basis und Emitter liegt und das Ausgangssignal zwischen Kollektor und Emitter abgenommen wird. Der Emitterübergang zur Basis wird in Durchlaßrichtung gepolt, so daß nach Gl. (3.33) ein starker Elektronenstrom in die Basis injiziert wird. Die Elektronen diffundieren,

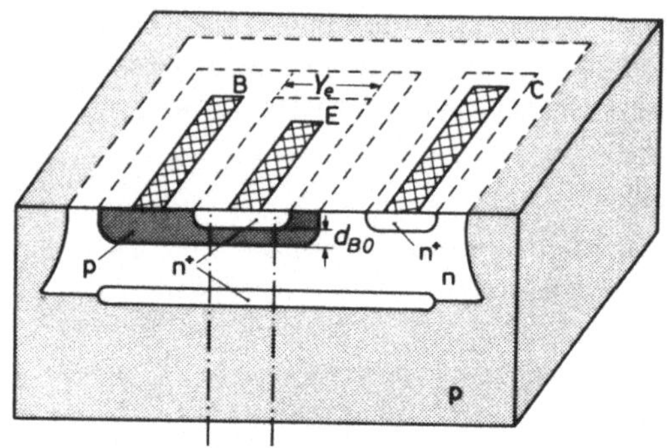

Bild 3.19   Schnitt durch einen planaren
            npn-Transistor; die strich-
            punktierten Linien deuten den
            Gültigkeitsbereich der eindi-
            mensionalen Näherung an

mit geringer Unterstützung durch das Feld nach Gl. (3.29), durch die Basis und erreichen zum überwiegenden Teil den gesperrt gepolten Kollektorübergang zur Basis, wo sie durch das starke Feld in der Kollektorsperrschicht mit nahezu Sättigungsgeschwindigkeit in den Kollektor hineingezogen werden. Ein geringer Teil der injizierten Elektronen rekombiniert im Basisgebiet oder wird über den Basiskontakt abgeleitet; beides führt zu dem Basisstrom I_B, der im Vergleich zum Kollektorstrom I_C sehr gering ist. Das Verhältnis:

$$\beta = I_C/I_B \tag{3.37}$$

nennt man Vorwärtsstromverstärkung, gemessen bei kurzgeschlossenem Ausgang in Emitterschaltung. Häufig wird β auch mit β_F oder h_{FE} bezeichnet (F für "forward"; E für "Emitterschaltung").

Bild 3.20 zeigt die Kennlinien eines npn-Transistors in Emitterschaltung, wobei U_{CE} die Spannung zwischen Kollektor und Emitter ist. Durch die gestrichelten Linien sind drei Betriebsbereiche schematisch gegeneinander abgegrenzt. Im normalen Bereich ist der Kollektorstrom nahezu unabhängig von der Kollektorspannung; er steigt nur sehr schwach, weil sich mit wachsender Sperrspannung am Kollektorübergang die Verarmungszone gemäß Gl. (3.12) ausdehnt (Early-Effekt) und sich damit der Diffusionsweg der Elektronen in der Basis geringfügig verringert. I_C läßt sich durch den Basisstrom I_B sehr stark beeinflussen, denn I_B als Löcherstrom wird durch den Rekombinationsanteil

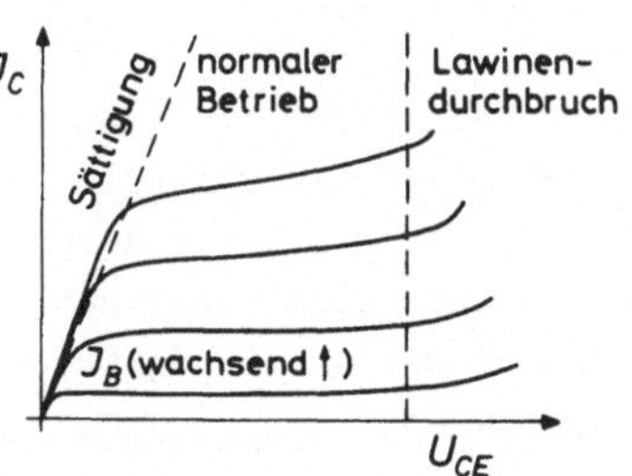

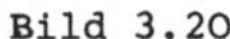

Bild 3.20

Charakteristik eines npn-Transistors in Emitterschaltung mit Abgrenzung der Betriebsbereiche. Parameter der Kurven ist der Basisstrom I_B

des aus dem Emitter injizierten Stroms kompensiert. Da nur ein geringer Teil des Injektionsstromes rekombiniert, der größte Teil aber als Kollektorstrom abfließt, wächst I_C sehr stark bei nur geringfügig wachsendem I_B. Typische Werte von I_B liegen bis einige µA und von I_C bis einige 10 mA. Natürlich hängen sie stark von der Bauform des Transistors und seinem Betrieb ab. Für analoge Anwendungen (Operationsverstärker, Videoverstärker, Differenzverstärker) arbeitet man im normalen Betrieb.

Nach hohen Kollektor-Emitter-Spannungen hin ist der Transistor durch den Lawinendurchbruch begrenzt, der meist bei Spannungen zwischen 10 und 20 V eintritt. Die Felder in der Kollektorsperrschicht werden dann so hoch, daß die Elektronen bis zur Stoßionisation beschleunigt werden. Die Ladungsträger multiplizieren sich lawinenartig, und I_C wächst sehr rasch an. Der Lawinendurchbruch wird, von wenigen Spezialanwendungen abgesehen, vermieden.

In der wichtigen Klasse der digitalen Schaltungen finden die Transistoren als Schalter Verwendung. Es wird zwischen einem Zustand mit möglichst geringem I_C und hohem U_{CE} und einem Zustand mit hohem I_C und geringem U_{CE} geschaltet, wobei der normale Betriebsbereich nur während des Umschaltens durchlaufen wird. Der ausgeschaltete Zustand entspricht einem Punkt auf der untersten Kurve von Bild 3.20 (verschwindendes I_B, aber relativ großes U_{CE}). Der eingeschaltete Zustand entspricht einem Arbeitspunkt im Sättigungsbereich. Es wird mehr Basisstrom I_B

eingespeist, als zur Aufrechterhaltung von I_C im normalen Bereich notwendig ist. Der zusätzlich erforderliche Rekombinationsstrom fließt über den Kollektor-Basis-Übergang, der nun in Durchlaßrichtung gepolt ist. Da beim Ausschalten des Transistors die in der Basis gespeicherten Löcher abfliessen müssen, wird im Interesse eines schnellen Schaltvorgangs eine zu starke Aussteuerung in den Sättigungsbereichen vermieden.

Um die für das Verständnis eines planaren Transistors wichtigen Größen abzuleiten, genügt eine Verknüpfung der in Kap. 3.3.1 abgeleiteten Gleichungen. Wir gehen von Bild 3.21 aus, das die bereits erwähnten Näherungen beinhaltet. Die angegebenen Zahlenwerte deuten die Größenordnungen der Dotierungen an, die in integrierten Schaltungen verwendet werden. Wenn die Injektion über den Emitterübergang nur relativ schwach ist $(n_p \ll N_A)$, dann reduziert sich Gl. (3.30) zu

$$i_n = eD_n \frac{dn_p}{dx}. \tag{3.38}$$

Da die Basis sehr dünn ist $(d_{BO} \ll L_n)$, kommt es praktisch nicht zur Rekombination, und i_n ist überall in der Basis konstant. Folglich ist auch der Gradient von n_p konstant, den wir aus der Konzentration $n_p(O)$ der Minoritätsträger am Basisrand der Emittersperrschicht und aus dem Wert $n_p(d_B)$ am Basisrand der Kollektorsperrschicht berechnen können. Die emitterseitige Konzentration $n_p(O)$ ist aus Gl. (3.25) bekannt. Verglichen mit $n_p(O)$ ist die Minoritätsträgerkonzentration $n_p(d_B)$ am Rand der Kollektorsperrschicht auf einen vernachlässigbaren Wert abgesunken, weil die Elektronen durch das

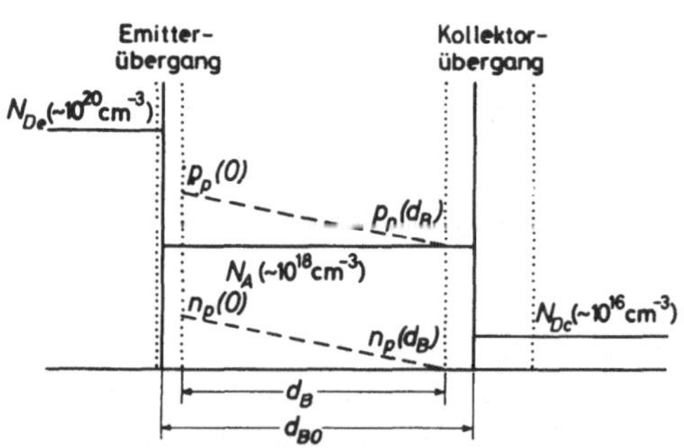

Bild 3.21 Dotierungsprofil und Verlauf der Ladungsträgerkonzentration in einem npn-Transistor (Näherung)

hohe Feld in der Kollektorsperrschicht nahezu mit Sättigungsgeschwindigkeit abgezogen werden. Damit folgt aus Gl. (3.38):

$$i_n = - \frac{eD_n n_{po}}{d_B} \exp(eU_{be}/kT) = - i_C ,\qquad (3.39)$$

wobei i_C die Dichte des in den Kollektor fließenden Stromes ist. Durch den zusätzlichen Index e soll angedeutet werden, daß die Spannung U_{be} am Emitterübergang anliegt. Die effektive Basislänge d_B ergibt sich aus der metallurgischen Basislänge d_{BO} durch Verminderung um die beiden Sperrschichtbereiche, die sich in die Basis hinein erstrecken (Bild 3.21). Da der Emitterübergang in Durchlaßrichtung gepolt ist, dehnt er sich nur vernachlässigbar wenig in die Basis aus. Anders ist dies für die Sperrschicht am Kollektor. Wenn wir U_d durch die am Kollektorübergang anliegende Spannung ersetzen, erhalten wir aus Gl. (3.9) zusammen mit Gl. (3.8):

$$d_B = d_{BO} - \sqrt{\frac{2\varepsilon(U_{dc} - U_{bc})}{eN_A(1 + N_A/N_{Dc})}} \; . \qquad (3.40)$$

Der Index c an der Diffusionsspannung U_{dc}, der anliegenden Spannung U_{bc} und der Donatorenkonzentration N_{Dc} soll bedeuten, daß diese Größen für den Kollektorübergang gelten. Gl. (3.40) drückt den Early-Effekt aus. Mit wachsender Aussteuerung des Kollektorüberganges in Sperrichtung (zunehmend negatives U_{bc}) reduziert sich d_B; damit wächst nach Gl. (3.39) i_n. Da die Kollektor-Emitter-Spannung überwiegend am gesperrten Kollektorübergang abfällt ($U_{CE} \approx U_{bc}$) erklärt sich damit die schwach positive Steigung der I_C-U_{CE}-Kennlinie (Bild 3.20) im normalen Betriebsbereich.

Die Dichte i_B des in die Basis fließenden Stromes kompensiert die Elektronen, die in der Basis rekombinieren. Wenn Q_B die Elektronenladung in der Basis ist, dann muß diese Ladung während der Lebensdauer τ_n der Elektronen im quasistatischen Gleichgewicht ersetzt werden, d.h. i_B ist gleich Q_B/τ_n. Im allgemeinen Fall zeitlich variabler Ströme kommt noch ein zeitlich veränderlich Anteil hinzu, so daß gilt:

$$i_B = Q_B/\tau_n + \frac{dQ_B}{dt} \ . \tag{3.41}$$

Nach Bild 3.21 und nach Gl. (3.25) ist in der Basis (pro Flächeneinheit senkrecht zum Stromfluß) die Ladung

$$Q_B = \frac{en_p(0)\,d_B}{2} = \frac{en_{po}\,d_B}{2}\ \exp(eU_{be}/kT) \tag{3.42}$$

gespeichert. Der Vergleich mit (3.39) liefert

$$Q_B = \frac{d_B^2}{2D_n}\ i_C . \tag{3.43}$$

Dies ist dieselbe Überlegung, die zu Gl. (3.35) führte. Da der Strom definitionsgemäß gleich dem Quotienten aus der Ladung und der Laufzeit t_B eben dieser Ladung durch die effektive Basislänge ist, folgt als wichtige Beziehung:

$$t_B = d_B^2/(2D_n) . \tag{3.44}$$

D_n läßt sich aus der Beweglichkeit μ_n der Elektronen über die Einstein-Beziehung berechnen. Die Schnelligkeit eines Transistors wird danach entscheidend von der Basislänge d_B bestimmt. Kombinieren wir die Gln. (3.41), (3.43) und (3.44), so folgt:

$$i_B = \frac{t_B}{\tau_n}\ i_C + t_B\ \frac{di_C}{dt} \ . \tag{3.45}$$

Bei niedrigen Frequenzen verschwindet der zeitlich veränderliche Teil, und wir können nach Gl. (3.37) die NF-Stromverstärkung des inneren Transistors angeben:

$$\beta_\perp = \tau_n/t_B . \tag{3.46}$$

Wir können nun den Early-Effekt quantitativ über

$$\frac{\partial i_C}{\partial U_{CE}} = \frac{\partial i_C}{\partial d_B}\ \frac{\partial d_B}{\partial U_{CE}}$$

bestimmen, wozu wir die Gleichungen (3.32a), (3.39), (3.40) und (3.44) bis (3.46) verwenden. Da die Kollektor-Emitter-Spannung U_{CE} nahezu vollständig über der Kollektorsperrschicht abfällt und da schon bei geringer Sperrspannung am Kollektorüber-

gang die Diffusionsspannung U_{dc} vernachlässigt werden kann,
lautet das Resultat:

$$\frac{\partial i_C}{\partial U_{CE}} = K \beta_i^{3/2} i_B / (L_n \sqrt{U_{CE}}) . \tag{3.47}$$

K ist eine Konstante, die im wesentlichen von der Dotierung
von Basis und Kollektor abhängt. Danach nimmt die Steigung der
Kurven in Bild 3.20 mit wachsendem Basisstrom zu. Ebenso zeigen Transistoren mit großer Stromverstärkung einen ausgepräg-
ten Early-Effekt.

Im allgemeinen Fall einer inhomogen dotierten Basis müssen wir
zur Berechnung des Early-Effektes von Gl. (3.23a) ausgehen.
Wir geben nur das Resultat an:

$$i_n = - e D_n n_i^2 \, \exp(e U_{be}/kT) / \int p_p dx, \tag{3.48}$$

wobei das Integral über die effektive Basislänge zu nehmen ist;
man bezeichnet das Integral als Gummel-Zahl. Gl. (3.48) geht
bei homogener Basisdotierung in Gl. (3.39) über. Gl. (3.48)
zeigt, daß, unabhängig von dem Dotierungsverlauf in der Basis,
mit abnehmender effektiver Basislänge, d.h. mit reduzierter
Gummel-Zahl, der Kollektorstrom ansteigt.

Wenn wir zu hohen Frequenzen übergehen, spielt der zweite Term
in Gl. (3.45) eine zunehmend wichtige Rolle. Wenn
$\tilde{i}_C = \hat{i}_C \exp j\omega t$ der Wechselstromanteil von i_C ist, dann folgt
aus Gl. (3.45):

$$\hat{i}_B = (t_B/\tau_n + j\omega t_B)\hat{i}_C .$$

Da meist $t_B \ll \tau_n$ ist, zeigt diese Gleichung, daß die Stromverstärkung $\hat{i}_C/\hat{i}_B$ nach hohen Frequenzen mit 6 db/Oktave abfällt
und bei der Transitfrequenz:

$$f_{Ti} = 1/(2\pi t_B) \tag{3.49}$$

sich dem Wert Eins annähert. Die Gln. (3.44), (3.46) und (3.49)
sind die für den Transistor wichtigsten Formeln. Sie zeigen
insbesondere die Notwendigkeit einer geringen Basisdicke d_B.
Es muß aber betont werden, daß die Gleichungen gemäß ihrer Ab-

leitung nur für den inneren Transistor gelten, bei dem die
Spannungen unmittelbar am Emitter- und Kollektorübergang genommen werden. Immerhin geben die Gleichungen Grenzwerte an, die
die in der Praxis zu erwartenden Daten größenordnungsmäßig
richtig wiedergeben. Wegen Oberflächeneffekten und dem hier
vernachlässigten Beitrag der Ränder der pn-Übergänge werden
bei praktischen integrierten Transistoren reduzierte Werte gemessen, z.B. 300 für die Stromverstärkung β und 250 MHz für
die Transitfrequenz f_T bei npn-Transistoren in Emitterschaltung. Diese Werte können beträchtlich erhöht werden (um eine
Größenordnung), wenn der Aufbau des Transistors für spezielle
Anwendungen optimiert wird.

Wir sind nun in der Lage, das Ersatzschaltbild eines Transistors anzugeben. Wir beschränken uns zunächst auf den inneren
Transistor. Für den allgemeinen Fall beliebiger Spannungen und
Ströme, sofern es nicht zum Lawinendurchbruch kommt, gilt Bild
3.22a. Die Kapazitäten c_{be} und c_{bc} treten an den Verarmungszonen der Übergänge Emitter-Basis und Basis-Kollektor auf. Zu ihrer Berechnung kann Gl. (3.13) herangezogen werden. Der Kollektorstrom i_C ist durch Gl. (3.39) gegeben. Der Basisstrom i_B
wird durch eine Stromquelle nach Gl. (3.45) berücksichtigt.

Zur Analyse von Kleinsignal-
schaltungen werden häufig das
Ersatzschaltbild nach Bild
3.22b oder geeignete Vereinfachungen davon verwendet.
Das vollständige Kleinsignal-
ersatzschaltbild
läßt sich aus Bild
3.22a und den zugehö-
rigen Gleichungen ab-
leiten, indem die Än-
derungen von i_B und
i_C mit den Spannun-
gen v_{be} und v_{bc}, die
an den Übergängen

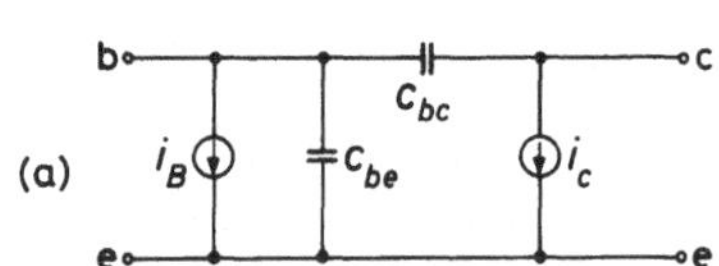

Bild 3.22 Ersatzschaltbild eines Tran-
           sistors in Emitterschaltung
           a) Großsignalverhalten
           b) Kleinsignalnäherung

anliegen, ermittelt werden. Es ist klar, daß zunächst die Kapazitäten c_{be} und c_{bc} der Übergänge unverändert wiedererscheinen müssen. Die Stromquelle $\tilde{i}_C$ errechnet sich aus Gl. (3.39) durch Differentiation nach v_{be}. Die Größe $\tilde{i}_C$ ist dabei, allgemeiner als weiter oben, als der Kleinsignalanteil des Kollektorstroms aufzufassen, dessen Mittelwert i_C ist. Wenn $\tilde{v}_{be}$ der Kleinsignalanteil der Spannung über dem Emitterübergang ist, dann ergibt sich:

$$\tilde{i}_C = \frac{e i_C}{kT}\,\tilde{v}_{be} = g_m\tilde{v}_{be}. \tag{3.50}$$

Dabei wurde verwendet, daß der Differentialquotient als Quotient der Kleinsignalwerte auffaßbar ist. Die Größe g_m wird mit Steilheit des inneren Transistors ("intrinsic mutual conductance" oder "intrinsic transconductance") bezeichnet und ist von dem eingestellten Kollektorstrom i_C abhängig, um den der Wechselanteil oszilliert. Die Komponenten R_b und c_b erfassen die Diffusionseffekte am Emitterübergang (vgl. Kap. 3.3.1 Ende). Wir müssen den Basisstrom i_B nach Gl. (3.45) unter Verwendung von Gl. (3.39) nach v_{be} differenzieren und erhalten die beiden Komponenten

$$R_b = \frac{\tau_n}{t_B g_m} = \beta_i/g_m \qquad \text{und} \qquad c_b = g_m t_B. \tag{3.51}$$

In R_e erscheint der Einfluß der veränderlichen Basisdicke (Early-Effekt), hervorgerufen durch Änderungen von $\tilde{v}_{bc}$, auf den Kollektorstrom i_C. Differentiation von Gl. (3.39) nach d_B und anschließende Multiplikation mit dd_B/dv_{bc} liefert:

$$R_e = \frac{d_B}{i_C}\,\frac{dv_{bc}}{dd_B}. \tag{3.52}$$

Der Differentialquotient in Gl. (3.52) kann aus Gl. (3.40) berechnet werden. Man führt häufig die dimensionslose Größe

$$\eta = \frac{kT}{e}\,\frac{1}{d_B}\,\frac{dd_B}{dv_{bc}}$$

ein, die ein Maß für die Veränderlichkeit der Basisdicke mit der Spannung am Kollektor-Basis-Übergang ist. η liegt typisch in der Größenordnung von 10^{-4} und ist, ebenso wie g_m, von der jeweiligen Vorspannung abhängig. Damit wird aus Gl. (3.52):

$$R_e = 1/(\eta g_m).$$

Schließlich bleibt noch der Diffusionsvorgang am Kollektorübergang, der durch den Early-Effekt beeinflußt wird. Wir differenzieren Gl. (3.41) nach d_B, wobei wir Q_B nach Gl. (3.43) und i_C nach Gl. (3.39) ersetzen. Danach multiplizieren wir mit dd_B/du_{bc} und erhalten die beiden Komponenten des Diffusionsvorganges:

$$R_c = \beta_i/(\eta g_m) = R_b/\eta \quad \text{und} \quad c_c = \eta g_m t_B = \eta c_b. \tag{3.53}$$

Diese beiden Komponenten liegen parallel zur Sperrschichtkapazität c_{bc} des Kollektorüberganges. Durch die geringe Größe von η werden R_c sehr viel größer und c_c sehr viel kleiner als die entsprechenden Größen am Emitterübergang, d.h. die Diffusionseffekte sind bei dem in Durchlaßrichtung gepolten Emitterübergang stärker ausgeprägt als bei dem Kollektorübergang, der meist gesperrt gepolt ist (vgl. Kap. 3.3.1 Ende).

Gemäß ihrer Ableitung gelten die Ersatzschaltbilder nach Bild 3.22 nur für den inneren Transistor, bei dem die Anschlußpunkte b, c und e unmittelbar an den pn-Übergängen bzw. im Basisgebiet zu denken sind. Bei jedem planaren, integrationsfähigen Transistor kommen jedoch noch die Widerstände von Halbleiterbereichen hinzu, durch die der Strom zugeleitet wird, ehe er die von außen unzugänglichen Kontaktbereiche B, C und E erreicht (vgl. Bild 3.19). Metallische Leiterbahnen, meist aus einem Aluminiumfilm, verbinden die Kontaktbereiche mit benachbarten Komponenten der integrierten Schaltung, wobei die Leiterbahnen von der Si-Schicht durch eine SiO_2-Schicht isoliert sind.

Um den Anschluß des Ersatzschaltbildes eines inneren Transistors an seine integrierte Form herzustellen, beziehen wir uns auf Bild 3.19. Die x-Richtung sei senkrecht zur Halbleiteroberfläche in das Kristallinnere hinein, die y-Richtung vom Basiskontaktbereich B zum Emitter E in der Kristalloberfläche und die z-Richtung parallel zu den Kontaktbereichen in der Kristalloberfläche. Bild 3.19 gibt insofern ein verzerrtes Bild eines planaren Transistors, als die Dimensionen in der x-Richtung erheblich vergrößert wiedergegeben sind. Ein planarer Transistor ist ein stark flächenhaftes Gebilde, wie aus folgenden typischen Dimensionen zu ersehen ist:

Basisdicke d_{BO}: einige 0,1 µm bis 1 µm;

Länge Y_e der Diffusionswanne des Emitters in y-Richtung: 10 - 15 µm;

Abstand Basiskante-Emitterdiffusionswanne: um 10 µm;

Abstand von Emitterdiffusionswanne zum n^+-Bereich des vergrabenen Kollektors am Übergang Substrat/epitaktische Schicht: um 5 µm oder weniger;

Breite b der Kontaktbereiche in z-Richtung: um 50 µm.

Die stark flächenhafte Ausrichtung des Transistors erlaubt es, Randeffekte, z.B. im Emitterbereich, zu vernachlässigen. Ebenso vernachlässigbar ist der Zuleitungswiderstand in der Emitterleitung, weil die Emitterdiffusionswanne nur sehr flach (um 2 µm) und außerdem sehr stark dotiert ist. Demgegenüber erfährt der Basisstrom den Widerstand R_{Bb} von der Kante des Basiskontaktes B bis zum Rand der Emitterdiffusionswanne und den Widerstand R_{bi} im Basisbereich unter der Emitterdiffusionswanne. R_{Bb} läßt sich nach Kap. 3.2.1 mit Hilfe der Irvin-Kurven (Bild 3.7) aus dem Schichtwiderstand des Basisbereiches berechnen. R_{Bb} läßt sich reduzieren, indem der zugehörige Bereich der Basis höher dotiert wird, wodurch aber ein zusätzlicher Prozeßschritt erforderlich wird.

R_{bi} läßt sich berechnen unter der Annahme, daß der Emitterstrom homogen vom Emitterbereich in x-Richtung zum Kollektorübergang fließt. Dann nimmt der Basisstrom linear von der basisnahen Kante der Emitterwanne zur entfernten Kante auf Null ab. Der Basisstrom verursacht also unter dem Emitter einen Spannungsabfall, dessen Verlauf quadratisch in y-Richtung ist. Aus der mittleren Spannung unter dem Emitter und dem Basisstrom errechnet sich schließlich:

$$R_{bi} = \frac{\rho_b}{3} \frac{Y_e}{b}.$$

(3.54)

ρ_b ist der Schichtwiderstand im Basisbereich unter dem Emitter.
Der Widerstand R_{bi} gehört noch zum inneren Transistor. Gl.
(3.54) zeigt, daß der Basisstrom im Mittel nur bis zu einem
Drittel der Emitterlänge Y_e fließt. R_{bi} wird also auf ein Vier-
tel reduziert, wenn zu beiden Seiten des Emitterkontaktes jeweils ein Basiskontakt liegt, während dadurch R_{Bb} nur halbiert
wird. ρ_b kann zur Erniedrigung von R_{bi} nicht wesentlich reduziert werden, weil die Basis sehr viel geringer dotiert sein
muß als der Emitter, vgl. Gl. (3.28). Andernfalls fließt ein
beträchtlicher Löcherstrom in den Emitter, was letztlich die
Stromverstärkung β_i des Transistors ungünstig beeinflußt. Y_e
kann bis zu den Grenzen der photolithographischen Verfahren
verringert werden. Als letzte Möglichkeit der Reduzierung von
R_{bi} bleibt die Vergrößerung von b. Dazu wird häufig der Transistor mit mehreren, fingerförmig ineinander verschachtelten Ba-
sis- und Emitterstreifen ausgelegt. Dadurch wird einerseits
die Transistorfläche in Grenzen gehalten und andrerseits bleibt
die Kollektorkapazität unverändert.

Durch den Stromfluß durch R_{bi} ist die basisnahe Emitterkante
stärker in Durchlaßrichtung gepolt als die entfernt liegende.
Es kommt deshalb zu einer Bündelung des Emitterstromes ("current crowding") an der basisnahen Emitterkante. Durch diese inhomogene Verteilung des Emitterstromes wird die Stromverstärkung des Transistors beeinträchtigt.

Der Kollektorstrom fließt unter dem Emitter durch das Kollektorgebiet (Widerstand $R_{cC'}$) direkt in das n$^+$-Gebiet des vergrabenen Kollektors C' an der Grenze zwischen Substrat und epitaktischer Schicht, wird durch den gut leitenden vergrabenen Kollektor unter den Kollektorkontakt C geführt (vernachlässigba-
rer Widerstand) und fließt schließlich nach C ab (Widerstand
$R_{C'C}$). $R_{cC'}$ kann nicht wesentlich verringert werden, weil im
Interesse einer geringen Kollektorsperrschichtkapazität C_{bc}
der Kollektorbereich gering dotiert sein muß. Weiterhin muß
der Kollektorbereich eine hinreichende Dicke haben, damit sich

die Verarmungszone des Kollektorüberganges nicht bis zum vergrabenen Kollektor C' erstreckt. $R_{C'C}$ kann durch eine zusätzliche tiefe Diffusion vom Kollektorkontakt C bis zu C' reduziert werden ("collector wall"). Dies bedeutet aber einen weiteren Prozeßschritt.

Die wichtigsten parasitären Kapazitäten rühren vom vergrabenen Kollektor her. Der Übergang zum Substrat S ist stets gesperrt gepolt, so daß er durch die Kapazität C_S beschrieben werden kann. Dasselbe gilt im normalen Betrieb für den Kollektor-Basis-Übergang. Entsprechend sind auch der vergrabene Kollektor und der nicht aktive Teil der Basis, der nicht unterhalb des Emitters liegt, durch die parasitäre Kapazität $C_{C'}$ miteinander verbunden.

Das komplette Ersatzschaltbild eines planaren Transistors ist in Bild 3.23 wiedergegeben. Es leitet sich aus Bild 3.22 ab, indem die besprochenen Komponenten hinzugefügt werden. Die Großbuchstaben in Bild 3.23 deuten darauf hin, daß sämtliche Größen in Bild 3.23 nicht mehr auf die Flächeneinheit bezogen sind, sondern die geometrischen Abmessungen des Transistors enthalten.

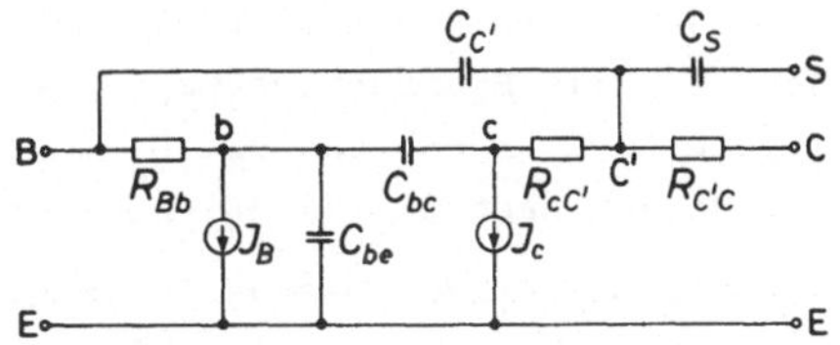

Bild 3.23

Ersatzschaltbild eines planaren Transistors mit Zuleitungswiderständen und parasitären Kapazitäten. Sämtliche Größen enthalten die geometrischen Abmessungen des Transistors und sind nicht, wie in Bild 3.22, auf die Flächeneinheit bezogen.

Das in diesem Kapitel abgeleitete Transistormodell hat den Vorteil, daß es die physikalischen Vorgänge im Transistor einsichtig macht. Für Netzwerkanalysenprogramme zur Simulation von Transistorschaltungen wird heute jedoch meist ein Ersatzschaltbild verwendet, das auf einer Arbeit von J.J. Ebers und J.L. Moll [3.4] aus dem Jahre 1954 basiert. Das Ebers-Moll-Modell wurde für das Großsignalverhalten von Legierungstransistoren abgeleitet und geht davon aus, daß ein

Transistor aus zwei gegeneinandergeschalteten, über die Basis
miteinander verknüpften Dioden besteht. Entsprechend läßt sich
der Kollektorstrom zusammengesetzt denken aus dem Strom durch
die Kollektordiode nach Gl. (3.33), der natürlich von der Spannung über dieser Diode abhängt, und dem durch die Stromverstärkung modifizierten Emitterstrom, der von der Spannung über der
Emitterdiode abhängt. Danach ist das Ersatzschaltbild der Kollektorseite des Transistors die Parallelschaltung der Kollektordiode und der durch den modifizierten Emitterstrom bestimmten Stromquelle. Analoge Überlegungen gelten für die Emitterseite des Transistors. Die beiden Ersatzschaltbilder für Emit-
ter- und Kollektorübergang werden nun gegeneinandergeschaltet,
wobei der mittlere Knotenpunkt den Basisanschluß darstellt.
Zeitlich variable Vorgänge werden mit dem sogenannten erweiter-
ten Ebers-Moll-Modell beschrieben. Die Erweiterung besteht darin, daß zu den Ersatzschaltbildern von Emitter- und Kollektorübergang die Sperrschichtkapazitäten, so wie sie in Kap. 3.2.2
abgeleitet wurden, und die Diffusionskapazitäten der jeweiligen Dioden nach Gl. (3.36) parallelgeschaltet werden.

Aus der bisherigen Diskussion ergeben sich einige Gesichtspunkte für den Entwurf planarer Transistoren. Der Transistor sollte zunächst eine hohe Stromverstärkung nach den Gln. (3.37)
oder (3.46) haben. Mit den Gln. (3.44) und (3.46) folgt dann,
daß die Basisdicke möglichst gering sein sollte, womit sich
gleichzeitig nach Gl. (3.49) eine hohe Transitfrequenz ergibt.
Andererseits sollte die Basisdicke nicht zu gering werden, damit die Änderung der Basisdicke durch den Early-Effekt erträg-
lich bleibt. Dem gleichen Zweck dient die Forderung, daß das
Kollektorgebiet gegenüber der Basis niedrig dotiert sein soll.
Damit erfolgen die Änderungen der Kollektorsperrschicht mit
der Spannung vorwiegend auf der Kollektorseite des pn-Überganges, beeinflussen also nur wenig die wirksame Basisdicke.

Durch dieselben Dotierungsverhältnisse kann auch eine hohe
Durchbruchspannung (vgl. Bild 3.20) erreicht werden. Im normalen Betrieb ist die Kollektor-Emitter-Spannung nahezu gleich
der Kollektor-Basis-Spannung. Die hohen Felder, die schließ-

lich zum Durchbruch führen, bestehen am gesperrt gepolten Kollektorübergang. Ähnlich wie beim abrupten Übergang nach Gl. (3.16) erhöht sich die Durchbruchspannung mit reduzierter Dotierung auf der Kollektorseite. Also sollte die epitaktische Schicht, aus der der Transistor gefertigt wird, nur schwach dotiert sein. Der Nachteil, den man damit in Kauf nimmt, ist eine Erhöhung des Widerstandes $R_{CC'}$ zwischen Kollektorübergang und vergrabenem Kollektor. Die Kollektordotierung ist schließlich ein Kompromiß zwischen den sich widersprechenden Forderungen.

Der Transistor muß einen guten Emitterwirkungsgrad haben, der direkt mit der Stromverstärkung zusammenhängt. Dies bedeutet, daß der Löcherstrom in das Emittergebiet nur gering sein soll. Wie aus Gl. (3.28) folgt, muß deshalb die Dotierung auf der Emitterseite gegenüber der Basis sehr hoch und die Gummel-Zahl der Basis gering sein. Jedoch darf die Basisdotierung wegen des Early-Effektes und des Basis-Bahnwiderstandes nicht zu gering werden. Generell sollte die Emitterdotierung um mindestens eine Größenordnung über der Basisdotierung liegen. Als Oberflächenkonzentration im Emitter wird mindestens 10^{19}cm^{-3} erforderlich, damit sich gute ohm'sche Kontakte zu den Leiterbahnen der integrierten Schaltung, die meist aus Aluminium sind, erreichen lassen.

Wir haben bisher nur den npn-Transistor behandelt, der wegen der höheren Elektronenbeweglichkeit in der Entwicklung der integrierten Schaltungen die größte Rolle gespielt hat. Entsprechend sind auch alle Prozeßschritte auf diesen Transistor hin orientiert. Prinzipiell lassen sich auch pnp-Transistoren in integrierter Form herstellen.

Es gibt drei Formen des pnp-Transistors, die mit den Standardherstellungsverfahren integrierter Schaltungen gefertigt werden können. Es kann eine dritte Diffusion für den p-Emitter des pnp-Transistors durchgeführt werden, oder das Substrat kann als Kollektor und der Isolationsübergang als Kollektor-Basis-Diode verwendet werden. Beide Bauformen haben erhebliche

Nachteile, weil im ersten Fall durch die notwendigen hohen Dotierungen Beweglichkeit und Diffusionslänge im Emittergebiet sehr klein werden und weil im zweiten Fall die Basisdicke sehr groß, nämlich nahezu gleich der Dicke der epitaktischen Schicht wird; die Kollektoren sind dann elektrische leitend verbunden.

Die dritte Bauform ist der laterale pnp-Transistor, bei dem der Emitter völlig von dem als geschlossenes Gebiet ausgebildeten Kollektor umgeben ist. Der Basisanschluß zum epitaktischen n-Gebiet liegt außerhalb. Der Stromfluß ist vorwiegend parallel zur Halbleiteroberfläche von der Seitenwand der Emitterwanne zur Seitenwand des Kollektors. Da Kollektor und Emitter mit derselben Diffusion hergestellt werden, wozu dieselbe Diffusionsmaske verwendet wird, gibt es keine Justierschwierigkeiten bei diesem Schritt. Der Emitter-Kollektor-Abstand wird letztlich durch die Genauigkeit begrenzt, mit der die laterale Diffusion beherrscht wird. Sowohl Emitter als auch Kollektor bilden über das epitaktische n-Gebiet zum Substrat jeweils einen parasitären Transistor.

3.3.3 Feldeffekttransistoren

Die in Kap. 3.3.2 besprochenen bipolaren Transistoren sind relativ komplizierte Bauelemente, bei denen über die Basis der Kollektorstrom gesteuert wird. Es sind einfachere Bauelemente denkbar, die auch nahezu zwei Jahrzehnte vor dem bipolaren Transistor vorgeschlagen worden sind und die ein transversales elektrisches Feld zur Stromsteuerung ausnutzen. Das Prinzip dieser Steuerung wollen wir mit Bild 3.24 erläutern.

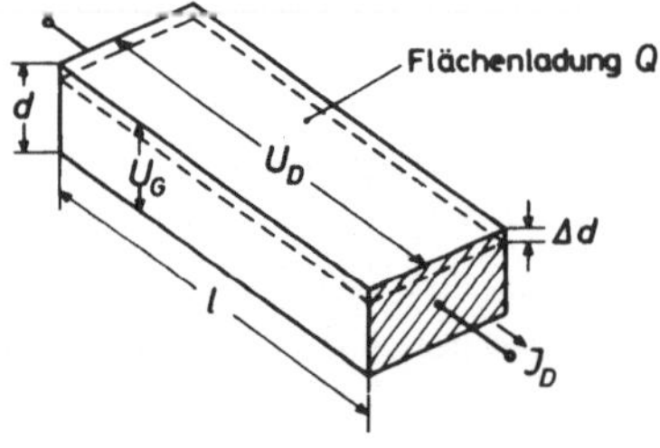

Ein Festkörper mit den Abmessungen Länge l, Breite b und Dicke d trägt an seinen Stirnflächen zwei Kontakte, so daß ein Strom I_D fließen kann, sofern eine Längsspannung U_D an-

Bild 3.24 Prinzip der durch Feldeffekt gesteuerten Bauelemente

liegt. Der Strom I_D wird durch den Widerstand

$$R = \rho l / (bd)$$

bestimmt, wobei ρ der spezifische Widerstand des Festkörpers ist; dieser ist gegeben durch

$$\rho = 1/(eN\mu) = d/(Q\mu).$$

Dabei sind N die Ladungsträgerkonzentration, μ die Beweglichkeit der Ladungsträger und Q die Ladung pro Flächeneinheit im Festkörper. Es gibt zwei Möglichkeiten, um durch ein transversales Feld, das durch die Spannung U_G hervorgerufen wird, den Widerstand R zu beeinflussen und damit I_D zu modulieren:

1. Änderung der Flächenladung als $Q = Q(U_G)$,
2. Änderung der Dicke als $d = d(U_G)$.

Beide Möglichkeiten werden bei integrierten Schaltungen ausgenutzt, wobei die erste Möglichkeit in Form der MOS-Feldeffekttransistoren den Durchbruch in der Großintegration gebracht hat. MOS-Feldeffekttransistoren werden auch mit den Akronymen MIS-FETs (für "metal-insulator-semiconductor field-effect transistor") oder IGFETs (für "insulated-gate field-effect transistor") bezeichnet, weil die Spannung U_G über eine vom Halbleiter isolierte Gate-Elektrode angelegt wird. Dabei wird nahe der Halbleiteroberfläche, die der Steuerelektrode benachbart ist, eine Inversionsschicht erzeugt, in der sich eine stark erhöhte Ladungsträgerkonzentration ansammelt. Auf diese Weise bildet sich ein leitender Kanal zwischen den stromführenden Elektroden aus. MOS-FETs basieren demnach auf einem Oberflächeneffekt.

Anders ist es mit den Feldeffekttransistoren, die von der zweiten Möglichkeit, der Querschnittsänderung des leitenden Festkörpers, Gebrauch machen. Wenn auf die Oberfläche des Quaders in Bild 3.24 ein pn-Übergang aufgebracht wird, dann kann durch Polung in Sperrichtung über U_G die Verarmungsschicht des pn-Überganges um die Strecke Δd in den Festkörper hinein verschoben werden. Entsprechend erhöht sich der Widerstand R. Feldeffekttransistoren mit pn-Übergang oder JFETs (für "junctiongate field-effect transistors") nutzen also einen Volumeneffekt zur Modulation von I_D aus. Sie werden meist als Sperrschicht-Feldeffekttransistoren bezeichnet.

Der wesentliche Unterschied zwischen den bipolaren Transistoren einerseits und den Feldeffekttransistoren andererseits liegt in der Art des Ladungstransportes. Bei bipolaren Transistoren wird ein Majoritätsträgerstrom aus dem Emitter in die Basis injiziert, wo er zum Minoritätsträgerstrom wird. Erst im Kollektor werden die Ladungsträger wieder zu Majoritätsträgern. Die Steuerung erfolgt durch das Zusammenwirken zweier pn-Übergänge über den Basisstrom. Weil sowohl Majoritätsträger als auch Minoritätsträger beteiligt sind, spricht man von bipolaren Transistoren. Bei Feldeffekttransistoren geschieht der Ladungstransport nur durch _eine_ Ladungsträgersorte in einem Kanal, der die beiden Source und Drain genannten Elektroden miteinander verbindet. Feldeffekttransistoren werden deshalb auch als unipolare Transistoren bezeichnet.

In diesem Kapitel werden zunächst die Grundzüge der MOS-Feldeffekttransistoren besprochen und darauffolgend die Sperrschicht-Feldeffekttransistoren. MOS-FETs sind vom Aufbau her außerordentlich einfach. Eine n^+-Diffusion in das p-Substrat, zwei Oxydationsschritte, die Metallisierung sowie entsprechende Photolithographieschritte reichen im Prinzip zu ihrer Herstellung aus. Bild 3.25 zeigt einen MOS-FET, der unter Verwendung von p-Silizium herge-

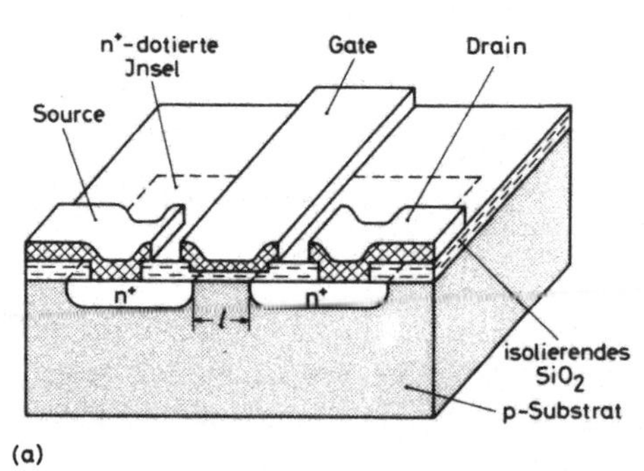

Bild 3.25 a) Planarer n-Kanal-MOS-Feldeffekttransistor

b) Symbol eines MOS-Feldeffekttransistors

stellt ist. Durch die Gate-Elektrode, die durch eine etwa
0,1 μm dicke Oxidschicht vom Substrat isoliert ist, kann ein
n-leitender Inversionskanal influenziert werden (vgl. Bild
3.16c), der die beiden hochdotierten Source- und Draininseln
leitend miteinander verbindet. Zur vollen Ausbildung des n-Kanals muß das Gate sowohl Source als auch Drain geringfügig
überlappen. Da das Oxid über dem gesamten Substrat nahezu eine
Größenordnung dicker ist als über dem Gate, wird unter den
strom- und spannungsführenden Leiterbahnen das Substrat nirgendwo in die Inversion getrieben, d.h. benachbarte MOS-FETs
sind ohne weitere Maßnahmen voneinander isoliert. Aus diesem
Grund benötigen MOS-FETs nur einen Bruchteil der Fläche bipolarer Transistoren (Reduktion der Fläche auf $\frac{1}{5}$ bis $\frac{1}{15}$).

Bild 3.25b zeigt das Symbol eines MOS-FETs. Häufig wird der
Substratkontakt B (abgeleitet von "body"), der mit der Source-Elektrode auf gleichem Potential liegen soll, der Einfachheit
halber weggelassen.

Mit den Grundlagen, die in Kap. 3.2.2 für den MOS-Kondensator
erarbeitet wurden, können wir die charakteristischen Gleichungen eines planaren MOS-FETs ableiten. Wir gehen von Bild 3.26
aus, das in vereinfachter Form einen Schnitt durch einen n-Kanal-MOS-FET zeigt. Source-Elektrode S und das Innere des p-Substrates liegen auf gleichem Potential. Auch wenn die Spannung
U_D an der Drain-Elektrode D anliegt, kann nur der vernachlässigbare Sperrstrom eines pn$^+$-Überganges fließen, wenn nicht die Gatespannung U_G das Substrat in Inversion treibt und sich ein leitender Kanal von Elektronen ausbilden kann (vgl. dazu Bild 3.16, das die Verhältniss für einen n-leitenden Halbleiter

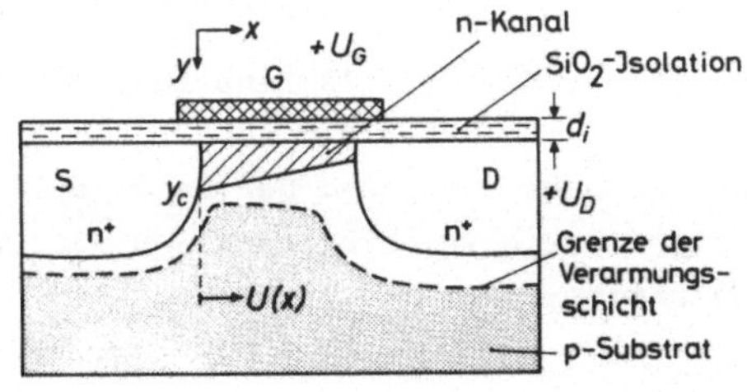

Bild 3.26   Vereinfachte Skizze eines
n-Kanal-MOS-Feldeffekttransistors

illustriert). Alle Spannungen werden gegenüber S gemessen.
Wenn der Kanalstrom I_D fließt, kommt es entlang der Kanallänge
l zu einem Spannungsabfall $U(x)$, so daß sich zur Drainseite
hin einerseits die Grenze y_C des Inversionskanals immer mehr
in Richtung Oxidschicht verschiebt und andererseits die Verarmungszone der pn^+-Übergänge stärker in das Substrat hinein ausdehnt. U_G fällt zu dem Teil $U_i = d_i E_i$ über dem Oxid der Dicke
d_i ab. Der restliche Teil führt zu einer Bandaufwölbung an der
Halbleiteroberfläche gegenüber dem Halbleiterinnern und damit
zu einem Oberflächenpotential U_g:

$$U_G = U_i + U_g. \tag{3.55}$$

Die Bandaufwölbung verursacht eine negative Oberflächenladung
Q_g (vgl. Bild 3.16c), so daß

$$U_i = -Q_g/c_i \tag{3.56}$$

gilt mit der Oxidschichtkapazität c_i nach Gl. (3.21). Q_g setzt
sich aus der beweglichen Ladung Q_n der im Inversionskanal ange-
sammelten Elektronen und der ortsfesten Ladung Q_B der ionisierten Akzeptoratome in der Verarmungszone zusammen:

$$Q_g = Q_n + Q_B.$$

Fassen wir diese Gleichungen zusammen und berücksichtigen noch
den Spannungsabfall $U(x)$, so ergibt sich:

$$U_G = -(Q_n + Q_B)/c_i + U_g(0) + U(x). \tag{3.57}$$

$U_g(0)$ ist das Oberflächenpotential nahe der Source-Elektrode,
gemessen gegenüber dem Substratinnern. Wir machen nun zwei ver-
einfachende Annahmen. Der Kanal soll source-seitig sehr stark
invertiert sein, d.h. nach Kap. 3.2.2 für einen p-leitenden
Halbleiter:

$$U_g(0) = 2 U_F = 2(E_i - E_F)/e = U_{gi}.$$

Weiterhin soll Q_B überall denselben Wert Q_{Bm} wie an der Source-
Seite haben. Q_{Bm} ist die maximale Ladung der Verarmungszone
pro Einheit der Halbleiteroberfläche und errechnet sich aus
der maximalen Ausdehnung der Verarmungszone nach Gl. (3.19)

und der Akzeptorenkonzentration des Substrates. Q_{Bm} bildet sich gerade dann aus, wenn starke Inversion einzusetzen beginnt. Dies geschieht bei einer Gatespannung U_T, die als Schwellenspannung bezeichnet wird. Mit den Gln. (3.55) und (3.56) gilt dann:

$$U_T = -Q_{Bm}/c_i + U_{gi}. \tag{3.58}$$

Aus Gl. (3.57) wird damit:

$$Q_n/c_i = -U_G - Q_{Bm}/c_i + U_{gi} + U(x) = -U_G + U_T + U(x). \tag{3.59}$$

Wenn $U(x)$ im Inversionskanal in der Richtung senkrecht zur Halbleiteroberfläche nicht variiert, dann ist die Stromdichte im Kanal durch

$$i_D = e\mu n(x,y)\frac{dU}{dx}$$

gegeben. Die Integration über die ganze Kanaldicke y_c, die natürlich von x abhängt, und Multiplikation mit der Kanalbreite b, liefert schließlich den gesamten Drainstrom:

$$I_D = -b\mu\frac{dU}{dx} \int\limits_{O}^{y_c(x)} [-en(x,y)]\,dy.$$

Das Integral stellt die Gesamtladung Q_n der Elektronen im Kanal dar. Also folgt:

$$I_D = -b\mu Q_n \frac{dU}{dx}.$$

In diese Gleichung setzen wir Gl. (3.59) ein und integrieren über die gesamte Kanallänge l. Wir berücksichtigen dabei, daß I_D nicht von x abhängt und daß $U(l) = U_D$ ist. Das Resultat ist schließlich:

$$I_D = \mu c_i (b/l) \left[(U_G - U_T)U_D - U_D^2/2\right]. \tag{3.60}$$

Diese Gleichung stellt die einfachste Näherung dar und gilt nur so lange, als ein leitender Kanal zwischen Source und Drain besteht, d.h. auch der Bereich nahe der Drainelektrode muß invertiert sein. Dies ist gleichbedeutend mit den Forderungen:

$$U_G - U_T > U_D \geq 0. \tag{3.61}$$

Man sagt, daß der Feldeffekttransistor dann im Triodenbetrieb arbeitet. Gl. (3.60) liefert als Steilheit im Triodenbetrieb:

$$g_m = \frac{\partial I_D}{\partial U_G} = \mu c_i (b/l) U_D.$$

Die Steilheit ist also proportional zum Verhältnis b/l und zur Drainspannung U_D, aber unabhängig von U_G.

Wenn U_D Gl. (3.61) nicht mehr erfüllt, dann ist der drain-nahe Bereich unter dem Gate nicht mehr invertiert. Der Kanal ist abgeschnürt ("pinch-off"). Die Abschnürung beginnt mit der Spannung

$$U_{DS} = U_G - U_T. \tag{3.62}$$

Wächst die Drainspannung über U_{DS} hinaus, dann fällt der Zuwachs an Spannung hauptsächlich über dem gesperrten pn^+-Übergang zwischen Drain und Substrat, also über dem abgeschnürten Bereich des Kanals, ab. Die Spannung über dem Kanal bleibt konstant, weil das drainseitige Kanalende durch die Inversionsspannung festgelegt ist. Damit hat U_D keinen Einfluß mehr auf den Drainstrom I_D. Es kommt zur Sättigung. Im Sättigungsbereich ist I_D konstant. Verknüpfen wir die Gln. (3.62) und (3.60), dann erhalten wir als Steilheit im Sättigungsbereich:

$$g_m = \mu c_i (b/l)(U_G - U_T). \tag{3.63}$$

Im Sättigungsbereich hängt die Steilheit nicht mehr von der Drainspannung, wohl aber von der Gatespannung ab.

Bild 3.27 zeigt die Kennlinien eines MOS-FETs. Der Triodenbe-

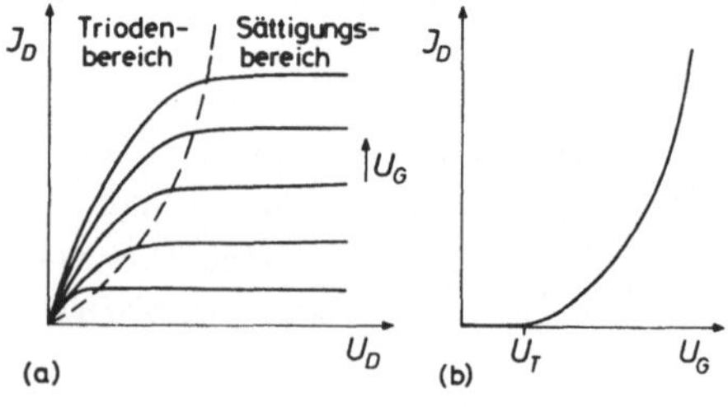

Bild 3.27

Kennlinien eines n-Kanal-MOS-Feldeffekttransistors

a) I_D-U_D-Kennlinienfeld

b) Transfercharakteristik $I_D(U_G)$ für die Sättigung

reich wird durch Gl. (3.60) beschrieben. Die Abgrenzung zum
Sättigungsbereich (gestrichelte Kurve in Bild 3.27a) wird
durch Gl. (3.62) definiert. Im Sättigungsbereich verlaufen die
Kennlinien horizontal. In diesem Bereich setzt die Transfercharakteristik $I_D(U_G)$ erst oberhalb U_T ein, wenn sich die Inversion ausgebildet hat. Für den Triodenbereich sind nach Gl.
(3.60) die $I_D(U_G)$-Kennlinien von U_D abhängig.

In Kap. 3.2.2 haben wir beschrieben, daß der Ladungsausgleich
in einer Inversionsschicht ein sehr langsamer Vorgang ist.
Dies drückte sich darin aus, daß die Kurve a in Bild 3.17 nur
bei niedrigen Frequenzen gemessen werden kann, wenn sich die
Inversionsladung nahe der Halbleiteroberfläche angesammelt hat.
Dieser Vorgang läuft bei MOS-FETs sehr viel rascher ab, weil
die hochdotierten Source- und Drainbereiche nahezu unerschöpf-
liche Quellen für Ladungsträger darstellen. Sobald es zur Inversion gekommen ist, wird der Kanal aus Source und Drain mit
beweglichen Ladungsträgern überschwemmt. Der langsame Prozeß
des Ladungsträgerausgleichs durch thermische Erzeugung braucht
also nicht wirksam zu werden.

Die bisherige Beschreibung stellt nur eine einfache Näherung
dar, die die für integrierte Schaltungen mit MOS-FETs wesentlichen Vorgänge wiedergibt. Es gibt eine Reihe von Punkten, die
gegebenenfalls zur Modifikation der einfachen Theorie herangezogen werden müssen. Dazu gehört die Kanallängenmodulation
durch U_D, die im Sättigungsbereich das experimentell beobachte-
te Ansteigen der $I_D(U_D)$-Kennlinien erklärt. Wenn die Drainspannung über den Sättigungswert U_{DS} nach Gl. (3.62) hinaus ansteigt, wird der Kanal abgeschnürt und die Sperrschicht an der
Drainelektrode dehnt sich auch in den Kanalbereich hinein aus.
Dadurch wird die effektive Kanallänge l in Gl. (3.60) reduziert, so daß I_D anwächst. Dieser Vorgang entspricht dem Early-
Effekt (Kap. 3.3.2) bei bipolaren Transistoren. Die Verkürzung
der Kanallänge läßt sich mit der Theorie des pn-Überganges
nach Gl. (3.12) berechnen. Sie wird insbesondere bei geringen
Kanallängen spürbar.

Eine genauere Theorie muß auch die Feldverhältnisse exakter erfassen. Denn im Kanal gibt es nicht nur ein laterales, sondern auch ein transversales Feld, das senkrecht zur Kristalloberfläche gerichtet ist, ebenso wie das Feld in der Verarmungszone auch eine laterale Komponente hat. Weiterhin treten in den meisten Fällen Unterschiede in der Austrittsarbeit von Gatemetall und Halbleiter, Oberflächenzustände am Übergang vom Oxid zum Halbleiter und Reduzierungen der Beweglichkeit der Ladungsträger zur Halbleiteroberfläche hin, auf. Für ein eingehenderes Studium verweisen wir auf die Spezialliteratur [3.5], [3.6].

Wenn Unterschiede in der Austrittsarbeit bestehen und wenn Oberflächenzustände auftreten, ist die Schwellenspannung U_T nach Gl. (3.58) zu modifizieren. Die Differenz zwischen Austrittsarbeit des Metalls und Austrittsarbeit des Halbleiters ist additiv als Spannungsterm zu berücksichtigen. Dasselbe gilt für die Dichte ϱ_{SS} der Oberflächenzustände, die als $-\varrho_{SS}/c_i$ zu U_T hinzutritt. Um niedrige Schwellenspannungen zu erreichen, muß also die Gateoxidkapazität c_i möglichst groß gemacht werden. Dazu gibt es zwei Möglichkeiten. Einmal kann die Oxiddicke vermindert werden, was aber nur begrenzt möglich ist, weil bei zu dünnen SiO_2-Schichten mikroskopische Kanäle durch die Schicht ("pin-holes") und damit Kurzschlüsse zwischen Gateelektrode und Halbleiter entstehen, weil die Durchbruchspannung des Oxids überschritten oder weil die Ladungsträger durch das Oxid tunneln. Man kann deshalb nur versuchen, die Dielektrizitätskonstante des Gateisolators zu erhöhen. Dazu eignet sich Siliziumnitrid Si_3N_4, das häufig in der planaren Technologie verwendet wird. Da aber Si_3N_4 auf Silizium zu einer erhöhten Oberflächenzustandsdichte ϱ_{SS} führt und damit die gewünschte Reduzierung von U_T zunichte macht, wird zunächst eine weniger als 200 Å dicke SiO_2-Schicht (mit geringem ϱ_{SS}) und darauf eine etwa 800 Å dicke Si_3N_4-Schicht aufgebracht. Damit ist der größte Teil des Gateoxids (Dielektrizitätszahl von SiO_2 3,9) durch ein Material mit sehr viel größerer Dielektrizitätszahl (7,5 für Si_3N_4) ersetzt. Man bezeichnet derartige Bauelemente als MNOS-Feldeffekttransistoren ("metal-nitrideoxide-semiconductors").

Alle bisherigen Betrachtungen dieses Kapitels galten für einen MOS-Feldeffekttransistor, dessen Kanal in ein p-Substrat influenziert war. Es ergab sich ein n-Kanal. Ebenso läßt sich ein p-Kanal-MOS-Feldeffekttransistor herstellen, indem p^+-dotierte Bereiche für Source und Drain in ein n-Substrat diffundiert werden. Bei starker (negativer) Vorspannung influenziert das Gate in diesem Fall einen Kanal mit Defektelektronen. Sowohl n-Kanal- als auch p-Kanal-MOS-Feldeffekttransistoren sind bei abgeschalteter Gatespannung gesperrt. Gelegentlich bezeichnet man sie deshalb mit "normally-off"-FETs. Sie lassen sich auch in einem einzigen Substrat nebeneinander integrieren, so daß sich integrierte Schaltungen mit p- und n-Kanal-MOS-Feldeffekttransistoren realisieren lassen. Man spricht dann von der CMOS-Technik ("complementary MOS"). Zur Herstellung geht man z.B. von einem n-Substrat aus, in das zunächst eine p-Wanne als Isolation für den späteren n-Kanal-Transistor diffundiert wird. Darauf folgen die Source- und Drain-Diffusionen, und zwar die p^+-Diffusionen des p-Kanal-Transistors in das n-Substrat und die n^+Diffusion für den n-Kanal-Transistor in die p-Isolationswanne. Die übrigen Prozeßschritte werden nach dem üblichen Muster ausgeführt. Die CMOS-Technik verlangt wegen der Isolationswanne eine vergrößerte Halbleiteroberfläche gegenüber der Technik mit nur einem Transistortyp. Sie bietet überall dort Vorteile, wo es bei größerer Freiheit im Schaltungsentwurf auf geringen Leistungsverbrauch im Leerlauf ankommt.

Zwischen Gateelektrode einerseits und Source und Drain andererseits liegen jeweils parasitäre Kapazitäten, die noch durch die Gateüberlappung (vgl. Bild 3.25) vergrößert werden. Insbesondere die Gate-Drain-Kapazität ist bei hohen Frequenzen schädlich. Man ist deshalb bestrebt, diese parasitären Kapazitäten durch möglichst geringe Gateüberlappung klein zu halten. Zu diesem Zweck sind selbstjustierende Verfahren entwickelt worden, bei denen die photolithographische Präzision der Gateherstellung nicht kritisch ist. Wir wollen zwei dieser Verfahren beschreiben.

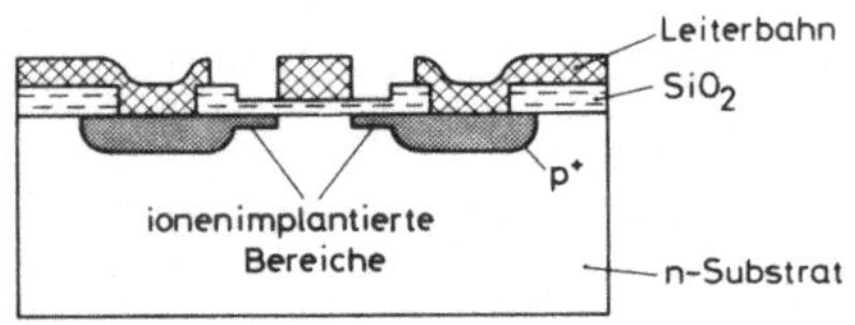

Bild 3.28 Selbstjustierende Gate-
struktur, bei der durch
Ionenimplantation die
Source- und Drainbereiche
bis genau an die Gatekan-
ten vorgezogen sind

Bei dem ersten Verfahren wird zunächst ein p-Kanal-MOS-Feldeffekttransistor nach dem Standardverfahren hergestellt, wobei aber die p^+-Kontaktwannen relativ weit voneinander entfernt sind. Das nur schmale Gate kann wegen fehlender Überlappung keinen Inversionskanal erzeugen. Um die p^+-Zonen an das Gate heranzurücken, werden zusätzlich Borionen implantiert. Die Borionen sind in der Lage, das dünne Gateoxid zu durchschlagen, werden aber durch das Gatemetall vom Kanalbereich abgeschirmt. Da die Bor-Implantation relativ flach ist, ergibt sich eine Struktur nach Bild 3.28.

Das zweite Verfahren nutzt die Hochtemperaturfestigkeit und Oxydierbarkeit von polykristallinem Silizium aus (vgl. Kap. 2.1.2). Zur Herstellung eines p-Kanal-Transistors wird zunächst das n-Substrat mit einem etwa 1 μm dicken Feldoxid ganzflächig bedeckt, aus dem die Bereiche für das etwa 0,1 μm dikke Gateoxid freigelegt werden. Nachdem das Gateoxid gewachsen

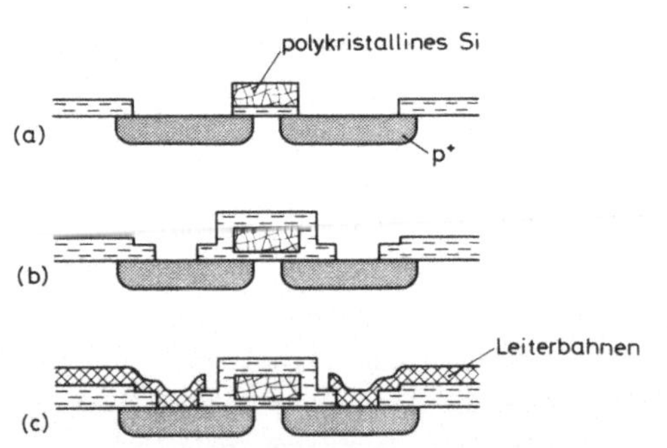

Bild 3.29 Selbstjustierendes Verfahren
unter Verwendung eines hochdotierten, polykristallinen
Si-Streifens als Gateelektrode

ist, wird ebenfalls ganzflächig Silizium aufgebracht. Wegen der amorphen Unterlage wächst das Silizium polykristallin auf. Nun werden im polykristallinen Silizium und im darunterliegenden Oxid Fenster für die p^+-Diffusion geöffnet. Das polykristalline Silizium wird durch

den folgenden Diffusionsschritt hoch dotiert, ohne daß der Dotierstoff durch das Gateoxid in den Kanalbereich diffundieren
kann. Es entsteht eine Struktur nach Bild 3.29a. Die p^+-Wannen
erstrecken sich wegen der lateralen Diffusion geringfügig unter das polykristalline Silizium, das als Gateelektrode dienen
soll. Die Ausdehnung der p^+-Wannen wird durch das Gateoxid und
das darüberliegende polykristalline Silizium bestimmt, ohne
daß ein relativ zum Gate präziser photolithographischer Prozeß
notwendig wäre. Die folgenden Schritte sind ganzflächige Bedek-
kung der Struktur mit SiO_2, Öffnung für Drain- und Sourcekon-
takte (Bild 3.29b) und schließlich Formung der Leiterbahnen zu
Drain und Source (Bild 3.29c). Die Gateelektrode aus polykristallinem Silizium wird streifenförmig aus dem Bereich der p^+-
Wannen herausgeführt und mit einer metallischen Leiterbahn kontaktiert. Das beschriebene Verfahren bietet den besonderen Vorteil niedriger Schwellenspannung U_T, weil die bei den anderen
Verfahren notwendig auftretende Differenz der Austrittsarbei-
ten zwischen Aluminiumgate und Silizium entfällt.

Das Ersatzschaltbild eines MOS-Transistors muß genau genommen
den verteilten Charakter von Kanalwiderstand und Gatekapazität
zum Kanal berücksichtigen, so daß eine Berechnung im Sinne der
Leitungstheorie, ähnlich wie in Bild 3.9a, notwendig wird.
Meist begnügt man sich mit der Darstellung in konzentrierten
Komponenten, die das Wesentliche wiedergibt. Wir sind dazu besonders berechtigt, da wir uns von Anfang an auf die Näherung
konstanter Ladung Q_B entlang des Kanals beschränkt haben
("gradual channel approximation"). Bild 3.30 zeigt das Ersatzschaltbild für den Sättigungsbereich. C_{GS} und C_{GD} sind die Kapazitäten von Gate zu Source und Drain. Der größte Beitrag von
C_{GD} stammt von der Überlappung der Gateelektrode mit dem Drainbereich (Bild 3.25a). Da C_{GD} durch Rückkopplung des Ausgangs-
signals zum Eingang das Hochfrequenzverhalten des MOS-Transistors besonders negativ beeinflußt, versucht man jede Gate-
Drain-Überlappung, z.B. unter Verwendung einer der selbstju-
stierenden Techniken, zu vermeiden.

Das Gate koppelt über die Kapazität C_C an den Kanal mit dem

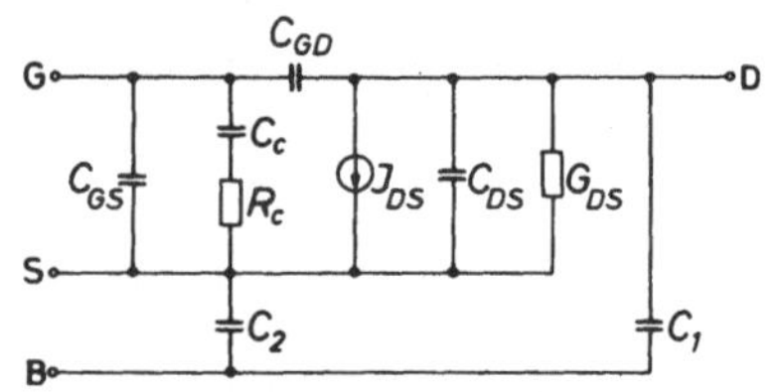

Bild 3.30   Kleinsignalersatzschalt‑
bild eines MOS-Transi‑
stors im Sättigungsbe‑
reich

Widerstand R_c. Bei genauerer Berechnung liegt in diesen beiden Größen der verteilte Charakter des Ersatzschaltbildes. C_c können wir als die Kapazität des Isolationsoxids auffassen, so daß mit Gl. (3.21)

$$C_c = bl \cdot c_i = bl\varepsilon_i / d_i$$

gilt. Die Kombination aus c_c und Kanalwiderstand R_c wird über den Kanalstrom umgeladen und bestimmt die Grenzfrequenz des inneren MOS-Transistors, bei dem von den parasitären Eingangs- und Rückkopplungskapazitäten abgesehen wird. R_c können wir deshalb über die reziproke Steilheit im Sättigungsbereich $(g_m^{-1} = (\partial I_D / \partial U_G)^{-1})$ ermitteln, wenn wir über einen Korrektur-faktor η, der bei inhomogener Ladungsverteilung entlang des Kanals den Wert 2/3 annimmt, die verteilte Ankopplung von c_c an den Kanalwiderstand berücksichtigen. Mit Gl. (3.63) folgt dann:

$$R_c = \eta/g_m = \eta/\left[\mu c_i (b/l)(U_G - U_T)\right].$$

Damit ergibt sich als Grenzfrequenz des inneren MOS-Feldeffekt-transistors:

$$\omega_o = 1/(R_c C_c) = \frac{\mu}{l^2}\,\frac{U_G - U_T}{\eta}.$$

Die Stromquelle I_{DS} in Bild 3.30 wird durch den Sättigungs-strom gegeben, der sich aus den Gln. (3.60) und (3.62) ermittelt. Der Leitwert G_{DS} berücksichtigt die Kanalverkürzung bei Abschnürung des Kanals vor dem Drainbereich, wenn die Drain-spannung über den Sättigungswert U_{DS} nach Gl. (3.62) ansteigt. Schließlich erscheinen in C_1 und C_2 die Kapazitäten der Drain- und Sourcebereiche gegenüber dem Substrat B. Diese Bereiche sind stark dotiert, so daß keine Zuleitungswiderstände der Source- und Drainleitungen des MOS-Transistors im Ersatzschalt-bild enthalten sein müssen.

Im Großsignalersatzschaltbild müssen sowohl die Kapazitäten
c_{GS}, c_{GD}, c_1 und c_2 als auch der Leitwert G_{DS} der Kanallängenmodulation als abhängig von den Betriebsbedingungen angesehen
werden. Dasselbe gilt für die Stromquelle. Dieses erweiterte
Ersatzschaltbild wird dann allerdings sehr kompliziert und un-
übersichtlich.

Der in diesem Kapitel im einzelnen besprochene n-Kanal-MOS-FET
stellt nur eine der zahlreichen möglichen Bauformen dar. Er
ist selbstsperrend, d.h. bei verschwindender Gatespannung
fließt kein Strom. Durch eine positive Gatespannung werden Ladungen am Oxid-Halbleiterübergang angesammelt. Man spricht deshalb vom Anreicherungstyp ("enhancement type"). Dieser Transistor erfordert ein relativ hochdotiertes p-Substrat. Aller-
dings darf die Dotierung $10^{19} \mathrm{cm}^{-3}$ nicht wesentlich übersteigen,
weil sonst die zur Inversion notwendigen Feldstärken über der
Durchbruchfeldstärke des Gateoxids (einige $10^6 \mathrm{V/cm}$) liegen.

Wird die Dotierung des p-Substrats reduziert, dann entsteht der
selbstleitende n-Kanal-MOS-FET ("normally-on"). Denn normalerweise bildet sich an der Grenzfläche SiO_2-Si eine positive Flächenladung, die einen leitenden Kanal aus Elektronen influenziert. Die positive Flächenladung allein reicht schon aus, um
das schwach dotierte Substrat in Inversion zu treiben. Mit
wachsender Gatespannung wird die Inversion verstärkt ebenso
wie bei dem FET auf stark dotiertem p-Substrat. Durch negative
Gatespannungen dagegen wird eine Verarmungszone vom Gateoxid
her in das Substrat gebildet, die den Kanal abschnürt und damit den Stromfluß vermindert. Dieser MOS-FET gehört deshalb
zum Verarmungstyp ("depletion type"). Die negative Gatevorspan-
nung ist erforderlich, um leitende Kanäle zwischen benachbarten Transistoren unter dem dicken Feldoxid zu verhindern. Ebenso wird eine p^+-Diffusion als sogenannte "channel stopper" verwendet, die in Wannen senkrecht zu den Leiterbahnen unter das
Feldoxid gelegt werden. Die in der Industrie am weitesten verbreitete Bauform ist der p-Kanal-MOS-FET vom Anreicherungstyp.
Die positive Gateoxid-Flächenladung unterstützt den n-Charak-
ter des Substrats nahe der Oberfläche. Dieser Transistor ist

deshalb selbstsperrend. Das Substrat ist Bulk-Material; epitaktische Schichten sind nicht erforderlich.

Verfahren mit polykristalliner Gateelektrode nach Bild 3.29 sind in der Produktion integrierter Schaltungen gut eingeführt. Neben dem Vorteil der Selbstjustierung liefern sie eine geringe Schwellenspannung, weil die Austrittsarbeit der Si-Gateelektrode etwa gleich der des Substrates ist. Bei Metallen dagegen ist die Austrittsarbeit meist kleiner, was zu einer erhöhten Schwellenspannung führt. Dem gleichen Ziel der Reduzierung der Schwellenspannung dient die Verwendung von (100)-orientierten Substraten, weil in dieser Orientierung die positiven Oberflächenladungen gegenüber der kristallographischen (111)-Fläche vermindert sind.

MOS-Transistoren lassen sich mit den Prozeßschritten der Standardtechnik, die bei bipolaren Schaltungen eingesetzt wird, herstellen, so daß es naheliegt, auch diffundierte Widerstände nach Kap. 3.2.1 zu verwenden. Die diffundierten Widerstände benötigen allerdings eine relativ große Halbleiteroberfläche. Sehr viel platzsparender ist die Schaltung von MOS-FETs als Widerstände. Eine Möglichkeit ist die Zusammenschaltung von Gate und Drain. Dann ist die Spannung U_G zwischen Gate und Source gleich der Spannung U_D zwischen Drain und Source. Die Kennlinie des Widerstandes ist also durch die Bedingung $U_G = U_D$ in Bild 3.27 gegeben. Damit wird der Transistor im Sättigungsbereich betrieben. Verknüpfen wir Gl. (3.60) mit Gl. (3.62), dann erhalten wir den (spannungsabhängigen) Widerstand des MOS-FETs als:

$$R = \frac{2\, U_D}{\mu c_i\,(b/l)\,(U_D - U_T)^2}\ .$$

Die zweite Möglichkeit, einen MOS-Transistor als Lastwiderstand einzusetzen, ist seine Verwendung im Triodenbetrieb. Nach Gl. (3.61) muß dann stets $(U_G - U_T) > U_D$ gewährleistet sein. Die Gatespannung U_G am Lasttransistor muß konstant gehalten werden, so daß bei dieser Schaltung eine zusätzliche Versorgungsspannung notwendig wird. Jedoch ermöglicht die Schaltung, verglichen mit dem MOS-Widerstand im Sättigungsbetrieb, einen vergrößerten Spannungshub bei Logik-Anwendungen.

Die MOS-Technologie bietet eine Reihe von Vorteilen, von denen wir die wichtigsten zusammenstellen wollen.

1. Einfache Herstellung: Es sind weniger Prozeßschritte notwendig als bei bipolaren Schaltungen. Einzelne Prozeßschritte können von der Bipolartechnik übernommen werden.

2. Hohe Packungsdichte: Wegen der einfachen Struktur von MOS-Transistoren sind Source und Drain vertauschbar. Eine zusätzliche Isolation zwischen den Komponenten einer Schaltung ist nicht erforderlich. Widerstände lassen sich platzsparend herstellen. Alle diese Punkte führen zu einer besonders hohen Packungsdichte (allerdings mit Einschränkungen bei CMOS-Schaltungen) und damit zu günstigen Voraussetzungen für die Großintegration.

3. Hoher Eingangswiderstand: Das Gate-Oxid garantiert extrem hohe Eingangswiderstände (typisch $10^{12}\Omega$). Damit wird die Gesamtzahl der von einem Transistor parallel ansteuerbaren MOS-Folgestufen, das sogenannte "Fan-out", für den Gleichstrombetrieb nahezu unbegrenzt. Das Fan-out wird hauptsächlich durch die Gate-Source-Kapazität begrenzt, die die Signalfortpflanzung verzögert.

4. Geringer Leistungsverbrauch: Insbesondere die Schaltungen in der CMOS-Technik zeichnen sich durch einen sehr niedrigen Leistungsverbrauch aus.

Die Gate-Source-Kapazität ist die wesentliche Ursache dafür, daß vergleichbare MOS-Schaltungen langsamer als bipolare Schaltungen sind. Bipolare Schaltungen werden gegenwärtig überall da eingesetzt, wo Schnelligkeit notwendig ist oder wo große parasitäre Kapazitäten (z.B. Verbindungsleitungen in Großrechnern) zu treiben sind. Eine Anwendung von MOS-Schaltungen sind Taschenrechner, wo bei vergleichsweise geringer Geschwindigkeit eine große Packungsdichte gefordert wird.

Zu Beginn dieses Kapitels haben wir als zweite Möglichkeit einer Stromsteuerung durch den Feldeffekt die Änderung der Dicke des leitenden Kanals erwähnt. Als Realisierungsbeispiel kann der weiter oben beschriebene selbstleitende n-Kanal-MOS-FET auf niedrig dotiertem p-Substrat gelten, wenn bei negativer Gatespannung der Kanal durch eine Verarmungszone eingeschnürt wird, also der Transistor im Verarmungsbetrieb eingesetzt wird. Ein weiteres Beispiel ist die Kanaleinschnürung durch die Verarmungszone eines Schottky-Übergangs, der insbesondere bei Galliumarsenid verwendet wird. Schottky-Übergänge verwenden eine Metallelektrode auf einem Halbleiter (MeS-FET, "metal-semiconductor field-effect transistor"). Schottky-Übergänge werden etwas ausführlicher in Kap. 3.3.4 behandelt.

Der Sperrschicht-FET im engeren Sinn, der einen pn-Übergang ausnutzt, läßt sich mit den Mitteln der Standard-Bipolartechnik fertigen. Sein Aufbau in planarer Form ist in Bild 3.31 skizziert. Die Auslegung ist in offener Geometrie, bei der die p-Diffusion des Gate in die Isolationsdiffusion hineinreicht, so daß Gate und Substrat elektrisch miteinander verbunden sind. Da Source und Substrat meist auf gleichem Potential liegen, wird dieser Transistor mit verschwindender Gate-Source-Spannung U_G betrieben. Zur Diskussion des Sperrschicht-FETs gehen wir von der symmetrischen Anordnung nach Bild 3.32 aus, wobei der pn-Übergang abrupt mit $N_A \gg N_D$ sein soll. Der Kanal mit der Länge l soll homogen dotiert sein. Gate und Source sollen zunächst miteinander verbunden sein ($U_G = 0$). Durch die Diffusionsspannung des pn-Übergangs bildet sich auch im strom-

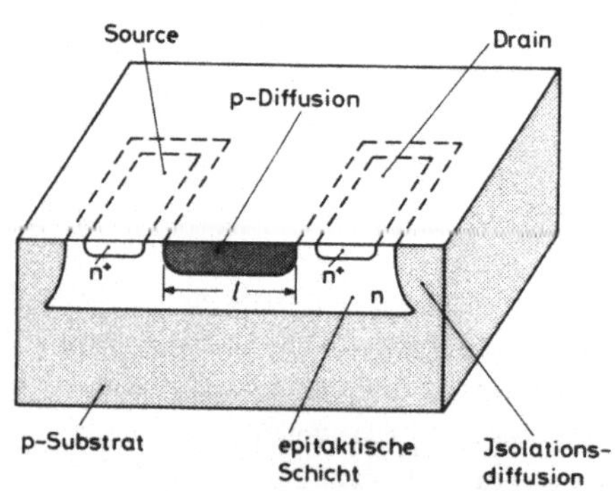

Bild 3.31   Planarer Sperrschicht-Feldeffekttransistor in offener Geometrie

losen Fall eine Verarmungszone aus, die sich wegen $N_A \gg N_D$ vorwiegend in den Kanalbereich erstreckt. Legen wir nun an die Drainelektrode eine gegenüber Source positive Spannung U_D an, dann fließt ein Drainstrom I_D. Mit I_D ist ein Spannungsabfall entlang des Kanals verküpft, so daß das drainseitige Ende des Kanals stärker positiv vorgespannt ist als das sourceseitige Ende. Dementsprechend

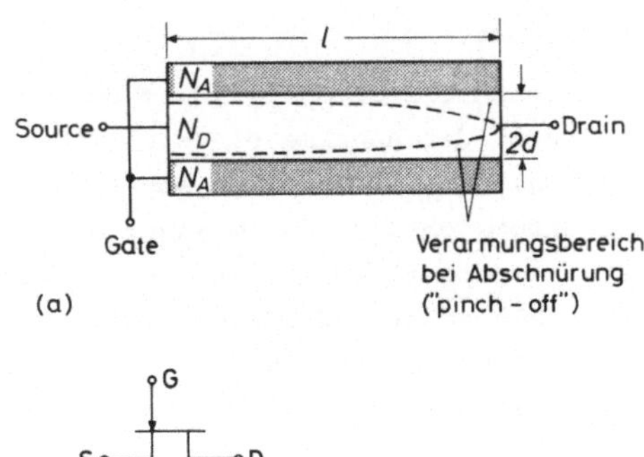

Bild 3.32 a) Sperrschicht-Feldeffekttransistor in symmetrischer Anordnung
b) Schaltungssymbol für Sperrschicht-Feldeffekttransistor

dehnt sich die Verarmungszone, von der Sourceelektrode beginnend, immer stärker in den Kanal hinein aus. Mit wachsender Drainspannung verstärkt sich dieser Effekt (wegen des zunehmenden I_D) bis zu dem Punkt, an dem der Kanal drainseitig völlig abgeschnürt ist ("pinch-off"). Selbst bei weiter zunehmendem U_D bleibt nun der Drainstrom auf dem Sättigungswert I_{DS}, weil sich der Abschnürungspunkt, ähnlich wie beim MOS-FET, von der Drainelektrode weg immer mehr in den Kanal hinein zur Sourceseite hin verschiebt und der Zuwachs von U_D über dem sich ausdehnenden Verarmungsbereich abfällt. Erst wenn der Verarmungsbereich bis zum Durchbruch belastet wird, kommt es zum lawinenartigen Anwachsen von I_D. Insgesamt ergibt sich die Kennlinie, die in Bild 3.33 mit dem Parameterwert $U_G = 0$

Bild 3.33 Kennlinien eines n-Kanal Sperrschicht-Feldeffekttransistors

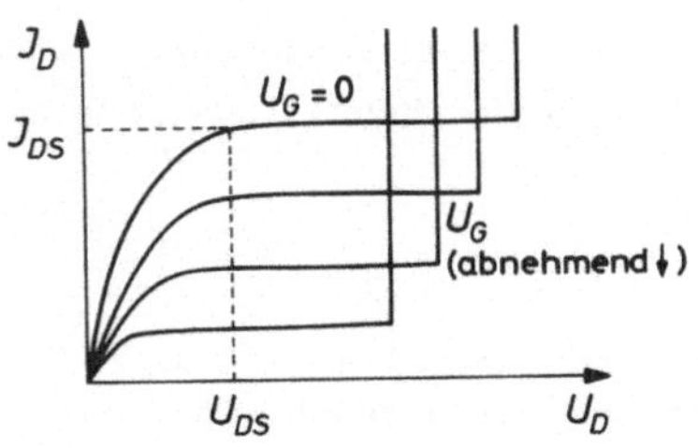

bezeichnet ist.

Eine geschlossene analytische Behandlung dieser Vorgänge ist
nur unter der Annahme eines allmählich sich verengenden Kanals
möglich, d.h. im Verarmungsbereich wird nur das Feld senkrecht
zur Stromrichtung und im Kanal nur das Feld in Stromrichtung
berücksichtigt. (Dies ist die bereits beim MOS-FET verwendete
"gradual-channel"-Näherung). Wir wollen nur die Resultate dieser Näherung mitteilen. Es ist verständlich, daß im Abschnür-
punkt die über der Verarmungszone liegende Spannung U_p nach Gl.
(3.12) berechnet werden kann:

$$U_p = d^2 e N_D / (2\varepsilon).$$

U_p enthält die Diffusionsspannung U_d. Die Drain-Source-Span-
nung, die bei $U_G = 0$ zur Abschnürung führt, ist also durch

$$U_{DS} = d^2 e N_D / (2\varepsilon) - U_d \tag{3.64}$$

gegeben. Eine längere, jedoch elementare Rechnung, die sich
z.B. in [3.7] finden läßt, liefert den zugehörigen Sättigungsstrom

$$I_{DS} = \frac{2}{3} U_p e d \mu N_D b / l, \tag{3.65}$$

wobei μ die Beweglichkeit der Elektronen im Kanal und b dessen
Breite sind.

Wenn die Gateelektrode gegenüber Source negativ vorgespannt
ist, dann wird, da nun schon im stromlosen Zustand die Verarmungszone tiefer in den Kanal reicht, die Abschnürung eher erreicht als bei $U_G = 0$. Ebenso kommt es rascher zum Lawinendurchbruch. Die zugehörigen Kennlinien sind in Bild 3.33 für
abnehmendes U_G eingetragen. Der Sättigungsstrom im horizontalen Teil der Kennlinien läßt sich näherungsweise als:

$$I_D = I_{DS} \left(1 - \frac{U_G + U_d}{U_p} \right)^2 \tag{3.66}$$

angeben. Die Steilheit g_m als die Änderung des Drainstromes
mit der Gatespannung läßt sich nicht direkt aus diesem Nähe-
rungsausdruck für I_D ermitteln. Sie läßt sich errechnen als:

$$g_m = 2ed\mu N_D (b/l) \left[1 - \sqrt{2\varepsilon (U_G + U_d)/(ed^2 N_D)} \right]. \qquad (3.67)$$

In den Gleichungen (3.66) und (3.67) tritt als Variable die
Gatespannung U_G auf. Sie gelten also nicht für Transistoren in
offener Geometrie nach Bild 3.31, bei denen die Gatediffusion
zur Verhinderung von unkontrollierten Nebenschlüssen zwischen
Source und Drain sich bis in den Isolationsbereich erstrecken
muß und Gate und Source auf gleichem Potenital liegen. Derartige Transistoren können nur zur Strombegrenzung eingesetzt werden, wobei die Kennlinie für U_G = O in Bild 3.33 gültig ist.

Soll U_G unabhängig kontrollierbar sein, dann wählt man eine geschlossene Geometrie, wie sie in Bild 3.34 als Draufsicht auf
die Halbleiteroberfläche skizziert ist. Der Sourcebereich wird
konzentrisch von den Gate-, Drain- und Isolationsdiffusionswan-
nen umgeben. Dieses Bauele-
ment hat also vier unabhängige Anschlüsse. Im allgemeinen bleibt jedoch der pn-
Übergang zwischen Substrat
und epitaktischer Schicht
(mit seinen Anschlüssen Drain

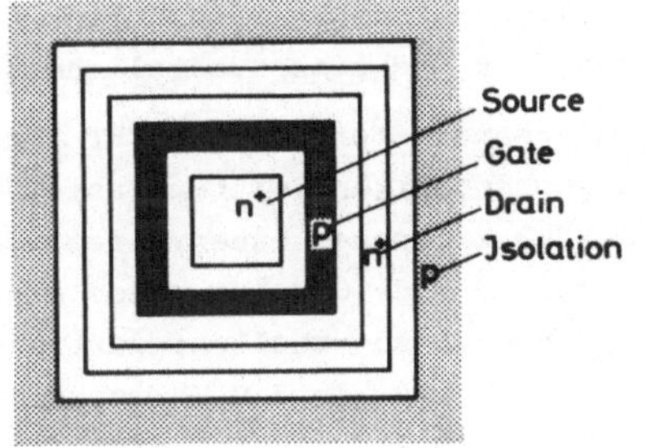

Bild 3.34   n-Kanal-Sperr-
            schicht-FET in
            geschlossener
            Geometrie (Auf-
            sicht)

und Isolation) ohne Einfluß auf die Funktion des Transistors,
weil die Dotierung des Substrates wesentlich geringer ist als
die der epitaktischen Schicht, die Verarmungszone sich also
vorwiegend in das Substrat hinein erstreckt.

Ein p-Kanal-Sperrschicht-FET ähnelt in seinem Aufbau sehr
stark dem abgeschnürten Widerstand nach Bild 3.8. Der Emitterbereich dient als Gate, jedoch muß er sich (im Gegensatz zum
abgeschnürten Widerstand) in seiner Querausdehnung bis in das
n-Gebiet der epitaktischen Schicht erstrecken, damit unkontrol-
lierte Nebenschlüsse zwischen Source und Drain verhindert werden.

Beim Entwurf eines Sperrschicht-Feldeffekttransistors geht man
von Gl. (3.64) aus, um die gewünschte Abschnürspannung U_{DS}
einzustellen. Dazu steht nur die Dicke d der epitaktischen
Schicht oder des Kanals zur Verfügung. Je nach den Erfordernis-
sen von vorgegebenem Sättigungsstrom I_{DS} oder vorgegebener
Steilheit g_m wird aus den Gln. (3.65) oder (3.67) das Verhältnis b/l ermittelt. Eine erhebliche Einschränkung im Entwurf
liegt darin, daß I_{DS} und g_m nicht unabhängig voneinander gewählt werden können. Schließlich wird die minimale Kanallänge
l, die technologisch beherrschbar ist, festgelegt, damit die
Fläche des Transistors möglichst klein bleibt.

Die nach diesen Überlegungen gefundenen Diffusionstiefen für
die Gatediffusion sind häufig nicht dieselben, die für die Basisdiffusion der bipolaren Transistoren der Schaltung erforderlich sind. Entsprechend muß ein weiterer Diffusionprozeß eingebaut werden, der bei den übrigen Diffusionen mitberücksichtigt
werden muß und eine zusätzliche Komplikation bedeutet.

Beim p-Kanal-Sperrschicht-FET ist die Durchbruchspannung durch
den hochdotierten Emitter-Basis-Übergang bestimmt. Wie wir in
Kap. 3.2.2 gesehen haben, liegt dann die Durchbruchspannung
zwischen 7 und 10 V. Um einen hinreichend großen nutzbaren
Spannungshub zu erhalten, darf die Abschnürspannung nach Gl.
(3.64) nicht 2 bis 3 V überschreiten. Da die Diffusionsspannung U_d um 0,7 V liegt, zeigt dieses Beispiel, daß U_d beim Entwurf von Sperrschicht-Feldeffekttransistoren nicht vernachlässigt werden darf.

3.3.4 Dioden

Während der Herstellung bipolarer, planarer integrierter Schaltungen entstehen drei pn-Übergänge (vgl. Bild 3.19), die sich
alle als Dioden verwenden lassen. Je nach Beschaltung dieser
pn-Übergänge erhalten die Dioden unterschiedliche Eigenschaften. Da die pn-Übergänge gleichzeitig mit den bipolaren Transistoren entstehen und da die Diffusionsschritte nach den An-
fordernissen der Transistoren ausgelegt sind, ergibt sich daraus eine Einschränkung in der geometrischen Dimensionierung

und in den Dotierungen der Dioden. Anwendungsbeispiele für Dioden in integrierten Schaltungen sind die Spannungsstabilisierung mit Hilfe von Zener-Dioden, Schutzfunktionen gegen Überspannungen an gefährdeten Stellen der Schaltung (z.B. am Gateoxid von MOS-Feldeffekttransistoren), Einstellen von Spannungspegeln mit Hilfe der Durchlaßspannung (durch die Diffusionsspannung gegeben), jenseits der der Durchlaßstrom sehr rasch ansteigt, und auf der Diodenfunktion basierende logische Schaltungen.

Die Dioden, die sich mit einer bipolaren Transistorstruktur (vgl. Bild 3.19) herstellen lassen, können nach der Art ihres Anschlusses eingeteilt werden. Wird z.B. der Basis-Emitter-Übergang als Diode angeschlossen und der Kollektoranschluß nicht mit der Schaltung verbunden, dann verschwindet der Kollektorstrom, also I_C = O. Der Nachteil dieser Anordnung liegt in dem hohen Basisbahnwiderstand in der Anodenleitung der Diode (R_{bi} und R_{bB} nach Kap. 3.3.2, Bild 3.19 und 3.23). Deshalb verbindet man Basis und Kollektor, so daß die Basis-Kollektor-Spannung verschwindet (U_{BC} = O). Dies ist die wichtigste Diodenbauform für integrierte Schaltungen. Die Kennlinie dieser Diode ist durch Gl. (3.33) gegeben. Schon bei geringer Spannung in Durchlaßrichtung können wir die Eins in Gl. (3.33) vernachlässigen und die Gleichung nach der Durchlaßspannung auflösen. Es zeigt sich, daß die Durchlaßspannung sowohl direkt als auch indirekt (über die Ladungsträgerkonzentrationen) von der Temperatur abhängt. Die Basis-Emitter-Spannung vermindert sich um typisch 2 mV pro Grad. Da die Transistorstruktur bei U_{BC} = O im aktiven Bereich arbeitet, wird der Strom durch die Diode entsprechend der Vorwärtsstromverstärkung β nach Gln. (3.37) oder (3.46) zwischen Basis und Kollektor aufgeteilt, d.h. das relativ niederohmige Kollektorgebiet übernimmt den größten Teil des Stromes. Für logische Anwendungen ist die Zeitkonstante wichtig, mit der die bei Stromfluß in der Diode gespeicherten Ladungsträger bei Umschaltung in den Sperrbereich ausgeräumt werden können. Die Speicherzeitkonstante ist für die Diode U_{BC} = O die geringste von allen Dioden, die sich mit einer bipolaren Transistorstruktur bauen lassen.

Die Durchbruchspannung der Diode $U_{BC} = 0$ in Sperrichtung wird
durch den hochdotierten Basis-Emitter-Übergang bestimmt. Beim
Durchbruch ist der Zener-Effekt wirksam. Wegen der hohen Dotierung werden Valenz- und Leitungsband im Bereich des gesperrt
gepolten pn-Überganges derart stark geschert, daß durch die
hohen Feldstärken im Verarmungsbereich örtlich gebundene Elektronen des Valenzbandes im p-Bereich losgelöst werden und in
das Leitungsband des anschließenden n-Bereichs tunneln können.
Damit kommt es zum Durchbruch, der reversibel ist, wenn der
Durchbruchstrom unter der thermischen Belastungsgrenze der Diode gehalten wird. Der Zener-Durchbruch erfolgt je nach Dotierung zwischen 6 und 8 V, so daß er zur Spannungsstabilisierung
ausgenutzt werden kann.

Der Zener-Durchbruch tritt auch bei Dioden mit verbundenem
Emitter und Kollektoranschluß auf ($U_{CE} = 0$). Da wegen des mit
steigender Temperatur fallenden Bandabstandes der Zener-Effekt
einen positiven Temperaturkoeffizienten von etwa 2 mV pro Grad
hat (in ihrem Absolutwert abnehmende Durchbruchspannung mit
wachsender Temperatur), können durch Gegeneinanderschaltung einer Diode $U_{CE} = 0$ und einer Diode $U_{BC} = 0$ temperaturstabili-
sierte Referenzspannungen realisiert werden. Der positive Temperaturkoeffizient des Zener-Durchbruchs der Diode $U_{CE} = 0$ kompensiert den negativen Koeffizienten der in Durchlaßrichtung
gepolten Diode $U_{BC} = 0$. Derartige Schaltungen werden bei integrierten Analogverstärkern verwendet.

Wird eine hohe Durchbruchspannung gefordert, dann wird wegen
seiner geringeren Dotierung der Basis-Kollektor-Übergang (vgl.
Bild 3.19) als Diode geschaltet ($U_{BE} = 0$). Der Durchbruch geschieht durch Stoßionisation. Die Durchbruchspannung, die sich
nach Gl. (3.16) berechnen läßt, kann je nach Dotierung der epitaktischen Schicht (als der niedrig dotierten Seite des pn-
Überganges) zwischen 20 und 100 V liegen. Im Gegensatz zum Zener-Effekt hat der Lawinendurchbruch durch Stoßionisation einen negativen Temperaturkoeffizienten. Der Nachteil der Diode
$U_{BE} = 0$ liegt im Stromfluß durch das Substrat bei Polung in
Durchlaßrichtung. Es wird dann der parasitäre pnp-Transistor

wirksam, bei dem das Substrat der Kollektor, die epitaktische
Schicht die Basis und das Basisdiffusionsgebiet der Emitter
sind.

Eine begrenzte Bedeutung als Ersatz für die Diode $U_{BC} = 0$ hat
der pn-Übergang zwischen vergrabenem Kollektor und Isolationsdiffusion. Dazu wird anstelle der Transistordiffusion als ano-
denseitiges p^+-Gebiet eine Isolationsdiffusion durch die epitaktische Schicht bis auf die n^+-Schicht des vergrabenen Kollektors getrieben, der ähnlich wie in Bild 3.19 durch eine n^+-
Diffusion angeschlossen wird. Derartige Dioden liefern rausch-
arme und über lange Zeit stabile Referenzspannungen.

Die bisher erwähnten Dioden basieren auf den Vorgängen im Verarmungsbereich eines pn-Überganges. Nun kann auf Grund der im
allgemeinen geringeren Austrittsarbeit (Elektronenaffinität)
von Halbleitern gegenüber Metallen auch am Übergang Metall-
Halbleiter eine Verarmungszone im Halbleiter auftreten, die
ebenfalls zu einer Diodencharakteristik führt. Man spricht in
diesem Fall von einer Schottky-Diode. Nehmen wir als Beispiel
Aluminium, das auf n-dotiertes Silizium aufgedampft ist, dann
fließen Elektronen aus dem Halbleiter in das Metall, bis die
Spannung über der Verarmungszone am Metall-Halbleiter-Übergang
den Stromfluß unterbindet. Bei Durchlaßpolung dieser Schottky-
Diode fließen Elektronen aus dem Halbleiter in die Verarmungszone hinein, in Sperrichtung weitet sich die Verarmungszone
aus. Da bei Schottky-Dioden im Gegensatz zu pn-Übergängen (wo
Elektronen und Löcher am Stromfluß beteiligt sind) der Stromtransport überwiegend durch die Majoritätsträger erfolgt, gibt
es keine Ladungsträgerstaueffekte. Schottky-Dioden sind deshalb sehr schnelle Schalter (unter 1 ns).

Wird die Dotierung des Halbleiters sehr hoch, dann wird die
Verarmungszone am Metall-Halbleiter-Übergang sehr dünn, so daß
Elektronen mit großer Wahrscheinlichkeit durch die Verarmungszone tunneln können. Der Metall-Halbleiter-Übergang verliert
also seine Diodencharakteristik; die Schottky-Diode entartet
auf einem hochdotierten Halbleiter zu einem nichtgleichrichten-
den, ohmschen Kontakt.

Schottky-Dioden sind die wesentlichen Komponenten bei besonders schnellen Rechenschaltungen mit bipolaren Transistoren.
Bild 3.35a zeigt einen dabei verwendeten Transistor, der mit
einer Schottky-Diode integriert ist; Bild 3.35b stellt die zugehörige, um einen Widerstand vermehrte Schaltungsstufe dar.

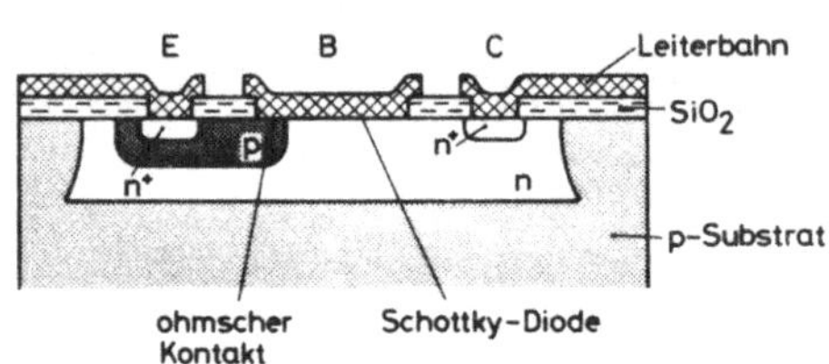

(a)

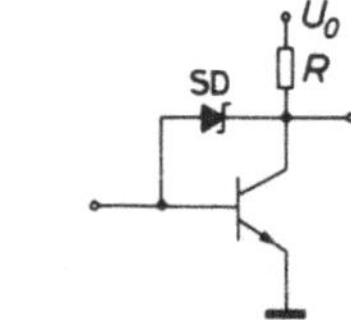

(b)

Bild 3.35   a) Bipolarer Transistor
integriert mit einer
Schottky-Diode
b) Zu a gehörige Schal-
tung, ergänzt um ei-
nen Lastwiderstand

Ist der Emitter-Basis-Übergang gesperrt, dann fließt durch den Transistor und auch durch den Lastwiderstand R kein Strom. Der Ausgang am Kollektor liegt auf dem Potential der Speisespannung U_0. Die Schottky-Diode SD ist gesperrt. Erhöht sich nun die Eingangsspannung an der Basis, dann wird der Transistor leitend bis in den Sättigungsbereich (vgl. Bild 3.20). Wie wir in Kap. 3.3.2 erläutert haben, übernimmt in der Sättigung der Kollektor-Basis-Übergang einen

Teil des Basisstroms und wird dabei in Durchlaßrichtung betrieben. Die Schottky-Diode, die zu diesem pn-Übergang parallel
liegt, hat bei gleichem Strom eine um nahezu 0,3 V geringere
Durchlaßspannung als ein pn-Übergang in Silizium. Die Schottky-
Diode führt also den überwiegenden Teil des Eingangsstroms,
und nur ein geringer Teil fließt durch die Kollektor-Basis-Diode. Der Transistor wird nur schwach in die Sättigung ausgesteuert. Er kann mit nur geringer Verzögerung in den gesperrten Zustand zurückgeschaltet werden, da die Schottky-Diode nahezu trägheitslos ist. Bei leitendem Transistor ist das Aus-
gangspotential am Kollektor der Schaltung in Bild 3.35b niedriger als bei gesperrtem Transistor. Die Spannungspegel an Aus-

gang und Eingang sind also gegensinnig. Die Schaltung hat demnach die Funktion eines sehr rasch schaltenden Inverters.

Die Anordnung nach Bild 3.35a ist ein einfaches Beispiel für die Superintegration, die wir in Kap. 4.4 eingehender besprechen wollen. Schottky-Diode und Transistor sind in einem Bauelement zusammengefaßt, so daß die epitaktische Schicht gleichzeitig als Katode der Schottky-Diode und als Kollektor des Transistors dient. Die Schaltung nach Bild 3.35b ist der Grundbaustein der Schottky-Transistor-Transistor-Logik oder Schottky-TTL, die in Kap. 4.2.2 behandelt wird.

3.4 Standardherstellungsverfahren

Bild 3.36 stellt zusammenfassend die wesentlichen Prozeßschritte des Standardherstellungsverfahrens bipolarer Schaltungen dar. Wir haben als Beispiel die Hintereinanderschaltung eines Transistors und eines Widerstandes gewählt.

Zunächst wird das Substrat mit einer nahezu 1 µm dicken SiO_2-Schicht thermisch belegt, in die photolithographisch Fenster für die Diffusion des vergrabenen Kollektors geätzt werden. Es folgt die Diffusion von Arsen (oder auch Antimon) an allen den Stellen des Substrates, an denen später Transistoren liegen werden. Nachdem die schützende SiO_2-Schicht entfernt ist, folgt nun das Wachstum der epitaktischen Schicht, die nachfolgend wiederum mit einer SiO_2-Schicht bedeckt wird. Auf dieser SiO_2-Schicht sind die vergrabenen Kollektoren als Vertiefungen von weniger als 100 Å mikroskopisch sichtbar. In der Oxidschicht werden photolithographisch die Muster für die Isolationsdiffusion geöffnet. Es folgt die Isolationsdiffusion bei hohen Temperaturen. Nacheinander werden nun Basis und Emitter diffundiert, wozu Oxydationsschritte und entsprechende photolithographische Prozesse notwendig sind. Das daraus resultierende Dotierungsprofil im Emitterbereich des Transistors ist in Bild 3.37 dargestellt. Die Stellen x_{j1} und x_{j2} markieren den Emitterübergang bzw. den Kollektorübergang, wo gerade durch die nachfolgende Diffusion die vorherige, gegensinnige Dotierung kompensiert wird. Es ergibt sich eine npn-Struktur

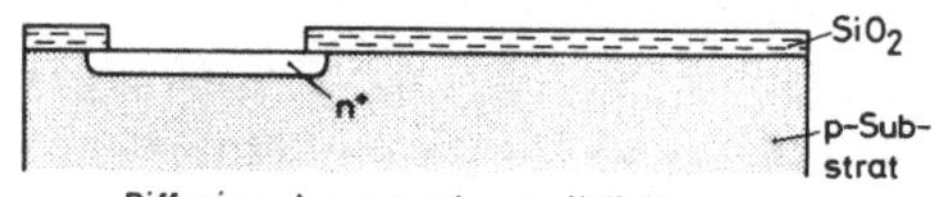

Diffusion des vergrabenen Kollektors

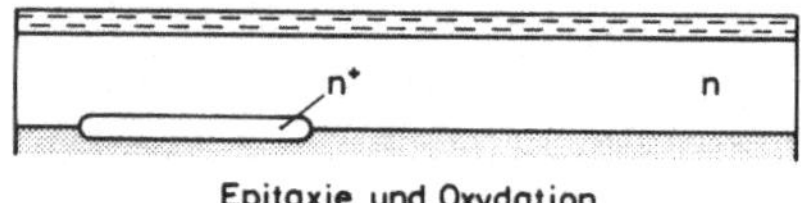

Epitaxie und Oxydation

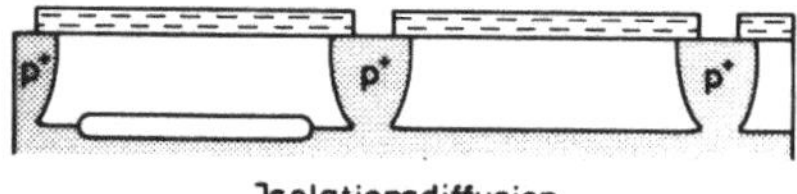

Jsolationsdiffusion

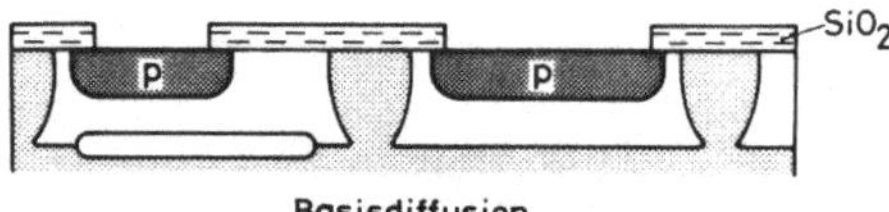

Basisdiffusion

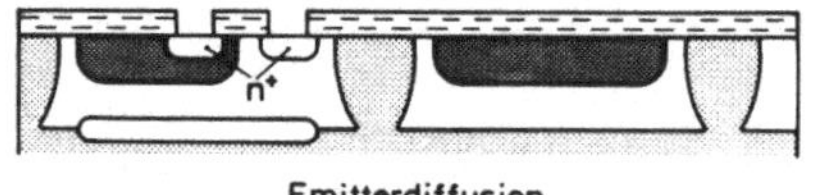

Emitterdiffusion

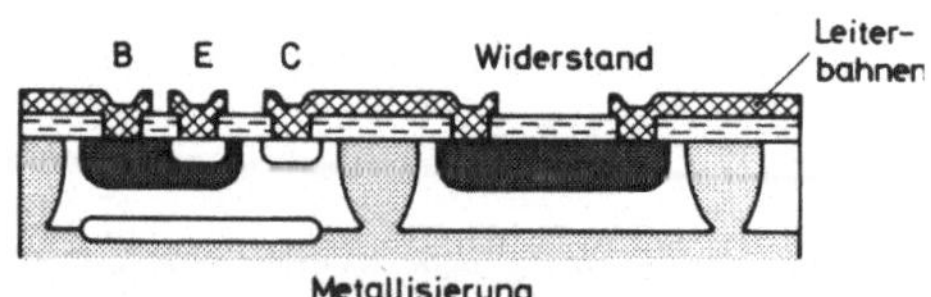

Metallisierung

Bild 3.36 Herstellung eines bipolaren Transistors und eines
Widerstandes in planarer
Bauweise nach dem Stan-
dardverfahren

nach Bild 3.38, wobei die metallurgische Basisdicke durch den Abstand d_{BO} der Kompensationspunkte gegeben ist.

Der letzte Schritt ist die Metallisierung (Bild 3.36). Dazu gehören Oxydation der Halbleiteroberfläche, Öffnen der Kontaktfenster, Aufdampfen einer Metallschicht (wozu meist Aluminium verwendet wird) und schließlich photolithographische Formgebung der Leiterbahnen zwischen den Schaltungskomponenten. Nun kann die Siliziumscheibe, die zahlreiche gleichartige Schaltungen enthält, mit einem Diamant angeritzt und in Chips mit jeweils einer Schaltung entlang der Ritzlinien gebrochen werden. Die Chips sind damit fertig zum Bonden und Verkapseln. Vor dem Brechen in Chips werden alle Schaltungen der Siliziumscheibe auf elektrische Funktion geprüft. Schaltungen, die den Spezifikationen nicht entsprechen, werden markiert, damit sie vor dem Bonden verworfen

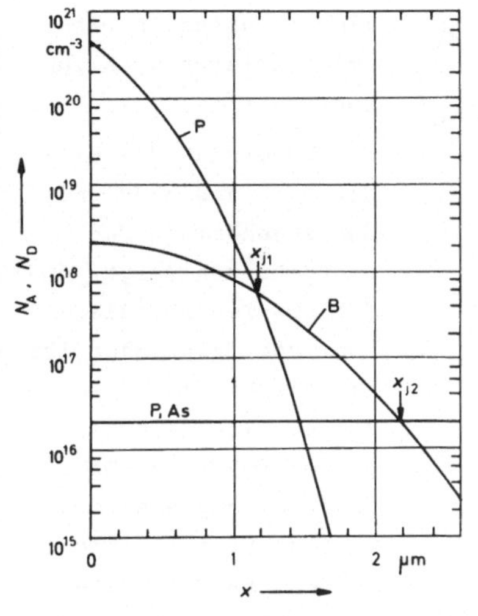

Bild 3.37 Dotierungsprofil ei-
           nes bipolaren Tran-
           sistors in planarer
           Bauweise

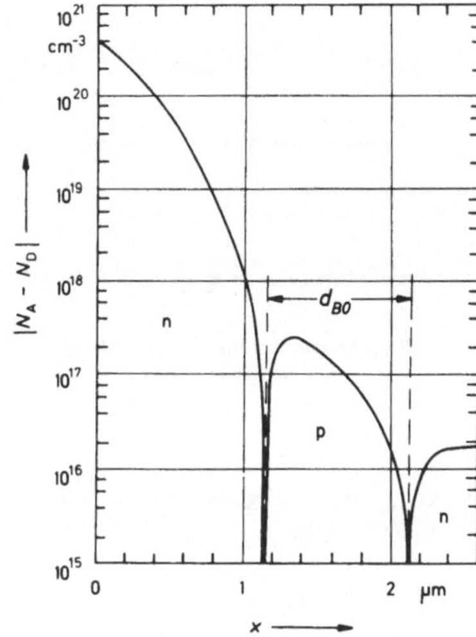

Bild 3.38 npn-Struktur eines
           bipolaren Transi-
           stors mit der me-
           tallurgischen Ba-
           sisdicke d_{BO}

werden können.

Das Standardverfahren der MOS-Technologie ist in Bild 3.39
skizziert. In der ersten Oxidschicht auf dem Substrat werden
photolithographisch die Fenster für die Diffusion von Source
und Drain geöffnet. Diese erste, nahezu 1 µm dicke Oxidschicht
bleibt über dem größten Teil der Siliziumscheibe als Feldoxid
erhalten. Nun wird die Halbleiteroberfläche zur Bildung des
Gateoxids, das etwa 0,1 µm dick ist, freigelegt. Nach der Gate-
oxydation werden auf photolithographischem Weg die Kontaktfenster für Source und Drain geöffnet. Es schließen sich die Alu-
miniumbedampfung und die photolithographische Formgebung der
Leiterbahnen an. Danach wird die gesamte Halbleiterscheibe mit
den fertigen Schaltungen mit einem dicken Schutzoxid überzogen,
in dem photolithographisch Fenster für die Metallanschlußflek-
ken zum späteren Bonden geöffnet werden. Testen der Schaltungen, Brechen in Chips, Bonden und Verkapseln erfolgen in ähn-

Diffusion von Source und Drain

Bildung des Gateoxids und Öffnung der Kontaktfenster

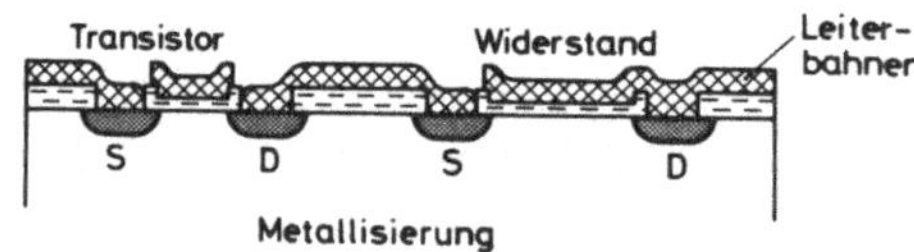

Metallisierung

Bild 3.39 Herstellung von p-Kanal-
           MOS-Transistoren, von
           denen einer als Wider-
           stand geschaltet ist

lichen Verfahren wie bei bipolaren Schaltungen.

Ein Vergleich der Bilder 3.36 und 3.39 und der zugehörigen Beschreibungen zeigt, daß die MOS-Technologie sehr viel einfacher ist als die bipolare Technologie. Dies drückt sich in der folgenden Gegenüberstellung aus, die einige Daten für die beiden Standardverfahren aufführt.

Standardverfahren	bipolar	MOS
Diffusionsschritte	4	1
Hochtemperaturschritte	10	4
Zahl der Masken	6	5

Die Bilder 3.36 und 3.39 deuten noch einen weiteren Vorteil der MOS-Technologie an, der sich hauptsächlich aus dem Fehlen einer zusätzlichen Isolationsdiffusion bei MOS-Transistoren ergibt. MOS-Transistoren können auf einer Fläche gebaut werden, die um mehr als eine Größenordnung kleiner sein kann als bei bipolaren Transistoren.

Wir haben bisher stets angenommen, daß die integrierten Schaltungen in einer Ebene ohne Leitungsüberkreuzungen entworfen werden können. Dies ist jedoch nicht immer der Fall. Die einfachste Möglichkeit einer Leitungsüberkreuzung liefert ein Widerstand (z.B. nach Bild 3.6). Die kreuzende Leiterbahn wird quer über das Oxid über dem Widerstand gelegt. Das Oxid isoliert die Leiterbahn von dem Strom, der durch den darunterliegenden Widerstandskörper fließt.

Ist eine solche Möglichkeit nicht gegeben, dann kann eine
Strombahn unter der kreuzenden Leiterbahn hindurchgeführt werden, indem durch die Emitterdiffusion ein vergrabenes Leiter-
stück zusätzlich in der Schaltung bereitgestellt wird. Bild
3.40 zeigt den Querschnitt durch eine derartige Anordnung. Um
keinen zusätzlichen Span-
nungsabfall zu verursa-
chen, muß das Gebiet der
Unterkreuzung ausreichend
breit sein. Eine derarti-
ge Leitungsüberkreuzung
erfordert zusätzliche
Fläche, wenn eine Isola-
tionsdiffusion gegenüber
der umgebenden epitakti-
schen Schicht notwendig
ist.

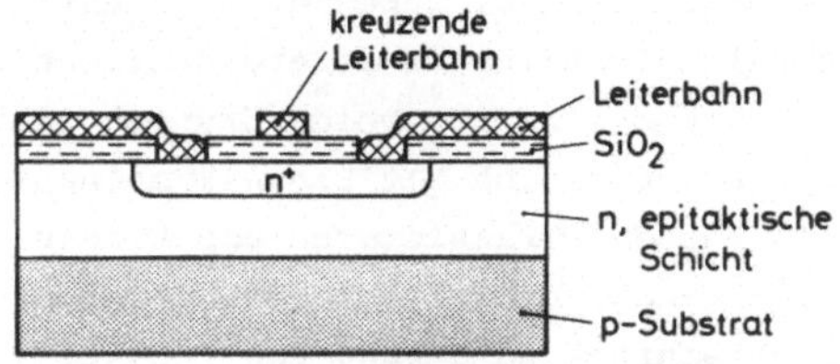

Bild 3.40 Kreuzende Leiterbahnen,
hergestellt mit Hilfe der
Emitterdiffusion. Die
kreuzende Leiterbahn ver-
läuft senkrecht zur Zei-
chenebene

Schließlich können sich kreuzende Metalleiterbahnen durch eine
dielektrische Schicht voneinander isoliert werden, die aber
bei niedriger Temperatur aufgebracht werden muß (vgl. Kap.
2.1.3); diese Einschränkung entfällt bei Verwendung von polykristallinem Silizium als Leiterbahnwerkstoff.

4 Schaltungskonzepte

Elektronische Schaltungen lassen sich nach der Art der Signale,
die sie verarbeiten, in die beiden Gruppen der analogen und digitalen Schaltungen einteilen. Zwischen beiden Gruppen vermitteln die Analog-Digital- und die Digital-Analog-Wandler. Die
besonderen Möglichkeiten der Integrationstechnik, aber auch ihre Beschränkung, haben dazu geführt, daß die Bedeutung der digitalen Schaltungen außerordentlich zugenommen hat. Aus demselben Grund sind für beide Gruppen Schaltungskonzepte wichtig ge-
worden, die sich mit Einzelkomponenten nur sehr schwer herstellen lassen. Transistoren und Dioden lassen sich in integrierter Standardbauweise leicht, Kondensatoren und Widerstände nur
in beschränktem Umfang und Induktivitäten überhaupt nicht realisieren. Integrierte Schaltungen sind deshalb meist völlig anders aufgebaut als Schaltungen aus Einzelkomponenten, die die
gleiche Funktion erfüllen. Eine besonders aussichtsreiche Möglichkeit der Integrationstechnik ist die Verschmelzung von ver-
schiedenartigen Komponenten in einer Halbleiterstruktur. Ein
Beispiel haben wir in Bild 3.35 kennengelernt. Eingehender
wird dieses Konzept der Superintegration in Kap. 4.4 behandelt.

Analoge Schaltungen verarbeiten Eingangssignale aus einem zu-
lässigen Amplitudenbereich in bestimmte Ausgangssignale. Meist
ist die Zuordnung zwischen Eingangs- und Ausgangssignal, wie
z.B. bei einem Verstärker, linear. Man spricht deshalb häufig
auch synonym von linearen Schaltungen. Bei analogen Schaltungen sind beliebige Zwischenwerte aus dem Arbeitsbereich zuläss-
sig. Die Genauigkeit der Einstellbarkeit von Zwischenwerten
findet jedoch ihre Grenzen in der Präsision, mit der die elektronischen Komponenten herstellbar sind. Gerade in diesem
Punkt liegen die wesentlichen Beschränkungen für die monolithische Integration analoger Schaltungen in Silizium:

1. Die Toleranzen in der Herstellung von Kondensatoren und Widerständen sind groß.
2. Sie lassen sich nur in einem begrenzten Wertebereich in Silizium integrieren und nehmen zudem relativ große Flächen
   ein.

3. Ihr Temperaturkoeffizient ist höher als bei gebräuchlichen
   Einzelbauelementen.
4. Induktivitäten lassen sich nicht integrieren und müssen
   durch besondere Schaltungsmaßnahmen umgangen werden.
5. Analoge Schaltungen erfordern häufig sehr verschiedenartige
   Komponenten, wie z.B. Transistoren sehr unterschiedlicher
   Leistung in nachfolgenden Verstärkerstufen, so daß unterschiedliche Prozeßschritte zu ihrer Herstellung notwendig
   werden.

Einige dieser Nachteile lassen sich durch geeigneten Schaltungsentwurf vermeiden. So werden bei analogen Schaltungen Differenzverstärker bevorzugt, deren Funktion auf dem genauen Verhältnis der Komponenten in den beiden Signalwegen zueinander
beruht. Es kommt also nicht mehr auf die absolute Genauigkeit
in der Herstellung der Komponenten an, sondern auf die relative Genauigkeit zueinander. Man legt deshalb kritische Komponenten analoger Schaltungen nebeneinander auf die Halbleiterscheibe, wodurch eine sehr geringe relative Toleranz in der Herstellung gesichert ist. Weiterhin ist durch die ausgezeichnete Wärmeleitfähigkeit des Siliziums (1,45 $Wcm^{-1}grad^{-1}$; zum Vergleich
Eisen je nach Reinheitsgrad nur 0,5 bis 0,75 $Wcm^{-1}grad^{-1}$) eine
gute thermische Verkopplung der Komponenten gegeben. Es lassen
sich heute integrierte Differenzverstärker von einer Temperaturstabilität und Genauigkeit herstellen, wie es mit Einzelkomponenten nicht möglich ist. Selbst wenn nur Eintaktsignale zu
verarbeiten sind, setzt man deshalb bevorzugt Differenzverstärker ein, die dann unsymmetrisch angesteuert werden.

Ein integrierter Differenzverstärker von besonders hoher Verstärkung ist der Operationsverstärker. Er erlaubt eine starke
Rückkopplung vom Ausgang zum Eingang, so daß sich Streuungen
der Einzelelemente ausgleichen lassen. Da weiterhin die Herstellung integrierter Schaltungen immer genauer kontrolliert
werden kann, wie z.B. durch Einführung der Ionenimplantation,
haben analoge Schaltungen in letzter Zeit besonders hohe Zu-
wachsraten.

Gerade durch die monolithische Schaltungsintegration sind jedoch digitale Signalverarbeitungsverfahren gegenüber den analogen bevorzugt worden. Je nach Verschlüsselungsverfahren tragen
bei digitalen Verfahren Zahl, Dauer, Frequenz oder Höhe von
elektrischen Impulsen die Information. Durch die elektronische
Rechnertechnik hat sich die binäre Kodierung durchgesetzt, bei
der zwischen zwei Signalzuständen unterschieden wird. Wenn man
heute von digitalen Schaltungen spricht, dann meint man fast
ausschließlich binäre Schaltungen.

In der Beschränkung auf nur zwei Schaltungszustände liegen die
besonderen Vorzüge digitaler Schaltungen. Zwar bringt die Digitalisierung für bestimmte Anwendungen Nachteile gegenüber analogen Verfahren mit sich. Zum Beispiel ist der Bandbreitenbe-
darf bei digitaler Übertragung über Koaxialkabel oder über
Richtfunk um den Faktor 2 bis 5 größer als bei Analogübertra-
gung mit Frequenzmodulation bei vergleichbarem Aufwand, so daß
durch Redundanzreduktion oder durch Anwendung mehrwertiger Di-
gitalsignale dieser Nachteil behoben werden muß. Jedoch bieten
gerade bei schnellen Schaltungen digitale Verfahren einige Vorteile. Da zum schnellen Umladen der Kapazitäten in den Knoten-
punkten einer Schaltung hohe Ströme fließen müssen, ist damit
hohes Rauschen und die Gefahr des Gegensprechens zwischen benachbarten Leitungen gegeben. Digitale Schaltungen sind gegen
diese Effekte viel unempfindlicher als analoge Schaltungen.
Die Integration auf Silizium bietet darüber hinaus noch die
folgenden Vorteile für digitale Schaltungen:

1. Durch die Miniaturisierung der Schaltung reduziert sich die
   Länge der Verbindungsleitungen zwischen den Schaltungskomponenten, damit auch die parasitären Kapazitäten und Serienin-
   duktivitäten, was der Schnelligkeit zugute kommt.
2. Die erhöhte Wertestreuung integrierter Schaltungskomponenten hat kaum einen Einfluß auf die Funktion digitaler Schaltungen, die nur zwischen zwei gut voneinander getrennten
   und in relativ weiten Grenzen definierten Schaltungszustän-
   den unterscheiden müssen.
3. In digitalen Schaltungen wiederholen sich die gleichen

Schaltungsgruppen mit identischen Funktionen in besonders
starkem Maß. Dadurch wird die topologische Auslegung der Gesamtschaltung und ihre Durchrechnung erleichtert.

In den letzten Jahren sind integrierte Schaltungskonzepte entwickelt worden, die sich sowohl für analoge wie für digitale
Anwendungen eignen. Dazu gehören die Eimerkettenschaltungen,
auf die wir in Kap. 4.4 genauer eingehen werden.

4.1 Analoge Schaltungen

Analoge Schaltungen nutzen die Vorteile aus, die die Integrationstechnik für die Herstellung von Transistoren und Widerständen bietet. Hochverstärkende Transistoren, die auf einer
Halbleiterscheibe integriert sind, zeigen sehr gute Anpassung
aneinander, sind sehr gut thermisch miteinander verkoppelt und
haben deshalb nur eine geringe Temperaturdrift der elektrischen Daten gegeneinander. Diffundierte Widerstände können auf
einem Chip mit sehr engen Toleranzen im Widerstandsverhältnis
zueinander, mit guter thermischer Kopplung und entsprechend guter Temperaturstabilität hergestellt werden. Die Besonderhei-
ten der Integration verlangen allerdings Änderungen im Schaltungsentwurf gegenüber dem Aufbau mit diskreten Komponenten,
die sich insbesondere in der Bevorzugung der platzsparenden
und hochverstärkenden Transistoren und in der Vermeidung der
großflächigen Kondensatoren äußern. Schaltungskonzepte wie der
Differenzverstärker, der sich mit diskreten Komponenten nur
schwer realisieren läßt, werden in integrierter Form wegen der
gegenseitigen Anpassung von Transistoren und Widerständen bevorzugt.

In diesem Kapitel können nur wenige analoge Schaltungsprinzipien kurz erläutert werden, die im Hinblick auf die Analyse eines weitverbreiteten Operationsverstärkers ausgewählt sind.
Operationsverstärker sind die wohl vielseitigsten analogen
Schaltungen in integrierter Bauweise.

Stromspiegelschaltungen haben die Aufgabe, aus einem Referenzstrom I_{ref} einen Nutzstrom I_O herzustellen, der in dem konstan-
ten Verhältnis $S = I_O/I_{ref}$ zum Referenzstrom steht. S wird als
Spiegelverhältnis bezeichnet. I_{ref} soll möglichst einfach herstellbar sein, z.B. als Kollektorstrom eines vorgeschalteten
Transistors oder, wie in Bild 4.1 angedeutet, mit einem Widerstand R_{ref}, der ebenso wie die Versorgungsspannung U_O einen
möglichst kleinen Wert haben soll. I_O darf sich mit der Belastung nur wenig ändern, d.h. vom Kollektor von T₂ aus gesehen
hat die Schaltung in Bild 4.1 einen hohen Widerstand. Schließlich soll S von I_O, U_O, von der Frequenz, der Temperatur und
den Toleranzen der Transistoren unabhängig sein. Die letzten

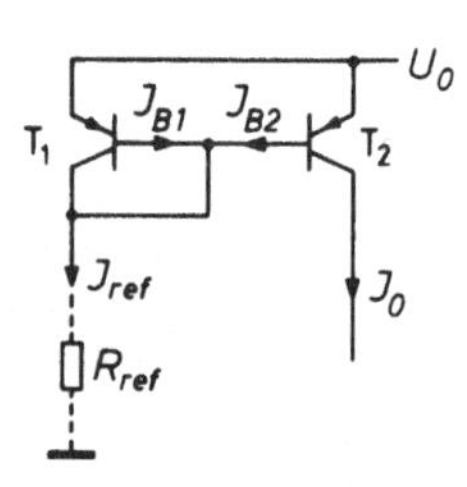

beiden Punkte werden durch die integrierte Bauweise der einfachen Stromspiegelschaltung nach Bild 4.1 weitgehend erfüllt. Beide Transistoren der
Schaltung arbeiten im aktiven Bereich,
auch wenn die Kollektor-Basis-Spannung

Bild 4.1 Prinzip einer Stromspiegelschaltung

von T₁ zu Null gesetzt ist. Wenn über der Emitterdiode die
Spannung U_{be} liegt und wenn mit I_{ES} der Sättigungsstrom in
Sperrichtung bezeichnet wird, dann ergibt sich nach Gl. (3.33)
der Emitterstrom als:

$$I_E = I_{ES} \left[\exp(eU_{be}/kT) - 1\right].$$

Da I_E gleich der Summe aus Basisstrom I_D und Kollektorstrom I_C
ist, gilt mit Gl. (3.37)

$$I_B = \frac{1}{1 + \beta} I_{ES} \left[\exp(eU_{be}/kT) - 1\right].$$

Aus Bild 4.1 lassen sich folgende Beziehungen ablesen:

$$I_{ref} = I_{C1} + I_{B1} + I_{B2} = \beta_1 I_{B1} + I_{B1} + I_{B2},$$

$$I_O = \beta_2 I_{B2}.$$

Die zusätzlichen Indizes 1 und 2 weisen auf die Transistoren T_1 bzw. T_2 hin. Fassen wir die letzten drei Gleichungen zusammen, so folgt das Spiegelverhältnis

$$S = I_o/I_{ref} = \frac{\beta_2 I_{ES2}}{I_{ES2} + (1 + \beta_2) I_{ES1}} \; ,$$

da an beiden Transistoren die gleiche Basis-Emitter-Spannung liegt. Werden beide Transistoren gleich ausgelegt, dann erhalten wir:

$$S = \beta/(\beta + 2) .$$

Für große Werte von β nähert sich S dem Wert Eins, wird also weitgehend unabhängig von den Transistorparametern. Da pnp-Transistoren wie in Bild 4.1 meist in lateraler Bauweise mit entsprechend niedriger Verstärkung integriert werden (vgl. Kap. 3.3.2), läßt sich diese Bedingung für pnp-Transistoren nicht leicht erfüllen. Der Ausgangswiderstand der Stromspiegelschaltung wird durch die Größen R_e und R_c bestimmt, die wir in Bild 3.22 eingeführt haben.

Eine Grundschaltung vieler analoger integrierter Schaltungen ist der Differenzverstärker, der die Spannungsdifferenz U_e an seinen beiden Eingängen als Signal verstärkt. Eine Rauschspannung, die sehr viel größer als das Signal sein kann und die gleichzeitig an beiden Eingängen anliegt, wird nicht mitverstärkt. Beim Differenzverstärker kommt es nur auf die Symmetrie der Komponenten in den beiden Zweigen an, die die Eingangssignale verarbeiten. Bild 4.2 zeigt das Prinzip eines Differenzverstärkers. Die Eingangsspannung U_e liegt symmetrisch an den Basen der Transistoren T_1 und T_2; die Ausgangsspannung U_a erscheint symmetrisch an den Kollektoren. Werden mit einer Tilde die Wechselstromanteile bezeichnet, dann gilt:

$$\tilde{U}_e = \tilde{U}_{be1} - \tilde{U}_{be2} = 2\,\tilde{U}_{be1} .$$

Der Strom $\tilde{I}_a$, der bei kurzgeschlossenem Ausgang fließt, läßt sich durch

$$\tilde{I}_a = \tilde{I}_{C1} = -\tilde{I}_{C2} = g_m \tilde{U}_{be1} \tag{4.1}$$

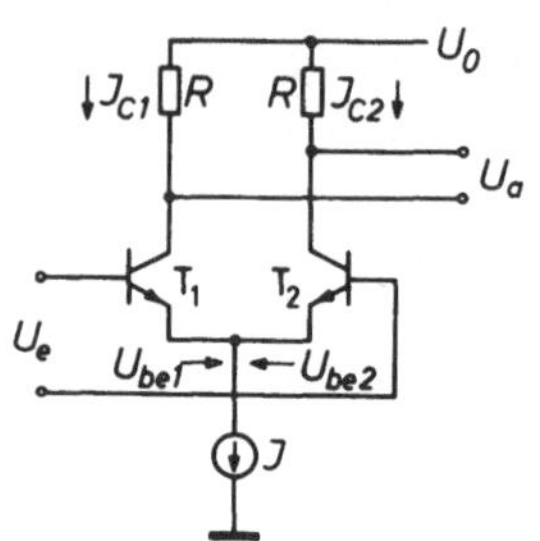

Bild 4.2 Prinzip eines Differenzverstärkers

ausdrücken. In beiden Gleichungen
haben wir die Symmetrie der Anordnung ausgenutzt. Weiterhin haben
wir nach Gl. (3.50) die Steilheit
g_m der Transistoren eingeführt. Aus
den beiden letzten Gleichungen
folgt die Steilheit des Differenzverstärkers als

$$g_d = \tilde{I}_a / \tilde{U}_e = g_m / 2, \qquad (4.2)$$

die halb so groß ist wie die Steilheit eines Transistors.

Die Spannungsverstärkung ergibt sich aus den Kollektorströmen,
die an den Kollektorwiderständen einen Spannungsabfall erzeugen:

$$\tilde{U}_{C1} = \tilde{I}_{C1} R \qquad \text{und} \qquad \tilde{U}_{C2} = \tilde{I}_{C2} R.$$

Beide Spannungen liefern zusammen mit Gl. (4.1) die Ausgangsspannung:

$$\tilde{U}_a = \tilde{U}_{C1} - \tilde{U}_{C2} = 2\,\tilde{I}_a R.$$

Daraus errechnet sich zusammen mit Gl. (4.2) die Verstärkung
der Differenzspannung am Eingang bei symmetrisch abgenommener
Ausgangsspannung zu:

$$v_{ds} = \tilde{U}_a / \tilde{U}_e = g_m R. \qquad (4.3)$$

Wird die Ausgangsspannung unsymmetrisch von einem Kollektor gegen Masse abgenommen, dann erscheint am Ausgang nur eine Kollektorspannung, also z.B. nur $\tilde{U}_{C1}$. Entsprechend wird dann die
Spannungsverstärkung nur halb so groß wie v_{ds}.

Differenzverstärker sind natürlich nie völlig symmetrisch in
beiden Verstärkungszweigen aufgebaut. Man beobachtet deshalb
auch dann eine Ausgangsspannung, wenn am Eingang keine Spannung anliegt. Um verschwindende Ausgangsspannung zu erhalten,
muß am Eingang eine entsprechende Spannung eingeprägt werden,

die meist als Offset-Spannung bezeichnet wird. In der Praxis
wird die Unsymmetrie der beiden Zweige durch Justierpotentiome-
ter behoben, die z.B. in die Emitterleitungen der beiden Transistoren geschaltet werden.

Nach Gl. (4.3) ist die Spannungsverstärkung direkt dem Kollektorwiderstand proportional. Man ist deshalb bemüht, möglichst
hohe Kollektorwiderstandswerte zu realisieren. Eine Möglichkeit dazu bildet das Prinzip der aktiven Last (Bild 4.3), bei
dem der Kollektorwiderstand des verstärkenden Transistors T_1
der Ausgangswiderstand des Transistors T_2 ist. Wird der Basisstrom von T_2 konstant gehalten, dann ist der Kollektorstrom
von T_2 über weite Bereiche seiner Kollektor-Emitter-Spannung
U_{CE2} konstant (vgl. Bild 3.20). Der Ausgangswiderstand von T_2 ist also sehr hoch;
er arbeitet als Stromquelle, die über den
Widerstand R eingestellt werden kann.

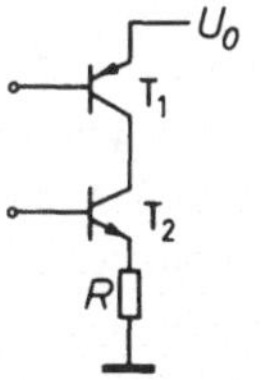

Bild 4.3 Aktive Last

Das Prinzip der aktiven Last wird bei dem Differenzverstärker
mit Stromspiegelschaltung nach Bild 4.4 ausgenutzt. Die Kollek-
torwiderstände sind durch die Transistoren T_3 und T_4 als Stromquelle ersetzt, deren hoher Ausgangswiderstand große Spannungs-
verstärkungen ermöglicht. Durch die Stromspiegel-Schaltung hat
der Differenzverstärker einen unsymmetrischen Ausgang erhalten.
Ist das Spiegelverhältnis $S = 1$, dann erscheint der Kollektorstrom I_{C1} von T_1 auch am Kollektor von T_4. Bei symmetrischer
Ansteuerung des Verstärkers muß $\tilde{I}_{C1} = - \tilde{I}_{C2}$ gelten. Durch den
Gesamtausgangswiderstand R fließt der Strom:

$$\tilde{I}_R = \tilde{I}_{C1} - \tilde{I}_{C2} = 2\,\tilde{I}_{C1}.$$

Ein Vergleich mit Gl. (4.1) zeigt, daß sich die Steilheit der
Schaltung verdoppelt hat. Die Spannungsverstärkung erhält da-
mit auch für den unsymmetrischen Ausgang der Schaltung nach
Bild 4.4 denselben Wert wie in Gl. (4.3):

$$V_{du} = g_m R.$$

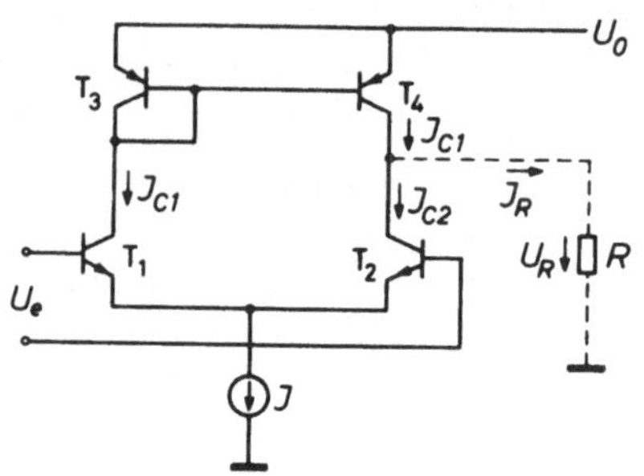

Bild 4.4   Prinzip eines Differenzver-
           stärkers mit Stromspiegel
           als aktiver Last

Nach Gl. (3.50) können wir g_m ersetzen. Da die Stromquelle I die (gleichen) Emitterströme für T_1 und T_2 liefert und da die Emitterströme nahezu gleich den Kollektorströmen sind, folgt schließlich:

$$V_{du} = \frac{eI}{2kT}\,R.$$

Der Widerstand R ist zu verstehen als die Parallelschaltung der Ausgangswiderstände der Stromquelle T_4 und des Verstärkers T_2 und des Eingangswiderstandes der nächstfolgenden Stufe. Hohe Verstärkungen sind nur dann zu erreichen, wenn auch der Eingangswiderstand der Folgestufe groß ist.

Diese Bedingung wird durch einen Emitterfolger erfüllt, der ein Transistor in Kollektorschaltung ist. Der Kollektor, der wechselstrommäßig auf Erdpotential liegt, ist die gemeinsame Elektrode für Ein- und Ausgang (Bild 4.5). Der Emitterfolger hat einen hohen Eingangswiderstand und einen niedrigen Ausgangswiderstand mit einer Spannungsverstärkung von nahe Eins. Er stellt also einen Impedanzwandler dar. Der differentielle Eingangswiderstand des Emitterfolgers ist:

$$R_e = \partial U_e / \partial I_B.$$

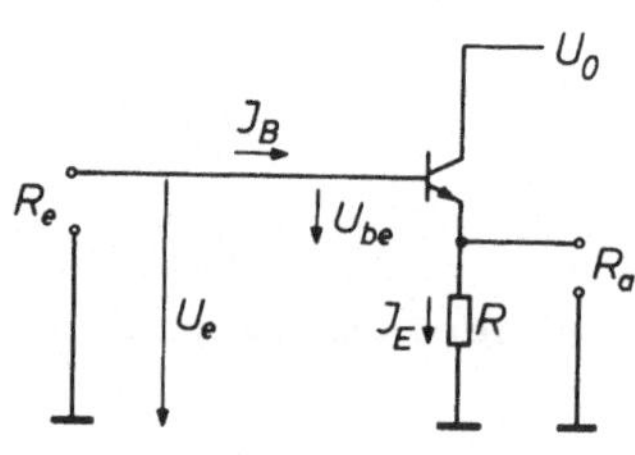

Die Eingangsspannung U_e fällt über der in Durchlaßrichtung gepolten Emitterdiode und über dem Lastwiderstand R ab:

$$U_e = U_{be} + I_E R.$$

Bild 4.5   Emitterfolger (Kollek-
           torschaltung)

Der Emitterstrom I_E ist die Summe aus Basisstrom I_B und Kollektorstrom I_C. Zusammen mit Gl. (3.37) errechnet sich:

$$R_e = \partial U_{be}/\partial I_B + (1 + \beta)R.$$

Da wir die Eins in der Diodengleichung (3.33) vernachlässigen können und $I_E = I_C + I_B$ ist, ergibt sich als Leitwert der Emitterdiode:

$$\partial I_B/\partial U_{be} \approx \frac{1}{1 + \beta} \frac{e}{kT} I_E. \tag{4.4}$$

Damit folgt:

$$R_e = (1 + \beta)(R + \frac{kT}{eI_E}).$$

Für große Werte von R und β wird dies zu:

$$R_e \approx \beta R.$$

Der differentielle Ausgangswiderstand R_a ist die Parallelschaltung des Lastwiderstandes R und des Widerstandes der Emitterdiode, der sich aus Gl. (4.4) ergibt:

$$R_a = R\frac{kT}{eI_E}/(R + \frac{kT}{eI_E}).$$

Für große Widerstände R wird der Ausgangswiderstand sehr klein:

$$R_a \approx kT/(eI_E).$$

R dient zur Einstellung des Emitterstromes und bestimmt damit die Größe der differentiellen Eingangs- und Ausgangswiderstände. Soll der Emitterfolger seinen Zweck als Impedanzwandler erfüllen (großes R_e und kleines R_a), dann muß auch R einen grossen Wert annehmen. Entsprechend hoch wird der Gleichspannungsabfall an R, so daß der Gleichspannungspegel zwischen Eingang und Ausgang sehr unterschiedlich wird. Dies ist in der Praxis häufig nicht tragbar, so daß man den Widerstand R durch einen weiteren Emitterfolger ersetzen muß. Dies ist die Darlington-Schaltung (Bild 4.6). Die Darlington-Schaltung wirkt wie ein Transistor mit - gegenüber den Einzeltransistoren T_1 und T_2 - erheblich heraufgesetzter Stromverstärkung. Als Emitterfolger geschaltet, zeigt sie einen entsprechend hohen Eingangswider-

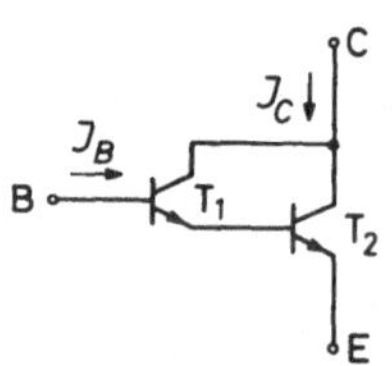

stand. Wenn sich die Indizes 1 und 2 auf T_1 bzw. T_2 beziehen, dann folgt aus Bild 4.6:

$$I_C = I_{C1} + I_{C2}.$$

Bild 4.6 Darlington-Schaltung

Ferner gilt für jeden Einzeltransistor: $I_E = I_C + I_B$. Verwenden wir weiterhin noch Gl. (3.37), dann wird die Gesamtstromverstärkung

$$\beta_{ges} = I_C/I_B = \beta_1 + \beta_2(\beta_1 + 1) \approx \beta_1\beta_2,$$

wobei die letzte Beziehung bei großen Verstärkungen der Einzeltransistoren folgt.

Emitterfolger nach Bild 4.5 sind auf Grund ihres niedrigen Ausgangswiderstandes als Endstufen geeignet, die direkt auf den Verbraucher arbeiten. Sie werden dann als Leistungsstufen ausgelegt. Man spricht von Leistungsstufen ab etwa 100 mW Verlustleistung. In integrierten Schaltungen sind heute mehr als 20 W beherrschbar. Allerdings verlangen dann die Endtransistoren eine spezielle Auslegung mit fingerförmigen Vielfachemittern und mit dickeren Bonddrähten zu den Gehäuseanschlüssen.

Da das höchste Potential durch die Versorgungsspannung U_0 bestimmt ist, läßt sich aus Bild 4.5 als maximale Ausgangsspannung der Wert

$$U_{am} = U_0 - U_{be}$$

ablesen. U_{be} ist die Durchlaßspannung der Emitterdiode im Kennlinienknickpunkt und liegt bei etwa 0,7 V. Bei sinusförmiger Aussteuerung ist die maximale Ausgangsleistung:

$$P_{am} = \frac{1}{2}(U_{am}/2)^2/R = (U_0 - U_{be})^2/(8R).$$

In dem Widerstand R ist der Widerstand des Verbrauchers mit dem Emitterwiderstand der Schaltung zusammengefaßt. Die insgesamt auftretende Verlustleistung ist durch

$$P_g = \frac{1}{2} U_o \cdot (U_o - U_{be})/R$$

gegeben. Aus den beiden letzten Gleichungen erhalten wir den maximalen Wirkungsgrad:

$$\eta_m = P_{am}/P_g = (U_o - U_{be})/(4U_o).$$

Da meist $U_o \gg U_{be}$ ist, kann der Wirkungsgrad des einfachen Emitterfolgers nach Bild 4.5 höchstens 25 % werden.

Höhere Wirkungsgrade lassen sich mit dem komplementären Emitterfolger nach Bild 4.7 erreichen. Es handelt sich um eine Gegentaktstufe, bei der je nach Polarität der Eingangsspannung U_e jeweils nur ein Transistor Strom führt. Der Ausgangswiderstand ist der gleiche wie beim einfachen Emitterfolger. Die maximal erreichbare Ausgangsleistung bei sinusförmiger Aussteuerung ist:

$$P_{am} = (U_o/2 - U_{be})^2/(2R).$$

Die gesamte Verlustleistung P_g teilt sich auf die beiden Transistoren T_1

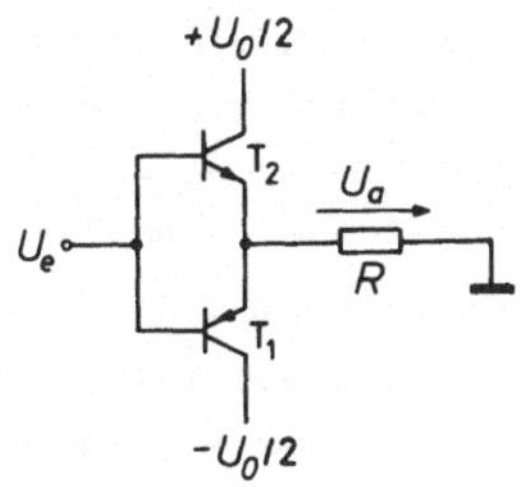

Bild 4.7   Komplementärer Emitterfolger (Gegentaktstufe)

und T_2 auf. Pro Transistor entsteht:

$$\frac{1}{2} P_g = (U_o/2)\cdot\frac{1}{T} \int_0^{T/2} \frac{1}{R} (U_o/2 - U_{be}) \, \sin \omega t \, dt = \frac{U_o}{2\pi R} (U_o/2 - U_{be}).$$

Damit folgt als maximaler Wirkungsgrad:

$$\eta_m = P_{am}/P_g = \frac{\pi}{2U_o} (U_o/2 - U_{be}).$$

Für vernachlässigbare Knickspannung U_{be} wird der Wirkungsgrad zu $\pi/4 = 78,5$ %.

Der komplementäre Emitterfolger nach Bild 4.7 führt zu Verzerrungen bei kleinen Signalen, weil keiner der Transistoren Strom führt, wenn $U_e < U_{be}$ ist. Um diese sog. Übernahmeverzerrungen zu vermeiden, speist man einen Ruhestrom in die Transi-

storen T_1 und T_2 ein. Eine dazu geeignete Schaltung, die nach
dem Stromspiegelprinzip arbeitet, zeigt Bild 4.8. Der Strom,

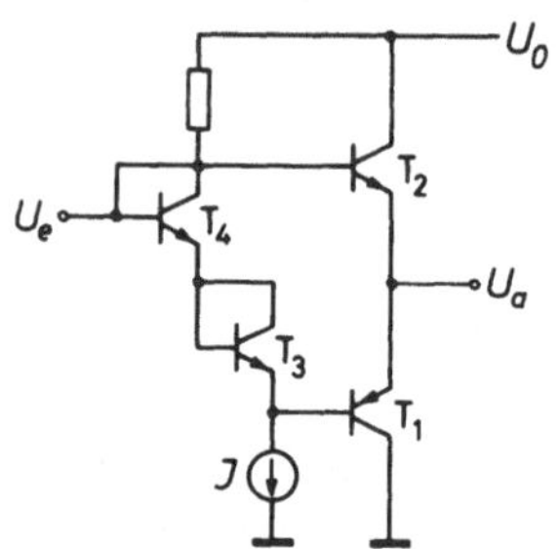

der durch die beiden als Dioden geschalteten Transistoren T_3 und T_4
fließt, wird auch in die Transistoren T_1 und T_2 gespiegelt, so daß
auch für kleine Eingangsspannungen
die Emitterdioden von T_1 und T_2 leiten.

Bild 4.8 Komplementärer Emitterfolger mit Ruhestromeinstel-
lung

Die in diesem Kapitel erläuterten Schaltungsprinzipien wollen
wir zur Analyse eines Operationsverstärkers anwenden. Operationsverstärker gehören zu den vielseitigsten analogen Schaltungen in integrierter Bauweise. Ein idealer Operationsverstärker zeichnet sich durch die folgenden Eigenschaften aus (Bild
4.9):

1. Sehr große (oder unendlich große) Verstärkung.

2. Keine Ausgangsspannung, wenn die Differenz ($v_+ - v_-$) der
   Spannungen am nichtinvertierenden und am invertierenden Eingang verschwindet.

3. Verschwindender Eingangsstrom (oder unendlich hoher Eingangswiderstand).

4. Verschwindender Ausgangswiderstand.

5. Keine Frequenz- und Temperaturabhängigkeit der elektrischen
   Daten.

6. Verzerrungsfreiheit, d.h. sehr großer dynamischer Bereich.

Wegen seiner hohen Verstärkung erlaubt der Operationsverstärker eine starke Rückkopplung vom Ausgang zum Eingang, so daß
die Gesamtschaltung nicht mehr durch den Operationsverstärker
(und die Streuung seiner Daten) bestimmt wird, sondern nur
durch die äußere Beschaltung des Operationsverstärkers. Es ist
darum gerechtfertigt, den komplexen Aufbau eines Operationsverstärkers in einem Symbol nach Bild 4.9 zusammenzufassen. Dabei

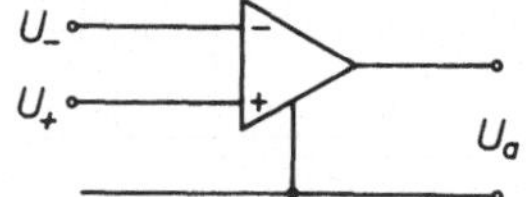

Bild 4.9   Symbol eines Operations-
           verstärkers

wird die Spannungsversorgung (mit meist zwei Spannungswerten)
nicht aufgeführt, da sie für die prinzipielle Funktion des Operationsverstärkers nicht wesentlich ist. Der Operationsverstärker hat einen nichtinvertierenden und einen invertierenden Eingang, zwischen denen die zu verstärkende Spannung liegt. Eine
positive Spannung am invertierenden Eingang erscheint als negative Spannung am Ausgang. Dieselbe Spannung am nichtinvertierenden Eingang wird als positive Spannung verstärkt.

In der praktischen Realisierung eines Operationsverstärkers
können die aufgeführten idealen Eigenschaften natürlich nur angenähert werden. Obwohl beim Operationsverstärker alle Maßnahmen zur Vermeidung unerwünschter Schwingungen bei starker Rückkopplung getroffen sind, läßt sich doch eine Rückkopplung über
mehr als drei Stufen hinweg nur schwer realisieren. Dementsprechend kann die Schaltung eines Operationsverstärkers in eine
Eingangsstufe, die meist als Differenzverstärker ausgeführt
ist, in eine Verstärkerstufe mit hoher Verstärkung und in eine
Endstufe, die die Ausgangsleistung für den Verbraucher bereit-
stellt, unterteilt werden.

In Bild 4.10a ist die Eingangsstufe eines weit verbreiteten
Operationsverstärkers angegeben (Typ µA 741, ähnlich Typ
TBA 221). Es fällt zunächst auf, daß die Schaltung vorwiegend
aus Transistoren aufgebaut ist. Die Eingangsstufe mit den Transistoren T_1 und T_2 ist als Differenzverstärker ausgeführt, der
auf die Stromspiegel-Schaltung mit T_8 und T_9 als aktive Last
arbeitet. Eine weitere Stromspiegel-Schaltung bilden die Transistoren T_{12} und T_{13}, die aber schon mit der Ausgangsstufe des
Operationsverstärkers (Bild 4.10b) verbunden sind. Der Differenzverstärker am Eingang (T_1 und T_2) treibt als Emitterfolger
eine Stufe in Basisschaltung (T_3 bzw. T_4). Das unsymmetrische

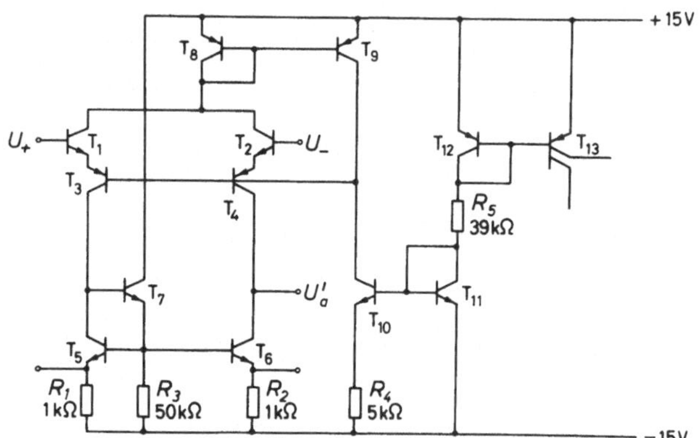

Bild 4.10a   Eingangsstufe eines Operationsverstärkers

Ausgangssignal U_a' wird am Kollektor von T_4 abgenommen und innerhalb der Schaltung auf die Ausgangsstufe weitergegeben (U_e' in Bild 4.10b).

Die Einstellung des Emitterstromes für den Differenzverstärker geschieht über den Widerstand R_3. Die Transistoren T_5 und T_6 fungieren als aktive Last für T_3 bzw. T_4. Die Emitter von T_5 und T_6 sind von außen zugänglich, so daß durch externe Beschaltung mit Potentiometern die Offset-Einstellung erfolgen kann.

T_9 und T_{10} fungieren als Stromquellen für die Basen von T_3 und T_4. T_{10} und T_{11} sind nach dem Stromspiegel-Prinzip geschaltet. Dabei sorgt der Widerstand R_4 für eine geringe Unsymmetrie in der Basis-Emitter-Spannung der beiden Transistoren; dadurch ergibt sich eine starke Unsymmetrie im Kollektorstrom. Damit arbeitet T_{10} als Stromquelle für kleine Ströme.

Die verstärkende Zwischenstufe des Operationsverstärkers findet sich in Bild 4.10b mit T_{16}, der als Emitterfolger den verstärkenden Transistor T_{17} treibt. T_{16} und T_{17} bilden eine Darlington-Schaltung. Das Eingangssignal U_e' wird von der Eingangsstufe des Operationsverstärkers (Bild 4.10a) als U_a' übernommen. Die Stromquelle und Kleinsignallast für die Darlington-Schal-

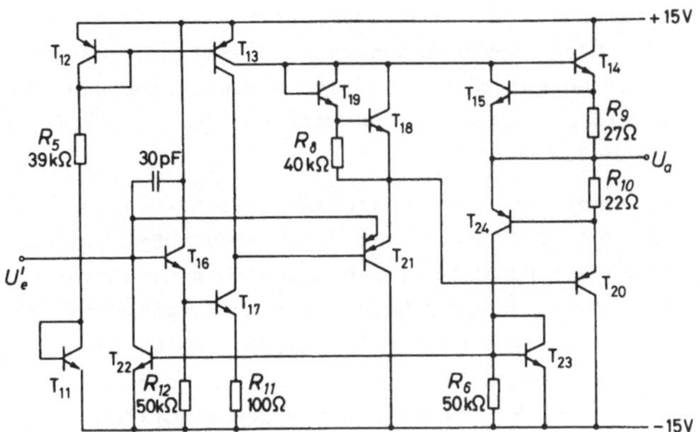

Bild 4.10b   Ausgangsstufe eines Operationsverstärkers

tung ist der Transistor T_{13}. Er ist als Doppelkollektor-Transistor ausgeführt, so daß beide Kollektoren unterschiedliche Ströme führen können, der Transistor aber wegen nur einer Basis und einem Emitter platzsparend bleibt. Dasselbe gilt für den Doppelemitter-Transistor T_{21}.

Der Transistor T_{21} ist ein Emitterfolger, der von T_{17} angesteuert wird und auf den komplementären Emitterfolger T_{14} und T_{20} am Ausgang arbeitet. Ebenso wie der Emitterfolger T_{16} die Belastung der Eingangsstufe des Operationsverstärkers klein hält, dient auch T_{21} als Puffer zwischen dem Zwischenverstärker und der Endstufe des Operationsverstärkers. Die Transistoren T_{18} und T_{19} sorgen für die Ruhestromeinstellung des komplementären Emitterfolgers T_{14} und T_{20}.

Die Transistoren T_{15} und T_{22} und T_{24}, die normalerweise abgeschaltet sind, dienen als Überlastungsschutz für T_{14} bzw. T_{16}. Wenn die Spannung über R_9 größer als etwa 0,7 V wird, schaltet T_{15} ein und leitet den Überstrom in der Basis von T_{14} ab. Dadurch wird der positive Ausgangsstrom begrenzt, selbst wenn der Ausgang geerdet ist. Bei zu großen negativen Ausgangsströmen schalten T_{24} und darauffolgend T_{22} ein, wodurch der Basisstrom von T_{16} und in der Folge von T_{17}, T_{21} und T_{20} begrenzt werden.

Die npn-Transistoren der Schaltung haben eine Stromverstärkung
von etwa 200. Die pnp-Transistoren sind sämtlich lateral aufgebaut mit einer entsprechend geringen Stromverstärkung von
meist 4. Allerdings liegt dieser Wert bei den Emitterfolgern
T_{20} und T_{21} um 200.

Der einzige Kondensator des Operationsverstärkers, der als MOS-
Kondensator (vgl. Bild 3.15) mit 30 pF ausgeführt ist, dient
zur Begrenzung der Bandbreite des Operationsverstärkers. Dadurch werden unerwünschte Schwingungen am Ausgang bei starker
Rückkopplung vermieden. Dieser Kondensator nimmt bei weitem
den größten Platz von allen Komponenten ein, nämlich 10 % der
Gesamtfläche des Chips, gerechnet mit den Bondflächen. Demgegenüber nehmen der großflächigste Widerstand (R_5) nur etwa 5 %
und der großflächigste Transistor (der pnp-Transistor T_{20}) weniger als 4 % ein.

Die folgenden typischen Daten geben einen Eindruck, inwieweit
die Eigenschaften eines idealen Operationsverstärkers durch
die beschriebene Schaltung angenähert werden:

1. Spannungsverstärkung (bei Belastung mit mehr als 2 kΩ und
   Ausgangsspannungen von maximal ± 10 V): 200.000.
2. Offset-Spannung: 1 mV.
3. Eingangswiderstand: 2 MΩ; Eingangskapazität: 1,4 pF.
4. Ausgangswiderstand: 75 Ω.

Der Leistungsverbrauch des Operationsverstärkers ist 50 mW.

Diese Eigenschaften erlauben eine relativ einfache Analyse von
Schaltungen mit Operationsverstärken, wie wir an den folgen-
den Beispielen zeigen wollen. Bild 4.11 stellt einen Operationsverstärker dar, dessen Ausgangsspannung U_a über den Widerstand R_2 an den invertierenden Eingang zurückgeführt

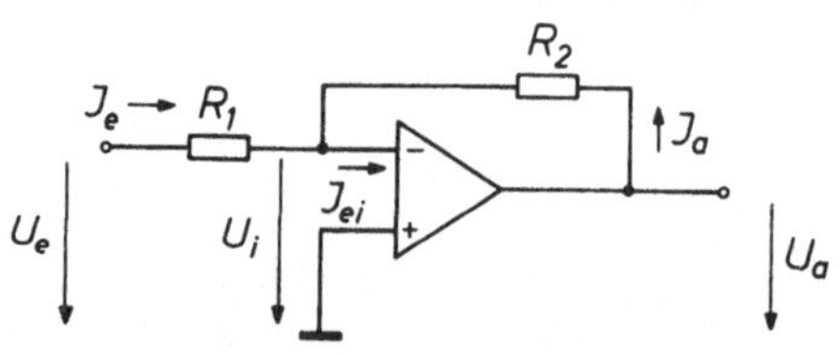

Bild 4.11   Zum Prinzip einer Schaltung
            mit Operationsverstärker

ist. Die Signalspannung U_e wird über den Widerstand R_1 zugeführt. Der nichtinvertierende Eingang des Verstärkers ist geerdet. Wenn V_{op} die Verstärkung des Operationsverstärkers ist,
dann besteht zwischen U_a und der Spannung U_i am Eingang des
Operationsverstärkers die Beziehung:

$$U_a = - V_{op}U_i \qquad \text{oder:} \qquad U_i = - U_a/V_{op}.$$

Da U_a typisch bis zu etwa 10 V werden kann und V_{op} um 10^5
liegt, kann U_i vernachlässigt werden. Wir erhalten die erste
wichtige Aussage: Die Spannung am Eingang des Operationsverstärkers kann praktisch zu Null angenommen werden. Man bezeichnet deshalb den nichtgeerdeten Eingang als den virtuellen Null-
punkt der Schaltung.

Der Strom I_{ei} in den invertierenden Eingang errechnet sich aus
der Eingangsimpedanz R_e des Operationsverstärkers zu:

$$I_{ei} = U_i/R_e.$$

Da R_e im MΩ-Bereich liegen kann, kommen wir zur zweiten wichtigen Aussage: Der Eingangsstrom in dem Operationsverstärker ist
praktisch verschwindend.

Die beiden abgeleiteten Sätze sind grundlegend für die Analyse
von Schaltungen mit Operationsverstärkern.

Auch der Rückkopplungsstrom $I_a = U_a/R_2$ kann zu Null angenommen
werden, da R_2 meist in der Größenordnung von 100 kΩ liegt. Aus
Bild 4.11 läßt sich die Beziehung:

$$I_{ei} = I_e + I_a = U_e/R_1 + U_a/R_2 = 0$$

entnehmen. Dabei haben wir die beiden erwähnten Sätze angewendet. Es folgt:

$$U_a = - (R_2/R_1)U_e.$$

Die Verstärkung (R_2/R_1) der Schaltung ist also unabhängig von
den Daten des Operationsverstärkers und hängt nur von der äus-
seren Beschaltung ab. Um die Eingangsströme der Transistorstufen des Operationsverstärkers abzugleichen, legt man zwischen
den nichtinvertierenden Eingang und Erde einen Widerstand R_3,

der den parallelgeschalteten Widerständen R_1 und R_2 entspricht.
Diese erste einsatzfähige Verstärkerschaltung hat demnach:

$$R_3 = R_1 R_2 / (R_1 + R_2).$$

Bild 4.12 zeigt die Prinzipschaltung eines nichtinvertierenden
Verstärkers. Da die Eingangsspannung am Operationsverstärker
verschwinden muß, liegt der invertierende Eingang auf dem Potential U_e. Weil weiterhin der Strom in den Operationsverstärker zu Null gesetzt werden kann, stellen die Widerstände R_1
und R_2 einen Spannungstei-
ler mit

$$U_e/R_1 = U_a/(R_1 + R_2)$$

oder

$$U_a = (1 + R_2/R_1)U_e$$

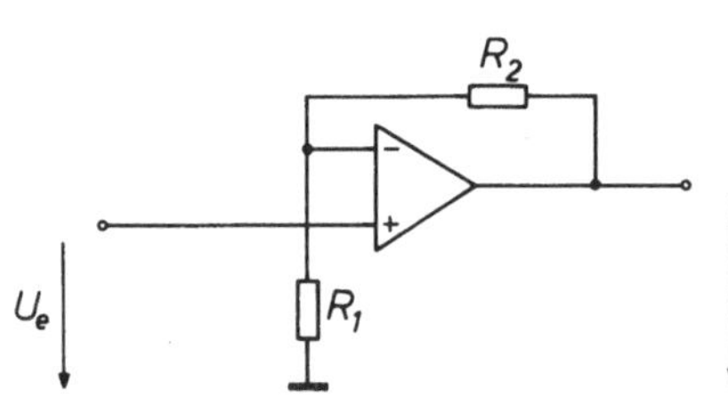

Bild 4.12   Nichtinvertierender
                 Verstärker

dar. Wiederum ist die Verstärkung $(1 + R_2/R_1)$ unabhängig von den individuel-
len Eigenschaften des Operationsverstärkers. In praktischen
Schaltungen legt man zur Kompensation des Offset-Fehlers in
die Leitung zum nichtinvertierenden Eingang einen Widerstand,
der gleich der Parallelschaltung von R_1 und R_2 ist.

Zur Andeutung der vielseitigen Verwendbarkeit von Operationsverstärkern sollen nur zwei Rechenschaltungen erwähnt werden.
Mit der Schaltung nach Bild 4.13 können die beiden Signale U_1
und U_2 gewichtet addiert werden. Die Beziehung

$$I_{ei} = I_a + I_1 + I_2$$
$$= U_a/R + I_1/R_1 + I_2/R_2$$
$$= 0$$

läßt sich sofort ablesen.
Damit folgt die Rechenoperation:

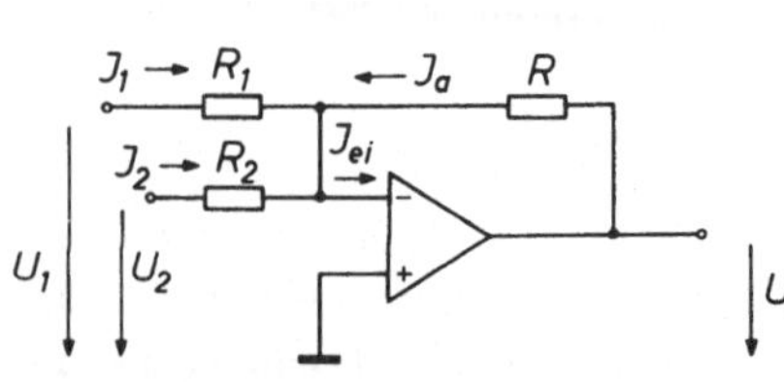

Bild 4.13   Gewichtete Addition zwei-
                 er Signale U_1 und U_2

$$U_a = - (R/R_1) I_1 - (R/R_2) I_2.$$

Schließlich leistet die Schaltung nach Bild 4.14 die Integration des Eingangssignals mit Inversion. Der Rückkopplungsstrom I_a lädt die Kapazität c gemäß der Beziehung:

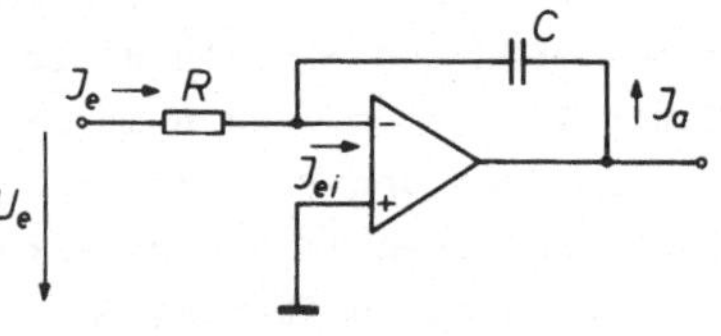

Bild 4.14   Integration mit Inversion

$$I_a = dQ/dt = c\,dU_a/dt$$

auf. Es muß

$$I_{ei} = I_e + I_a = U_e/R + c\,dU_a/dt = 0$$

gelten. Daraus folgt

$$U_a = - \frac{1}{RC} \int U_e dt + U_{eo},$$

wobei die Integrationskonstante U_{eo} durch die Anfangsbedingungen bestimmt ist.

4.2 Digitale Schaltungen

In Kap. 4 haben wir die Gründe aufgeführt, die den digitalen Schaltungen in integrierter Form ihre überragende Stellung gegeben haben. Integrierte digitale Schaltungen finden heute eine Fülle von Anwendungen. Als Beispiele nennen wir die Prozeßkontrolle, bei der analoge in digitale Signale umgewandelt, verarbeitet und schließlich in analoge Signale zur Steuerung von Motoren, Ventilen und dergleichen zurückverwandelt werden, den Instrumentenbau mit digitalen Voltmetern oder auch die Verbraucherelektronik mit digitalen Armbanduhren. Das wichtigste Einsatzgebiet digitaler Schaltungen ist jedoch die Rechentechnik und die Datenverarbeitung. Die sich daraus ergebenden Anforderungen haben einen erheblichen Einfluß auf die Gestaltung integrierter digitaler Schaltungen ausgeübt.

Um einen Eindruck von den wesentlichen Eigenschaften digitaler Schaltungen vermitteln zu können, gehen wir von dem Aufbau eines elektronischen Rechners aus, wie er schematisch in Bild 4.15 dargestellt ist. Die zu verarbeitenden Daten werden in ein Eingabewerk in Form von Lochkarten oder Lochstreifen, auf

Magnetbändern oder -karten oder auch über eine Schreibmaschine
eingegeben und - falls nötig - in digitale Form überführt. Die
digitalen Daten werden an das Leitwerk übergeben, das die Kontrolle über den Prozeßablauf im Rechner ausübt. Das Leitwerk
läßt die Daten im Rechenwerk nach einem Programm weiterverar-
beiten. Nach Ausführung der dazu notwendigen mathematischen
Operation wird das Ergebnis über das Leitwerk an das Ausgabe-
werk gegeben, dort in die analoge Form umgewandelt und dabei
über einen Drucker, einen Zeichner oder auf einem Bildschirm
dem Benutzer des elektronischen Rechners zugänglich gemacht.
Meist wird während des Ablaufs eines Programms ein Zwischener-
gebnis in dem Speicher festgehalten werden müssen, um es zu einem späteren Zeitpunkt wieder bereit zu haben; oder es werden
Speicherinhalte, die während der Rechenoperation benötigt werden, abgerufen und an das Rechenwerk übergeben. Die Steuerung
dieser Schritte übernimmt wieder das Leitwerk. Diese Vorgänge
sind in Bild 4.15 stark vereinfachend angedeutet. Man faßt häufig Rechen- und Leitwerk als Zentraleinheit ("central proces-
sor unit", CPU) zusammen.

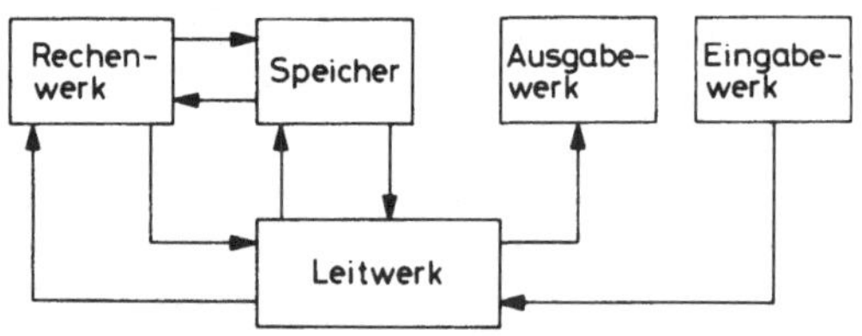

Bild 4.15   Prinzip eines elektronischen
           Rechners

In Kap. 4.2.1 wird dargestellt, wie Daten, die normalerweise
als Dezimalzahlen vorliegen, in den binären Code der elektronischen Rechner umgesetzt werden. Ebenso werden wir einige Grund-
begriffe der Boole'schen Algebra erläutern, nach denen die Weiterverarbeitung der digitalen Daten im Rechenwerk erfolgt. Die
Integrationstechnik bietet einige Grundschaltungen, mit denen
alle Operationen der Boole'schen Algebra realisiert werden können. Dies wird der Gegenstand von Kap. 4.2.2 sein. Schließlich

wollen wir kurz einige Speicherschaltungen (Kap. 4.2.3) beschreiben.

4.2.1 Grundzüge der Rechnerlogik

Die moderne elektronische Rechentechnik beruht nahezu ausschließlich auf dem binären Zahlensystem, das nur zwischen den
beiden Zuständen "0" und "1" unterscheidet. Denn mit elektronischen Mitteln lassen sich nur zwei Zustände besonders einfach
realisieren. So kann z.B. ein Schalter in einem Stromkreis of-
fen sein (entsprechend dem Zustand "0"), oder er kann geschlossen sein (Zustand "1"). Wie wir bereits mit Hilfe von Bild
3.20 in Kap. 3.3.2 erläutert haben, können der Zustand "1"
durch einen hohen Kollektorstrom I_C in einem Transistor dargestellt werden und der Zustand "0" durch (nahezu) verschwindendes I_C. Wesentlich für das binäre System ist also, daß zwei-
felsfrei zwischen zwei wohldefinierten Zuständen mit großer Geschwindigkeit entschieden werden kann, wobei die Zuordnung zwischen logischer Bedeutung und praktischer Realisierung nicht
unbedingt wie in den beiden angeführten Beispielen sein muß.
Mit der Integrationstechnik lassen sich eine Vielzahl von
Schaltungen bauen, die mit großer Flexibilität den Forderungen
der binären Rechentechnik nachkommen.

Numerische Informationen liegen üblicherweise als Dezimalzahlen vor, müssen also für die Weiterverarbeitung in einem elektronischen Rechner erst in den binären Zahlencode umgesetzt
werden. Wir wählen als Beispiel die Dezimalzahl 107. Wir lesen
sie, indem wir der ersten Ziffer den Stellenwert 10^2 zuschrei-
ben (in diesem Fall einmal genommen), der zweiten den Stellenwert 10^1 (0-mal genommen) und der dritten den Stellenwert 10^0
(7-mal genommen). In ausführlicher Schreibweise heißt dies:

$$107 = 1 \cdot 10^2 + 0 \cdot 10^1 + 7 \cdot 10^0.$$

Wir können aber auch statt der Basiszahl 10 die Basis 2 verwenden, indem wir der letzten Ziffer einer Zahlenfolge den Stellenwert 2^0, der vorletzten den Stellenwert 2^1, der drittletz-
ten den Stellenwert 2^2 usw. zuordnen. Dies würde für das Beispiel 107 bedeuten:

$$107 = 1\cdot2^6 + 1\cdot2^5 + 0\cdot2^4 + 1\cdot2^3 + 0\cdot2^2 + 1\cdot2^1 + 1\cdot2^0.$$

Der Wert 107 wird also im binären System durch die Ziffernfolge 1101011 dargestellt, oder formal ausgedrückt:

$$(107)_{10} = (1101011)_2.$$

Die technische Realisierung einer binären Zahl geschieht in einem elektronischen Rechner als zeitliche Folge von Impulsen, denen jeweils als Stellenwert eine Potenz der Basiszahl 2 entspricht. So erscheint in unserem Beispiel an den Stellen mit der Bedeutung 2^6, 2^5, 2^3, 2^1 und 2^0 jeweils ein Impuls, während an den Stellen 2^4 und 2^2 entsprechend dem Zustand "0" kein Impuls vorliegt.

Ebenso wie im Dezimalsystem können auch im Binärsystem Rechenoperationen durchgeführt werden. Die dafür gültigen Regeln hat der englische Mathematiker George Boole um die Mitte des letzten Jahrhunderts, also lange vor jedem Gedanken an einen elektronischen Rechner, formuliert. Man bezeichnet die Disziplin, die sich mit diesen Regeln befaßt und die für moderne Rechenmaschinen von fundamentaler Bedeutung ist, als Boole'sche Algebra. Wir wollen einige Grundzüge der Boole'schen Algebra darlegen und beginnen mit der Addition. Im Dezimalsystem können wir sie mit der folgenden Tabelle beschreiben:

A_1	A_2	Summe
0	0	0
1	0	1
0	1	1
1	1	2.

Umständlicher ausgedrückt würden wir sagen: Wenn die Variable A_1 und die Variable A_2 beide 0 sind, ist auch die Summe 0; ist die Variable A_1 gleich 1 und die Variable A_2 gleich 0, dann ist die Summe gleich 1; usw.

Im binären System gibt es nicht die Ziffer 2; hier lautet die Additionstabelle:

A_1	A_2	Summe
O	O	OO
1	O	O1
O	1	O1
1	1	1O.

Auch diese Tabelle können wir anders ausdrücken: Wenn die Variablen A_1 und A_2 beide O sind, dann ist die Summe OO; wenn entweder A_1 oder A_2 (aber nicht beide) 1 sind, dann ist die Summe O1; wenn A_1 und A_2 beide 1 sind, dann ist die Summe 1O.

Derartige Aussagen "Wenn..., dann..." bilden die Grundlage einer jeden Logik. Die Boole'sche Algebra basiert auf drei logischen Grundfunktionen, die als Nicht-Funktion, Und-Funktion und Oder-Funktion bezeichnet werden. Im Schaltungsentwurf ist man bemüht, alle Rechenoperationen auf diese drei Grundfunktionen zurückzuführen, so daß durch Verknüpfung weniger gleichartiger Grundschaltungen auch sehr komplexe Rechenschaltungen realisiert werden können.

Eine Grundschaltung, die die Und-Funktion, auch logische Multiplikation oder Konjunktion (engl. "intersection" oder "AND operation") genannt, darstellt, hat in einfachster Form zwei Eingänge für die Variablen A_1 und A_2 und führt folgende Operation aus: Wenn die Variablen A_1 und A_2 beide O sind, ist auch der Ausgang F gleich O; sind A_1 oder A_2 gleich 1 (aber nicht beide), dann ist F ebenfalls gleich O; sind A_1 und A_2 gleich 1, dann ist auch F gleich 1. Die zugehörige Funktionstabelle ("truth table") lautet:

A_1	A_2	F
O	O	O
O	1	O
1	O	O
1	1	1.

Die Und-Funktion wird durch die Formel:

$$A_1 \cdot A_2 = F$$

dargestellt. Ihr Schaltungssymbol zeigt Bild 4.16 a.

Die Oder-Funktion, auch logische Addition oder Disjunktion

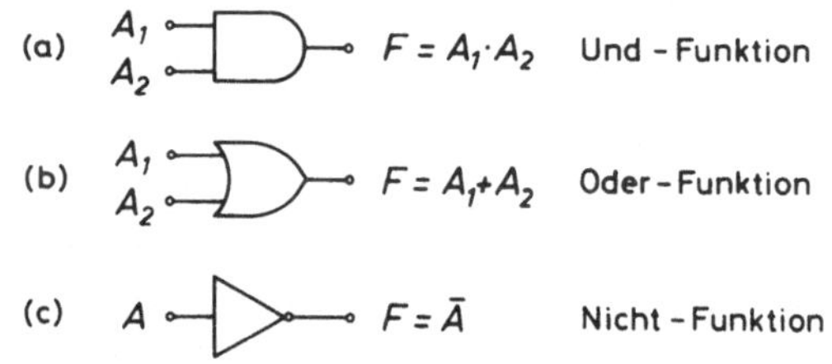

(a) A_1, A_2 → $F = A_1 \cdot A_2$ Und-Funktion

(b) A_1, A_2 → $F = A_1 + A_2$ Oder-Funktion

(c) A → $F = \bar{A}$ Nicht-Funktion

Bild 4.16   Die Grundfunktionen der Booleschen Algebra und ihre Symbole

("union" oder "OR operation") genannt, macht folgende Verknüpfung: Wenn A_1 und A_2 beide O sind, ist auch F gleich O; wenn A_1 oder A_2 oder beide 1 sind, ist auch F gleich 1. Funktionstabelle und Formel haben die Form (vgl. Bild 4.16 b):

A_1	A_2	F
O	O	O
O	1	1
1	O	1
1	1	1

$$A_1 + A_2 = F.$$

Die Nicht-Funktion (Bild 4.16 c), auch logische Verneinung oder Inversion ("negation" oder "NOT operation") genannt, wandelt 1 in O und O in 1 um. Es ist üblich, die Inversion der Variablen A mit $\bar{A}$ zu bezeichnen. Wir erhalten:

A	F
O	1
1	O

$$\bar{A} = F.$$

Sowohl Und-Funktion als auch Oder-Funktion lassen sich für mehr Eingänge als nur zwei formulieren. Wir geben als Beispiel die Funktionstabelle der Und-Funktion für drei Variable an:

A_1	A_2	A_3	F
O	O	O	O
1	O	O	O
O	1	O	O
O	O	1	O
1	1	O	O
1	O	1	O
O	1	1	O
1	1	1	1

$$A_1 \cdot A_2 \cdot A_3 = F.$$

Wie wir im folgenden Kapitel sehen werden, lassen sich mit

elektronischen Komponenten besonders einfach zwei zusammengesetzte Funktionen realisieren, mit denen in sehr rationeller Weise auch sehr komplexe logische Schaltungen aufgebaut werden können. Integrierte Rechnerschaltungen werden letzten Endes immer auf diese zusammengesetzten Funktionen zurückgeführt.

Die erste dieser Funktionen ist die NAND-Funktion (Kunstwort aus NOT und AND), die aus der Und- und der Nicht-Funktion zusammengesetzt ist. Zu ihr gehören folgende Funktionstabelle und folgendes Symbol:

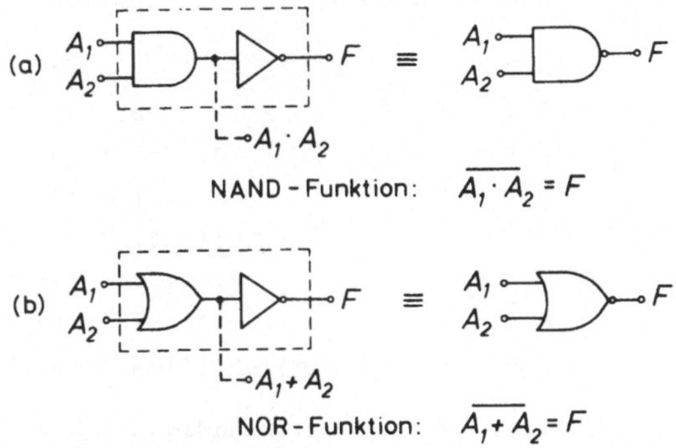

(a)

NAND-Funktion: $\overline{A_1 \cdot A_2} = F$

(b)

NOR-Funktion: $\overline{A_1 + A_2} = F$

Bild 4.17 Zusammensetzung der NAND- und NOR-Funktionen und ihre Symbole

A_1	A_2	$A_1 \cdot A_2$	F	
O	O	O	1	
O	1	O	1	$\overline{A_1 \cdot A_2} = F.$
1	O	O	1	
1	1	1	O	

Das Schaltzeichen für die NAND-Funktion zeigt Bild 4.17 a.

Die NOR-Funktion (zusammengesetzt aus NOT und OR) nach Bild 4.17 b führt zunächst die Oder-Funktion und darauffolgend die Nicht-Funktion aus. Entsprechend gilt für sie:

A_1	A_2	$A_1 + A_2$	F	
O	O	O	1	
O	1	1	O	$\overline{A_1 + A_2} = F$
1	O	1	O	
1	1	1	O	

Die Boole'sche Algebra beruht auf insgesamt 18 Rechenregeln, die aus der linearen Algebra übernommen sind. Dazu kommen die

drei Grundfunktionen, die in der Reihenfolge Nicht-Funktion,
Und-Funktion und schließlich Oder-Funktion ausgeführt werden
müssen. Wenn A, A_1, A_2 und A_3 allgemeine Dualzahlen sind, die
also die Werte 0 oder 1 annehmen können, dann sind folgende
Regeln ohne Schwierigkeiten einsichtig:

$$A \cdot 0 = 0 \qquad\qquad A_1 \cdot A_2 = A_2 \cdot A_1$$
$$A \cdot 1 = A \qquad\qquad A_1 + A_2 = A_2 + A_1$$
$$A \cdot A = A \qquad\qquad A_1 \cdot (A_1 + A_2) = A_1$$
$$A + 0 = A \qquad\qquad A_1 + A_1 \cdot A_2 = A_1$$
$$A + 1 = 1 \qquad\qquad (A_1 + A_2) \cdot (A_1 + \bar{A}_2) = A_1$$
$$A + A = A \qquad\qquad A_1 \cdot A_2 + A_1 \cdot \bar{A}_2 = A_1$$
$$A \cdot \bar{A} = 0 \qquad\qquad A_1 \cdot A_2 + A_1 \cdot A_3 = A_1 \cdot (A_2 + A_3)$$
$$A + \bar{A} = 1 \qquad\qquad (A_1 + A_2) \cdot (A_1 + A_3) = A_1 + A_2 \cdot A_3.$$

Die 18 Regeln werden vollständig mit den beiden Regeln von de
Morgan

$$\bar{A}_1 \cdot \bar{A}_2 = \overline{A_1 + A_2} \qquad\qquad \overline{A_1 \cdot A_2} = \bar{A}_1 + \bar{A}_2$$

beschrieben. Der Beweis geht hier am einfachsten über die Funktionstabelle, also z.B.:

A_1	A_2	$\bar{A}_1$	$\bar{A}_2$	$\bar{A}_1 \cdot \bar{A}_2$	$A_1 + A_2$	$\overline{A_1 + A_2}$
0	0	1	1	1	0	1
0	1	1	0	0	1	0
1	0	0	1	0	1	0
1	1	0	0	0	1	0.

Fünfte und siebente Spalte stimmen also überein. Ebenso läßt
sich die zweite de Morgan'sche Regel beweisen, wobei wieder
auf die richtige Reihenfolge der Rechenoperationen zu achten
ist.

Mit diesen Regeln können auch komplexe logische Ausdrücke, wie
sie beim Entwurf von Rechenschaltungen auftreten, vereinfacht
werden. Als Beispiel betrachten wir die Funktion

$$F = \bar{A}_1 \cdot \bar{A}_2 \cdot A_4 + \bar{A}_2 \cdot A_3 \cdot A_4 + A_1 \cdot \bar{A}_2 \cdot A_3 \cdot A_4 + \bar{A}_1 \cdot \bar{A}_2 \cdot A_3 \cdot A_4,$$

die mit den binären Zahlen A_1 bis A_4 gebildet wird. Fassen wir
den ersten und den letzten Ausdruck ebenso zusammen wie die
beiden mittleren, dann folgt:

$$F = \bar{A}_1 \cdot \bar{A}_2 \cdot A_4 \cdot (1 + A_3) + \bar{A}_2 \cdot A_3 \cdot A_4 \cdot (1 + A_1)$$

$$= \bar{A}_1 \cdot \bar{A}_2 \cdot A_4 + \bar{A}_2 \cdot A_3 \cdot A_4 = (\bar{A}_1 + A_3) \cdot \bar{A}_2 \cdot A_4.$$

In der Praxis sind derartige Vereinfachungen nicht immer einfach durchführbar. Es sind deshalb spezielle Rechentechniken
(z.B. Karnaugh-Diagramm) entwickelt worden, um dabei behilf-
lich zu sein [4.1].

Beim Entwurf von Rechenschaltungen, die logische Verknüpfungen
wie im angeführten Beispiel durchführen können, ist man bemüht,
mit nur wenigen Komponenten auszukommen. So werden Rechenschaltungen meist mit NAND-Funktionen, aber auch mit NOR-Funktionen
realisiert. Wollen wir unser Beispiel auf NOR-Funktionen zu-
rückführen, so erhalten wir mit den Regeln der Boole'schen Algebra das Ergebnis:

$$F = (\bar{A}_1 + A_3) \cdot \bar{A}_2 \cdot A_4 = \overline{\overline{\bar{A}_1 + A_3} + \overline{A_2 + \bar{A}_4}}.$$

Dieser Ausdruck ist eine der möglichen Darstellungen mit NOR-
Funktionen. Der schaltungsmäßige Aufbau dieses Ausdrucks ist
in Bild 4.18 angegeben. Dabei sind die NOR-Funktionen an den
Eingängen A_1 und A_4 als Nicht-Funktionen geschaltet; die NOR-
Funktion am Ausgang hat
drei Eingänge.

Praktische Rechenschaltungen sind natürlich meist
viel komplexer als das
Beispiel in Bild 4.18.
Dann kommt es im allgemeinen dazu, daß nicht nur wie
in Bild 4.18 die Ausgänge
mehrerer Logikstufen auf
eine Folgestufe arbeiten,
sondern daß auch eine logi-
sche Stufe mehrere Folgestufen ansteuert. Die maximale Zahl
von ansteuernden Stufen, die eine logische Stufe aufnehmen
kann, nennt man Fan-in. Die Maximalzahl von Folgestufen, die
eine logische Funktion ansteuern kann, heißt Fan-out.

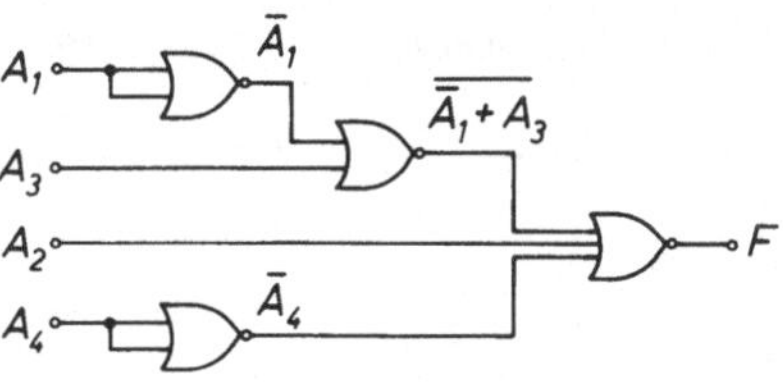

Bild 4.18 Logische Schaltung mit
NOR-Funktionen am Bei-
spiel der Verknüpfung

$$F = \overline{\overline{\bar{A}_1 + A_3} + \overline{A_2 + \bar{A}_4}}$$

4.2.2 Bauformen logischer Schaltungen

Seit Anfang der 60er Jahre die ersten digitalen logischen
Schaltungen in integrierter Bauweise verfügbar wurden, haben
sich zahlreiche unterschiedliche Schaltungskonzepte entwickelt.
Heute werden nahezu ausschließlich die bipolaren TTL- und ECL-
Techniken und die logischen MOS-Schaltungen eingesetzt, die am
Ende dieses Kapitels stehen. Um diese Schaltungen leichter ver-
ständlich zu machen, beginnen wir mit den älteren Konzepten.

Bild 4.19 a zeigt die mit Dioden aufgebaute Und-Funktion, in
diesem Fall mit den beiden Eingängen A_1 und A_2. Wenn die beiden Eingänge auf Erdpotential (also logische O) liegen, dann
leiten die Dioden, und der Ausgang F liegt wegen des Spannungsabfalls am Widerstand R ebenfalls auf niedrigem Potential.
Dies ändert sich auch nicht, wenn einer der beiden Eingänge
auf dem positiven Potential U_0, entsprechend der logischen 1,
liegt, die zugehörige Diode also nicht mehr leitet. Erst wenn
beide Eingänge auf U_0 liegen, fließt kein Strom mehr durch R,
und auch F nimmt das Potential U_0, also die logische 1, an. Am
Ausgang F entsteht die Und-Funktion, so wie wir sie in Kap.
4.2.1 eingeführt haben. Eine ganz ähnliche Diskussion zeigt,
daß die Schaltung in Bild 4.19 b die Oder-Funktion darstellt.

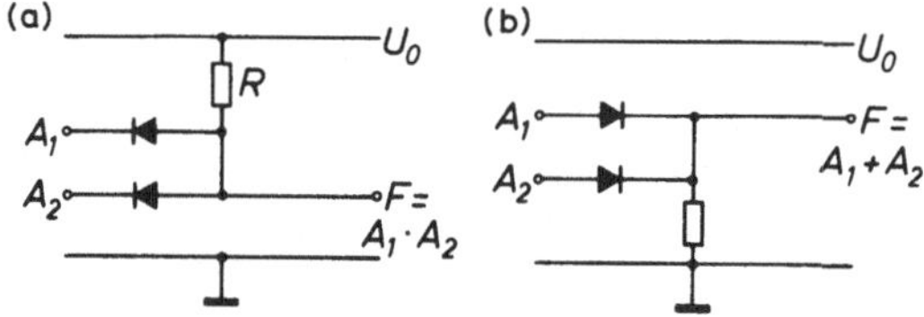

Bild 4.19   Aufbau einer Und-Funktion (a)
            und einer Oder-Funktion (b)
            mit Dioden

Ein wesentlicher Nachteil der Schaltungen in Bild 4.19 ist, daß sich bei Hintereinanderschaltung mehrerer Stufen der Spannungspegel der logischen Signale ändert. So erreicht z.B. der Ausgang F in Bild 4.19 a selbst dann nicht
ganz das Erdpotential, wenn beide Eingänge A_1 und A_2 geerdet
sind, weil an den leitenden Dioden die Durchlaßspannung von
etwa O,7 V liegt. Auf Grund dieser Spannung an den leitenden
Dioden sind nach mehreren hintereinandergeschalteten Und- oder
Oder-Funktionen die logischen Pegel O und 1 nicht mehr eindeu-

tig voneinander zu unterscheiden.

Dieser Nachteil kann mit Hilfe eines Transistor-Inverters nach
Bild 4.20 behoben werden. Ist der Eingang A geerdet (logische
0), dann ist der Transistor gesperrt. Am Ausgang F liegt die
Spannung U_o, entsprechend der logischen 1. Liegt dagegen die
Spannung U_o an A (logische 1), dann leitet der Transistor. Es
fließt ein Strom, der im wesentlichen durch den Kollektorwiderstand R begrenzt ist. Entsprechend liegt der Ausgang nahezu
auf Erdpotential, was der logischen 0 entspricht. Der Transistor wird also zwischen dem gesperrten Zustand mit verschwin-
dendem Kollektorstrom I_C und dem Sättigungszustand mit großem
I_C geschaltet (vgl. Bild 3.20), d.h. die Schaltung stellt die
Nicht-Funktion $F = \bar{A}$ dar.

Wenn ein Transistor-Inverter nach Bild
4.20 auf die Schaltungen nach Bild 4.19
folgt, dann entstehen eine NAND- und eine NOR-Funktion. Dadurch werden die Lo-
gikpegel eindeutig wiederhergestellt,

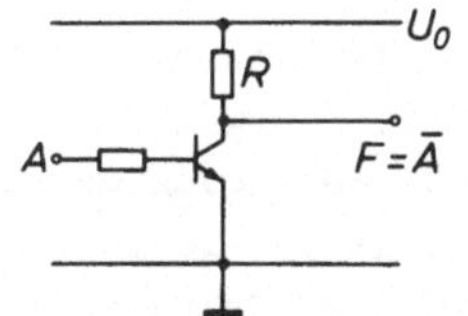

Bild 4.20 Transistor-Inverter

weil der Transistor zwischen den gut definierten Zuständen
"leitend" und "gesperrt" geschaltet wird. Dadurch können derartige NAND- und NOR-Funktionen, auch Gatter genannt, ohne
Schwierigkeit hintereinandergeschaltet werden. Durch seine verstärkende Wirkung sorgt der Transistor dafür, daß einmal die
logischen Pegel innerhalb einer komplexen Schaltung stets wiederhergestellt werden und daß zum anderen die NAND- oder NOR-
Gatter durch die nachfolgenden Stufen nicht belastet werden.
Dies sind die Gründe, weshalb Rechenschaltungen aus NAND- oder
NOR-Gattern zusammengesetzt werden.

Sehr einfach im Aufbau sind die DCTL-Schaltungen ("direct-
coupled transistor logic"). Bild 4.21 zeigt ein NOR-Gatter in
dieser Technik mit drei Eingängen. Wenn einer der drei Eingänge auf dem Potential U_o liegt, dann wird der zugehörige Transistor in den Sättigungsbereich getrieben, so daß der Ausgang
F bis auf etwa 0,2 V Erdpotential annimmt. Erst wenn alle drei

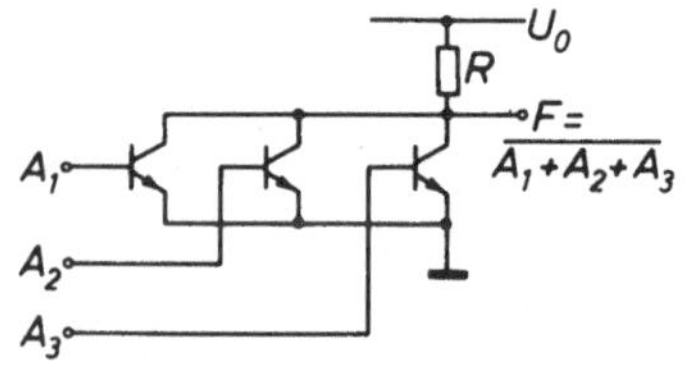

Bild 4.21 DCTL: Aufbau eines NOR-Gatters

Eingänge gleichzeitig auf O liegen (also alle drei Transistoren gesperrt sind), wird der durch den Kollektorwiderstand R fliessende Strom auf die nachfolgenden Stufen abgeleitet und schaltet sie ein.

Wenn parallelgeschaltete Folgestufen nicht identische Eingangscharakteristiken haben, dann teilt sich der Ausgangsstrom, der durch $(U_O - U_{BE})/R$ gegeben ist (U_{BE} Basis-Emitter-Spannung der Folgestufe), nicht gleichmäßig auf die Folgestufen auf (Bild 4.22). Eine der Folgestufen zieht den größten Basisstrom, so daß die übrigen mit ihren kleineren Basisströmen u.U. nur unvollkommen eingeschaltet werden. Man nennt diesen Vorgang "current hogging". Eine starke Verminderung des "current hogging" läßt sich durch Widerstände in der Basisleitung erreichen (RTL, "resistor-transistor logic"), wodurch eine Angleichung der Transistorstufen aneinander erfolgt. Allerdings geht dies auf Kosten der Geschwindigkeit. Legt man Kapazitäten parallel zu den Basiswiderständen, dann kann man den Umladevorgang beschleunigen. Man kommt so zu den RCTL-Schaltungen ("resistor-capacitor-transistor logic").

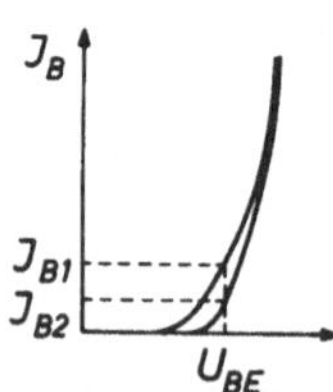

Bild 4.22 Ungleichmäßige Aufteilung des Ansteuerstromes auf die Basen zweier parallelgeschalteter DCTL-Gatter

Neben dem Problem des "current hogging" zeigen DCTL-Schaltungen eine erhebliche Empfindlichkeit gegen Rauschen, denn der Abstand zwischen den beiden logischen Zuständen ergibt sich als die Differenz der Emitter-Basis-Spannung der Folgestufe und der Sättigungs-Emitter-Kollektor-Spannung der vorhergehenden Stufe und beträgt nur etwa O,5 V bei Zimmertemperatur. Die

Vorteile der DCTL-Schaltungen sind hohe Geschwindigkeit und geringer Leistungsverbrauch.

Eine Weiterentwicklung der DCTL-Schaltungen, die sehr konsequent die Möglichkeiten der monolithischen Integration zu einem kompakten Schaltungsaufbau ausnutzt, ist die I^2L-Technik, die wir in Kap. 4.4.1 behandeln werden. Die I^2L-Technik hat in den letzten Jahren ständig an Wichtigkeit zugenommen.

Eine Ausführung der zu Beginn dieses Kapitels erwähnten Hintereinanderschaltung einer Dioden-Und-Funktion nach Bild 4.19 a und des Transistor-Inverters nach Bild 4.20 stellt die DTL-Schaltung ("diode-transistor logic") dar, deren Prinzipschaltung mit drei Eingängen Bild 4.23 zeigt. Wenn mindestens einer der drei Eingänge mit dem logischen

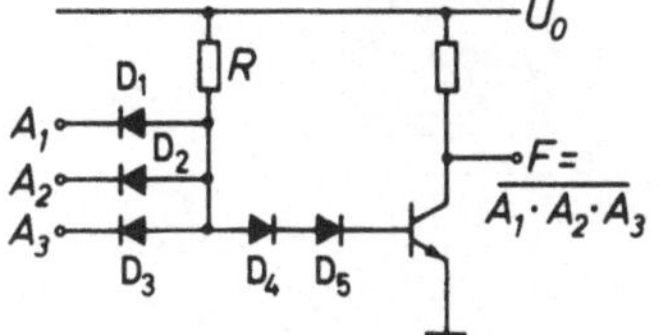

Bild 4.23   Prinzipieller Aufbau
            eines DTL-NAND-Gatters

O-Signal, also z.B. mit 0,2 V, verbunden ist, leitet die zugehörige Diode, und der Fußpunkt des Widerstandes R liegt auf 0,2 V plus der Diodendurchlaßspannung von etwa 0,7 V. Damit ist der Transistor gesperrt und der Ausgang F liegt auf dem Potential U_0 als der logischen 1. Denn zum Durchschalten des Transistors ist mindestens die Emitter-Basis-Spannung und die Summe der Durchlaßspannungen von D_4 und D_5, also etwa 2,1 V, an der Basis anzulegen. Die Dioden D_4 und D_5 dienen zur Verschiebung des Einschaltpunktes des Transistor-Inverters und zur Verminderung der Empfindlichkeit gegen Störimpulse. Liegen dagegen alle Eingänge auf dem Potential U_0, dann sind sämtliche Dioden D_1 bis D_3 stromlos. Damit werden D_4 und D_5 stark in Durchlaßrichtung gepolt, und der Transistor wird leitend. Am Ausgang F erscheint damit die logische O. Insgesamt stellt die Schaltung in Bild 4.23 also ein NAND-Gatter dar.

Eine Ausführung des DTL-NAND-Gatters in planarer Integration stellt Bild 4.24 dar. Durch drei Maßnahmen ist die Schnelligkeit der Schaltung erhöht. Die Dioden sind gemäß Kap. 3.3.4 als

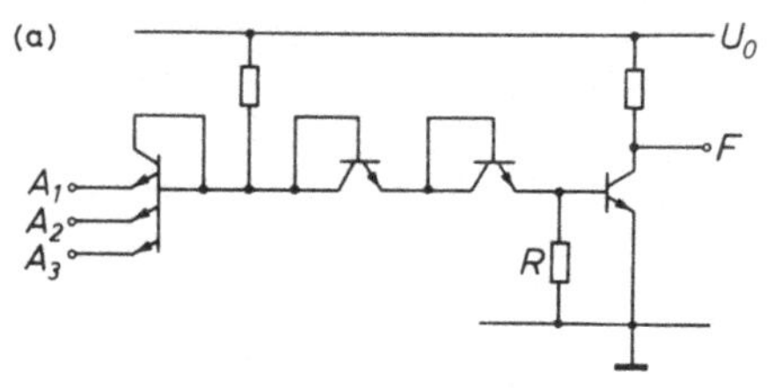

Transistorstrukturen ausgeführt. Am Eingang werden
die Emitter-Dioden eines
Multi-Emitter-Transistors
verwendet, dessen Topogra-
phie Bild 4.24 b zeigt.
Durch Überbrücken der Kol-
lektor-Dioden (U_{BC} = 0)
werden diese Dioden besonders schnell (vgl. Kap.

(b)

Bild 4.24

a) Ausführung eines DTL-NAND-
   Gatters

b) Multi-Emitter-Transistor mit
   kurzgeschlossener Kollektordiode

3.3.4). Die Dioden D_4 und D_5 zur Pegelverschiebung aus Bild
4.23 sind in Bild 4.24 ebenfalls als Transistoren mit U_{BC} = 0
realisiert, d.h. die Emitter-Dioden werden verwendet. Die damit verbundenen, erhöhten Kapazitäten geben den Signalimpuls
beschleunigt an den Transistor-Inverter weiter. Da dessen hohe
Emitter-Kapazität bei jedem Schaltvorgang umgeladen werden muß,
sorgt der Widerstand R für die Zuführung des erforderlichen La-
destromes. Außerdem leitet R die Basis-Sperrströme zum Erdungs-
punkt ab.

DTL-Schaltungen haben nahezu unbegrenztes Fan-in, wobei die
Eingänge gut voneinander isoliert sind. Das Fan-out liegt typisch bei etwa 8. Die Schaltungen sind für mittlere Schaltzeiten geeignet. Sie haben eine geringe Störsicherheit und eine
höhere Leistungsaufnahme als vergleichbare RTL-Schaltungen.

Die bisher in diesem Kapitel besprochenen Schaltungen sind -
mit Ausnahme der I^2L-Technik - weitgehend durch neue Konzepte
verdrängt worden. Heute werden für logische Schaltungen ausschließlich eine der Techniken verwendet, die wir im folgenden
besprechen wollen.

Die weiteste Verbreitung haben die TTL-Schaltungen ("transistor-transistor logic"), die in einem breiten Spektrum preisgünstig angeboten werden. Sie gehören ebenso wie die bisher besprochenen Schaltungen zur Gruppe der Sättigungslogik, weil die Transistoren bis in den Sättigungsbereich (vgl. Bild 3.20) ausgesteuert werden. Man spricht deshalb auch von Übersteuerungstechnik. Die TTL-Schaltungen sind eine direkte Weiterentwicklung der DTL-Schaltungen. Eine Betrachtung von Bild 4.23 zeigt, daß die Eingangsdioden und die Diode D_4 zu einem Multi-Emitter-Transistor zusammengefaßt werden können. Lassen wir

noch die Diode D_5 weg, dann erhalten wir die beiden ersten Stufen der Schaltung in Bild 4.25; die letzte Stufe ist für die prinzipielle Funktion dieses NAND-Gatters zunächst nicht wichtig.

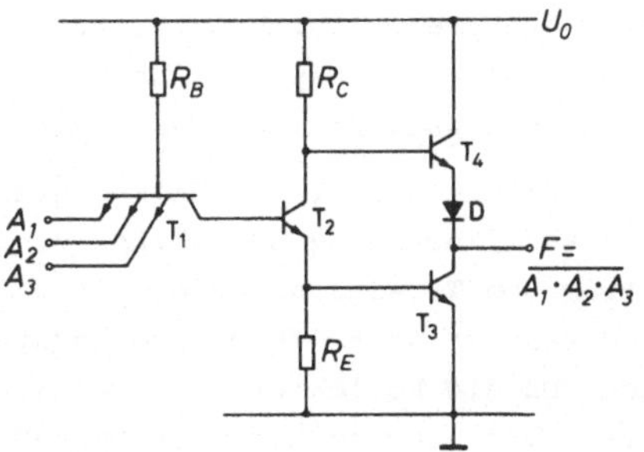

Bild 4.25   NAND-Gatter in
            TTL-Technik

Die Schaltung in Bild 4.25 arbeitet ähnlich wie eine DTL-Schaltung. Zur Diskussion ihrer Wirkungsweise beschränken wir uns nur auf die ersten beiden Stufen und lassen außerdem den Emitterwiderstand R_E des Inverters weg. Wenn alle Eingänge A_1 bis A_3 auf dem Potential U_0 liegen, dann sind sämtliche Emitterdioden gesperrt. Jedoch ist der Kollektor-Basis-Übergang von T_1 in Durchlaßrichtung gepolt, d.h. T_1 arbeitet im inversen aktiven Bereich, bei dem die Kollektordiode leitet und die Emitterdiode gesperrt ist. Also ist die Emitterdiode von T_2 leitend, und sie nimmt den Strom auf, der durch R_B und die Kollektordiode von T_1 fließt. T_2 wird also in den Sättigungsbereich geschaltet, und am Kollektor von T_2 erscheint als Ausgangsspannung die geringe Kollektor-Emitter-Sättigungsspannung, entsprechend der logischen O. Wird nur einer der Eingänge A_1 bis A_3 auf niedriges Potential gebracht (entsprechend der logischen O),

dann wird der Strom von T_2 abgeleitet, und er fließt durch die
leitende Emitterdiode des umgeschalteten Eingangs. T_1 wird in
die Sättigung gebracht, wobei sowohl Emitterdiode als auch Kollektordiode leiten. Da der mit dem logischen O-Signal beschal-
tete Eingang nur bis auf die Kollektor-Emitter-Sättigungsspannung U_{CES} der vorhergehenden Stufe dem Erdpotential nahe kommt,
liegt am Kollektor von T_1 und damit an der Basis von T_2 nur
die Spannung

$$U_{CES} + U_d - U_d = U_{CES}'$$

denn beide Dioden von T_1 sind bis auf die Knickspannung U_d im
Durchlaßbereich durchgeschaltet. Da U_{CES} nur etwa O,2 V beträgt, wird T_2 gesperrt, und am Kollektor erscheint das logische 1-Signal. Die Anordnung arbeitet demnach als NAND-Gatter.

Der Vorteil der TTL-Technik gegenüber den DTL-Schaltungen ist
die Beschleunigung des Abschaltvorgangs von T_2. Der Abschalt-
strom von T_2 wird durch die Transistorwirkung von T_1 verstärkt
und kann so groß wie der vorherige Kollektorstrom von T_1 werden. Da die Kollektordiode von T_1 niemals gesperrt wird, ist
stets ein niederohmiger Strompfad für ein rasches Umschalten
von T_2 vorhanden, wohingegen bei einem DTL-Gatter nach Bild
4.23 die Dioden D_4 und D_5 beim Abschalten des Transistors sperren.

Um auch mehrere parallelgeschaltete Folgestufen ansteuern, d.h.
auch große Kapazitäten umladen zu können, wird der aktive Hoch-
Pegel ("totem-pole circuit") eingesetzt, der die Ausgangsstufe
in Bild 4.25 bildet. Diese Schaltung kann kapazitive Umlade-
ströme in beiden Richtungen liefern und kann als Emitterfolger
angesehen werden, der sehr rasch Lastkapazitäten aus einer Kon-
stantstromquelle umladen kann. Falls am Ausgang des Transistor-
Inverters von Bild 4.25 das logische O-Signal liegt (alle Eingänge A_1 bis A_3 auf 1), dann ist der Transistor T_4 gesperrt.
Denn das Potential am Kollektor von T_2 (und damit an der Basis
von T_4) liegt zwischen der einfachen und doppelten Diodenfluß-
spannung U_d. Die Spannung U_d teilt sich zudem auf die Kollektor-Emitter-Sättigungsspannung von T_3, auf die Diode D und auf

die Basis-Emitter-Diode von T_4 auf. Bei gleicher Spannungsaufteilung auf die beiden letzten Dioden bleibt nicht genügend Spannung übrig, um T_4 einzuschalten. Die Diode D sorgt also dafür, daß T_4 gesperrt bleibt, wenn T_2 und T_3 leiten.

Wird andererseits T_2 in den gesperrten Zustand umgeschaltet, dann wird auch T_3 gesperrt, und die in T_3 gespeicherte Ladung fließt über R_E ab. Nun wird auch T_4 leitend, indem ein Basisstrom durch R_C fließt. T_4 kann einen hohen Emitterstrom liefern, ohne daß sich die Ausgangsspannung wesentlich ändert.

TTL-Schaltungen haben eine geringe Störsicherheit und einen relativ hohen Leistungsverbrauch, aber sie können sehr schnell sein mit Schaltzeiten um 10 ns. Eine weitere Reduzierung der Schaltzeiten (bis auf etwa 3 ns) gelingt durch Verwendung von Schottky-Dioden parallel zum Kollektor-Basis-Übergang der Transistoren. Wir haben bereits in Kap. 3.3.4 an Hand von Bild 3.35 erläutert, daß dadurch die Sättigung der Transistoren vermieden wird. Derartige Schaltungen nennt man Schottky-TTL-Schaltungen.

Alle bisher behandelten logischen Transistorschaltungen haben als unabhängige Variable den Basisstrom, der einen Transistorinverter treibt. Es ist zwar möglich, durch geeignete Schaltungsdimensionierung die Sättigung der Transistoren für einen bestimmten Wert der Stromverstärkung β zu verhindern. Da aber β und damit auch der Kollektorstrom von Transistor zu Transistor sehr stark schwanken, muß man, wenn man nicht besondere Maßnahmen wie Schottky-Dioden vorsieht, stets mit Transistorsättigung und entsprechend verlangsamten Schaltvorgängen rechnen. Die ECL-Schaltungen ("emitter-coupled logic" oder auch CML, "current-mode logic") vermeidet die Sättigung durch Verwendung eines Differenzverstärkers, indem die Kollektorspannung stets beträchtlich über der Basisspannung gehalten wird. Bild 4.26 zeigt die Schaltung eines ECL-Gatters mit vier Eingängen, das sowohl die Oder-Funktion (OR) nach Bild 4.16 b als auch die NOR-Funktion nach Bild 4.17 b liefert.

Für das Verständnis der Schaltung in Bild 4.26 sind die Basis-

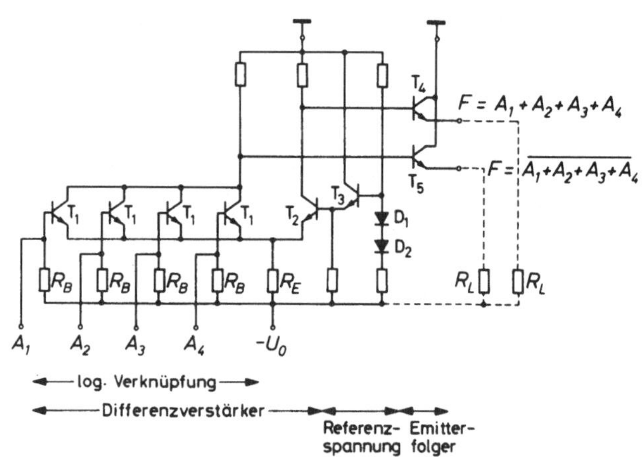

Bild 4.26 OR/NOR-Gatter in ECL-Technik mit vier
Eingängen

widerstände R_B (typisch 50 kΩ) nicht wesentlich, da sie nur im
Falle eines nichtbeschalteten Eingangs dafür sorgen, daß die
Eingangstransistoren T_1 mit dem Potential $-U_0$ als eindeutigem
logischem 0-Signal verbunden sind. Ebenso sind die Lastwider-
stände R_L für das Prinzip der Schaltung nicht entscheidend.
Sie stellen die externen Verbraucher der Schaltung dar und sollen wegen der hohen Schaltgeschwindigkeit der ECL-Gatter an ihre Impedanz angepaßt sein. Wenn ein Ausgang nicht benötigt
wird, bleibt das zugehörige R_L weg, so daß die Schaltung einen
geringeren Leistungsverbrauch hat.

Der wesentliche Bestandteil eines ECL-Gatters ist der Differenzverstärker (vgl. dazu Bild 4.2), der aus den Eingangstransistoren T_1 und dem Transistor T_2 aufgebaut ist. Die Transistoren T_1 sorgen für die logische Verknüpfung, indem die gemeinsamen Emitter- und Kollektorpunkte schon dann miteinander verbunden sind, wenn nur einer der Transistoren T_1 leitend wird. Das
Basispotential von T_2 ist durch den Transistor T_3 und die Dioden D_1 und D_2 für jeden Schaltzustand auf eine eindeutige Referenzspannung festgelegt, die genau zwischen den logischen
0- und 1-Pegeln an den Eingängen liegt. Die Emitterfolger T_4

und T_5 (vgl. Bild 4.5) haben einerseits die Aufgabe, die Ausgangssignale in ihrer Leistung zu verstärken und sie andererseits in ihrem Pegel um die Basis-Emitter-Spannung herabzusetzen. Ihre Anschlußleitung für die positive Speisespannung ist bei schnellen ECL-Gattern getrennt herausgeführt. Die beim Schalten entstehenden Stromspitzen im Emitterfolger können nicht auf die Spannungszuführung des Differenzverstärkers zurückwirken, wenn der Emitterfolger breitbandig und niederohmig geerdet wird. Die negative Speisespannung $-U_0$ hat üblicherweise den Wert 5,2 V. Der logischen 1 entspricht am Eingang die Spannung -0,75 V und der logischen 0 die Spannung -1,55 V. Die Basis des Transistors T_2 wird konstant auf -1,15 V gehalten. Diese Referenzspannung U_{ref} wird durch den Emitterfolger T_3 bereitgestellt, dessen Basisspannung an den beiden Dioden D_1 und D_2 und den dazu in Reihe liegenden Widerständen als Spannungsteilerschaltung abgenommen werden. Damit wird sichergestellt, daß jede Temperaturschwankung der Basis-Emitter-Spannungen von T_2 und T_3 durch gleichsinnige Änderungen der Durchlaßspannungen von D_1 und D_2 kompensiert werden.

Wir beginnen die Diskussion der logischen Funktionen der Schaltung damit, daß alle Eingänge mit dem logischen 0-Signal -1,55 V belegt sind. Das Emitterpotential des Differenzverstärkers errechnet sich aus der Referenzspannung U_{ref} und der Basis-Emitter-Spannung von T_2 zu:

$$U_E = U_{ref} - U_{BE2} = (-1,15 - 0,8)V = - 1,95 \text{ V}.$$

Hingegen reicht die Basis-Emitter-Spannung

$$U_{BE1} = -1,55 \text{ V} - (-1,95)V = 0,4 \text{ V}$$

von T_1 nicht aus, um einen dieser Transistoren durchzuschalten, d.h. der gesamte Emitterstrom fließt durch T_2, und alle Transistoren T_1 sind gesperrt. Das Kollektorpotential von T_1 liegt hoch (logische 1), während das Kollektorpotential von T_2 wegen des Spannungsabfalls am Kollektorwiderstand erniedrigt ist (logische 0). Beide Signale werden, vermindert um die Durchlaßspannungen der Emitterdioden der Emitterfolger T_4 und T_5, an die Ausgänge weitergegeben.

Liegt andererseits an mindestens einem der Eingänge T_1 die logische 1 an, dann hat der zugehörige Transistor das höchste Basispotential, so daß er leitet. Damit wird das Emitterpotential zu:

$$U_E = -0,75 \text{ V} - 0,8 \text{ V} = -1,55 \text{ V}.$$

Die Basis-Emitter-Spannung von T_2 wird damit:

$$U_{BE2} = -1,15 \text{ V} -(-1,55)\text{V} = 0,4 \text{ V}.$$

Diese Spannung reicht nicht aus, um T_2 in den leitenden Zustand zu bringen. Der gesamte Strom fließt durch T_1. Das Kollektorpotential von T_2 liegt damit hoch (logischer 1-Pegel), während das Kollektorpotential von T_1 niedrig liegt. Insgesamt liefern also der Emitter von T_4 die logische Oder-Funktion und der Emitter von T_5 die NOR-Funktion.

Die Transfercharakteristik (Übertragungskennlinie) eines OR/NOR-Gatters in ECL-Technik ist in Bild 4.27 schematisch dargestellt. Eingangs- und Ausgangsspannungen sind negativ. Der zulässige Streubereich, in dem die Kennwerte von brauchbaren Schaltungen liegen dürfen, ist für die logische 1 als Eingangssignal durch U_{e1max} und U_{e1min} angedeutet. Der OR-Ausgang darf dafür nur Ausgangsspannungen U_a liefern, die im Intervall $(U_{a1min},\ U_{a1max})$ liegen. Sinkt die Eingangsspannung unter U_{e1min} ab, dann beginnt die Umschaltung des Gatters. Bei

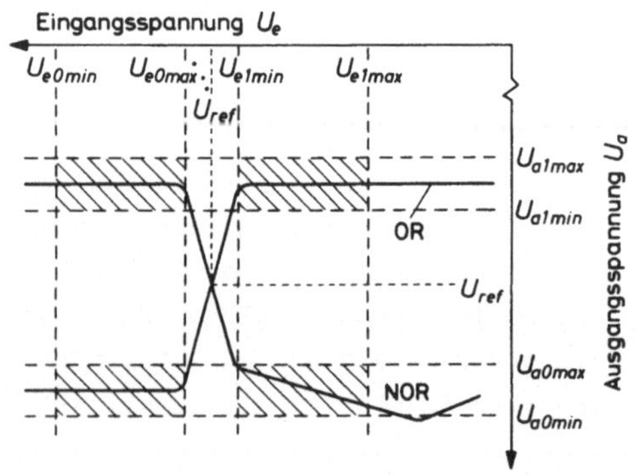

U_{eOmax} erscheint am OR-Ausgang die logische 0 aus dem erlaubten Spannungsbereich (U_{aOmin}, U_{aOmax}). Die Eingangsspannung darf nur bis U_{eOmin} abfallen. In der Mitte des Umschaltbereiches liegt die Re-

Bild 4.27
Transfercharakteristik eines OR/NOR-Gatters

ferenzspannung U_{ref}.

Der NOR-Ausgang zeigt ein sinngemäßes Verhalten. Die erlaubten Schaltzustände eines ECL-Gatters sind in Bild 4.27 als schraffierte Bereiche markiert. Die Ausgangsspannungen sind, mit Ausnahme der logischen O beim NOR-Ausgang, nahezu unabhängig von der Eingangsspannung. Dieses unterschiedliche Verhalten des NOR-Ausgangs resultiert aus der Kennlinie der Eingangstransistoren T_1. Denn mit wachsender Eingangsspannung wächst der Kollektorstrom durch den leitenden Transistor T_1, so daß sein Katodenpotential und damit die Ausgangsspannung am Transistor T_5 fällt (vgl. Bild 4.26). Erst wenn der Transistor T_1 gesättigt und damit seine Kollektordiode leitend wird, wächst die Ausgangsspannung wieder an. Dieser Betriebszustand muß aber gerade vermieden werden.

Das wesentliche Kennzeichen von ECL-Schaltungen ist ihre hohe Geschwindigkeit (Schaltzeiten bis zu 1 ns), die durch die Vermeidung der Transistorsättigung erreicht wird. Durch die Verwendung eines Differenzverstärkers mit seiner guten Gleichtaktunterdrückung (vgl. Kap. 4.1) haben ECL-Schaltungen optimales Störverhalten. Sie liefern die beiden logischen Funktionen Oder (OR) und NOR und haben gute Werte für Fan-in und Fan-out (bis zu 15). Mit wachsender Zahl der Folgestufen nimmt allerdings die Schnelligkeit eines ECL-Gatters ab. Die Nachteile der ECL-Schaltungen sind ihr relativ komplexer Aufbau und ihr, im Vergleich zu sättigenden Transistorschaltungen, hoher Leistungsverbrauch.

Um logische Schaltungen miteinander vergleichen zu können, bedient man sich häufig des Leistungs-Verzögerungs-Produktes ("power-delay product" oder auch "speed-power product"). Diese Kenngröße, die sich aus der Verlustleistung P eines logischen Gatters und seiner Schaltgeschwindigkeit ergibt, sollte möglichst gering sein. Es ist offensichtlich, daß eine integrierte Schaltung, die eine Vielzahl von logischen Gattern auf engstem Raum enthält, möglichst wenig Leistung verbrauchen sollte, weil sonst eine aufwendige Spannungsversorgung und vor allem zusätzliche Kühlmaßnahmen erforderlich werden. Ebenso sollte die Schaltgeschwindigkeit groß sein, um ausführliche Rechnungen rasch durchführen zu können. Ein Grund für die Schnelligkeit von ECL-Schaltungen ist ihr relativ geringer logischer Hub von etwa 0,8 V, der eine rasche Umladung der Schaltungskapazitäten mit dem verfügbaren Ladestrom ermöglicht. In manchen Fällen ist es möglich, durch Erhöhung des Ladestroms (und damit notwendigerweise auch der Verlustleistung) die Schaltgeschwindigkeit zu vergrößern. (In Kap. 4.4.1 werden wir als Beispiel dafür die I^2L-Technik besprechen). Das Leistungs-Verzögerungs-Produkt bleibt dabei gleich.

Zur Beschreibung des Schaltverhaltens logischer Schaltungen gehen wir von Bild 4.28 aus, das in der oberen Kurve das Eingangssignal und in der unteren Kurve das Ausgangssignal eines Inverters zeigt. Der Inverter wird von einer vorgeschalteten Stufe angesteuert, die einen Impuls mit der Anstiegszeit t_r ("rise time") und der Abfallzeit t_f ("fall time") liefert. Die Impulsdauer ist t_p. Die Zeiten t_r und t_f werden durch die Punkte definiert, an denen der Impuls 10 % bzw. 90 % der Signalamplitude angenommen hat. t_p wird als Zeit zwischen den 50 %-Werten gemessen.

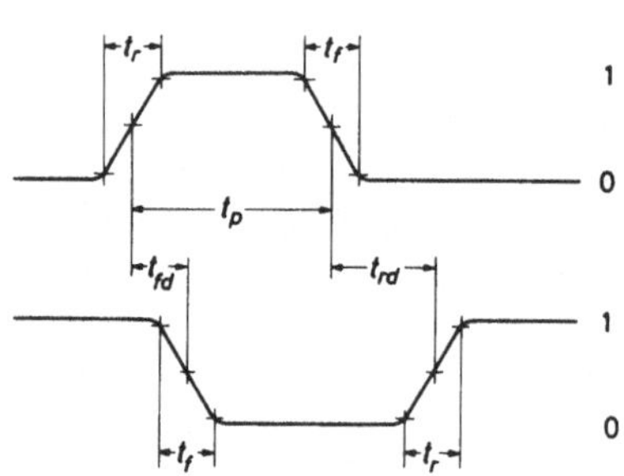

Bild 4.28   Zur Definition der Schaltzeiten

Der Inverter braucht eine gewisse Zeit t_{fd}, ehe er auf eine Änderung des Eingangssignals reagiert. t_{fd} ist die Zeit zwischen den 50 %-Werten von Eingangs- und Ausgangssignal. Ganz entsprechend wird die Zeit t_{rd} an der abfallenden Rampe des Eingangsimpulses definiert. Als Maß für die Schaltgeschwindigkeit einer logischen Stufe hat sich die Signalverzögerungszeit ("propagation delay time")

$$t_d = \frac{1}{2} (t_{rd} + t_{fd})$$

eingebürgert.

Bei logischen Transistorschaltungen sind die Zeiten t_r, t_f und t_{fd} meist durch die Schaltkapazitäten bestimmt; hierhin gehören die Kapazitäten der pn-Übergänge und die parasitären Kapazitäten. Dagegen sind für die Zeit t_{rd} meist Ladungsträgerspeichereffekte im Transistor selbst maßgebend. Die folgende Tabelle gibt einige typische Kenngrößen für die bisher besprochenen logischen Schaltungen an. Die Daten beziehen sich auf jeweils eine logische Stufe. Die Verlustleistung ist der Mittelwert aus dem Leistungsverbrauch im logischen O-Pegel und im logischen 1-Pegel. Die Daten können für spezielle Schaltungen erheblich von den Werten in der Tabelle abweichen; z.B. können TTL-Schaltungen mit sehr niedrigem Leistungsverbrauch (nur 1,8 mW pro Gatter, Leistungs-Verzögerungs-Produkt 17 pJ) oder mit sehr geringer Verzögerungszeit (3 ns; Leistungs-Verzögerungs-Produkt 51 pJ) gebaut werden.

	RTL	DTL	TTL	ECL	
Verlustleistung pro Stufe	16	95	10	55	mW
Verzögerungszeit	12	30	9	1	ns
Leistungs-Verzögerungs-Produkt	192	285	90	55	pJ

Von allen integrierten Schaltungen bieten bipolare logische Schaltungen die größte Schnelligkeit. Demgegenüber sind die MOS-Schaltungen wesentlich langsamer, weil zum einen die Kanallänge wegen der Beschränkungen durch die Photolithographie nicht beliebig reduziert werden kann und weil zum anderen die prinzipiell vorhandenen Kapazitäten von Gate zu Source und Substrat, die bei jedem Schaltvorgang umgeladen werden müssen, letztlich die Signalfortpflanzung begrenzen. Dagegen können mit MOS-Schaltungen eine hohe Packungsdichte und ein niedriger Leistungsverbrauch erreicht werden, so daß logische MOS-Schaltungen zu den wichtigen integrierten Schaltungen gehören.

Grundlegend für logische MOS-Schaltungen ist der Inverter, der analog zu Bild 4.20 aufgebaut ist. Wir haben aber bereits in Kap. 3.3.3 festgestellt, daß eine erhebliche Platzersparnis (etwa eine Größenordnung) erreicht werden kann, wenn anstelle

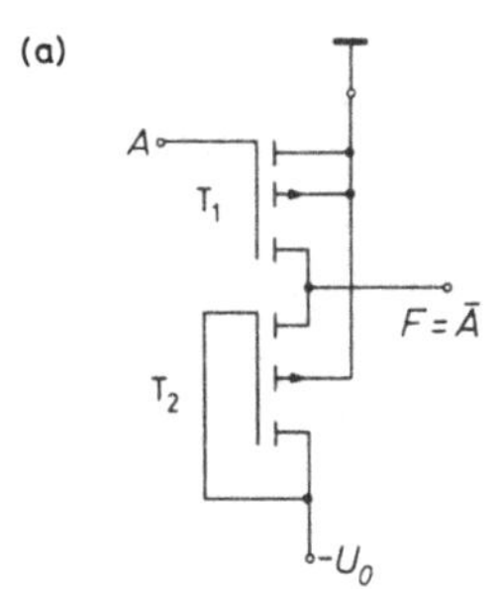

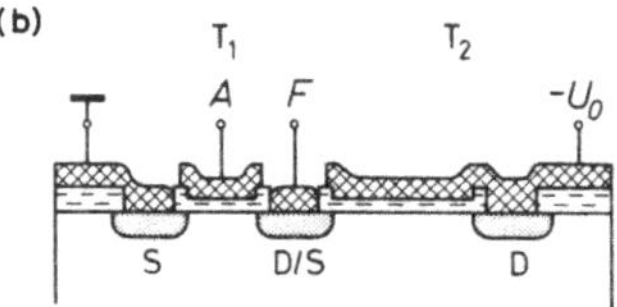

des Lastwiderstandes R ein Lasttransistor verwendet wird. Wir kommen so zu Bild 4.29, das eine mögliche Ausführung eines Inverters mit p-Kanal-MOS-Transistoren vom Anreicherungstyp zeigt. Dies ist die am weitesten verbreitete Technik. Bild 4.29 b zeigt die Schaltung in planarem Aufbau, wobei (über Bild 3.39 hinausgehend) die Drainelektrode des Schalttransistors T_1 und der

Bild 4.29 Inverter mit p-Kanal-MOS-Transistoren vom Anreicherungstyp

a) Schaltung b) Aufbau

Sourceanschluß des Lasttransistors T_2 zu einer einzigen Diffusionswanne zusammengefaßt sind. Mit diesem ersten Schritt auf die Superintegration hin (vgl. Kap. 4.4) wird der Platzbedarf der Schaltung reduziert.

Die Schaltung in Bild 4.29 kann als Spannungsteiler zwischen T_1 und T_2 aufgefaßt werden, wobei T_2 im Sättigungsbereich betrieben wird. Wie die folgende Diskussion der Schaltung zeigen wird, muß T_2 einen wesentlich größeren Widerstand als T_1 haben. Damit muß (vgl. Kap. 3.3.3) das Verhältnis b/l von Kanalbreite zu Kanallänge bei T_2 sehr viel kleiner sein als bei T_1. Dies ist in Bild 4.29 b durch die vergrößerte Kanallänge von T_2 angedeutet.

Wenn die Eingangsspannung U_e am Anschluß A der Schaltung in Bild 4.29 a nahe dem Erdpotential ist, dann ist der Schalttransistor T_1 gesperrt. Denn nach Kap. 3.3.3 ist zum Einschalten von T_1 mindestens die Schwellenspannung U_T nach Gl. (3.58) erforderlich. U_T liegt je nach Herstellung der Schaltung zwischen etwa 1 und 4 V. In einer integrierten MOS-Schaltung bezieht der betrachtete Inverter seine Eingangsspannung vom Ausgang F einer vorhergehenden Stufe. Im gesperrten Zustand fließt durch T_1 nur der sehr geringe Leckstrom eines gesperrten p^+n-Überganges. Dieser Strom muß auch als Drainstrom I_D durch den Lasttransistor T_2 fließen. T_2 kann nicht völlig in die Inversion getrieben werden, weil für T_2 Drain- und Gatespannung stets gleich sind ($U_D = U_G$) und deshalb Gl. (3.61) nicht erfüllt ist. Immerhin muß sich ein leitender Kanal in T_2 so weit ausbilden, daß der geringe Strom I_D fließen kann. Der Kanal ist nahe der Drainelektrode abgeschnürt, so daß an T_2 die Schwellenspannung U_T abfällt. Der Ausgang F der Schaltung liegt damit auf dem niedrigen Potential:

$$U_a = -U_O - U_T.$$

Wir machen die Annahme gleicher Schwellenspannung für T_1 und T_2, was strenggenommen wegen der unterschiedlichen Spannung zwischen Source und Substrat von T_1 und T_2 nur beschränkt gültig ist. Der Zustand der Schaltung wird in der Transfercharakteristik in Bild 4.30 durch die Horizontale für nahezu verschwindendes U_e beschrieben.

Sobald U_e unter die Schwellenspannung abfällt, wird T_1 teilweise invertiert und arbeitet im Sättigungsbereich mit abgeschnürtem Kanal. Es gilt dann für T_1:

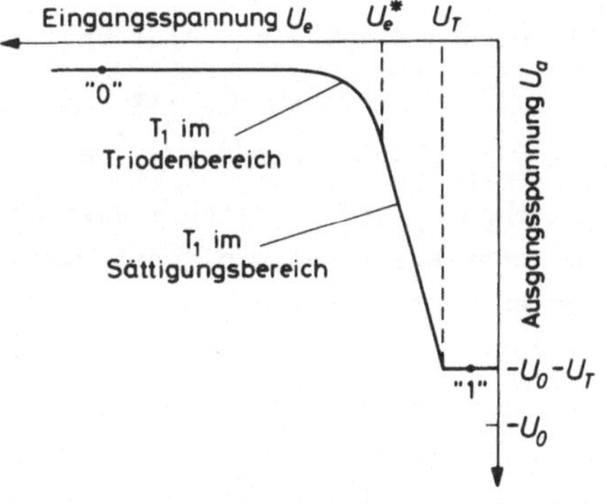

Bild 4.30 Transfercharakteristik eines Inverters mit MOS-Transistoren nach Bild 4.29

$$U_G = U_e \qquad \text{und} \qquad U_D = U_a.$$

Durch Verknüpfung von Gln. (3.60) und (3.62) gewinnen wir die Gleichung für den Drainstrom:

$$I_D = \frac{\mu c_i}{2} (b/l) (U_G - U_T)^2.$$ (4.5)

Speziell für T_1 gilt

$$I_D = \frac{\mu c_i}{2} (b/l)_1 (U_e - U_T)^2,$$ (4.6)

wobei der Index 1 darauf hinweist, daß das Breite-zu-Länge-Verhältnis für den Kanal von T_1 zu nehmen ist.

Natürlich bleibt auch T_2 im abgeschnürten Zustand, so daß Gl. (4.5) angewendet werden kann. Da nun für T_2

$$U_G = U_D = -U_0 - U_a$$

gilt, spezialisiert sich Gl. (4.5) zu:

$$I_D = \frac{\mu c_i}{2} (b/l)_2 (-U_0 - U_a - U_T)^2.$$ (4.7)

Gleichsetzen von Gln. (4.6) und (4.7) liefert:

$$U_a = - \left(\frac{(b/l)_1}{(b/l)_2} \right)^{1/2} (U_e - U_T) - (U_0 + U_T).$$ (4.8)

Zwischen U_a und U_e besteht also eine lineare Beziehung, wobei im Interesse eines möglichst optimalen Schaltverhaltens des Inverters das Verhältnis $(b/l)_1/(b/l)_2$ groß sein sollte (typisch um 25).

Wenn U_e stärker negativ wird, steuert T_1 in den Triodenbereich, d.h. der invertierte Kanal erstreckt sich bis zur Drainelektrode hin. Der Übergangspunkt zwischen Sättigungs- und Triodenbereich, der in Bild 4.30 durch eine gestrichelte Vertikale markiert ist, wird durch die Bedingung definiert, daß die um die Schwellenspannung verminderte Gatespannung von T_1 gleich der Drainspannung ist, d.h. $U_e - U_T = U_a$. Die dadurch festgelegte Eingangsspannung U_e^* errechnet sich aus Gl. (4.8) zu:

$$U_e^* = U_T - \frac{U_a + U_T}{1 + \sqrt{(b/l)_1/(b/l)_2}}.$$

Jenseits von U_e^* gilt für T_1 Gl. (3.60) in der Form:

$$I_D = \mu c_i (b/l)_1 \left[(U_e - U_T) U_a - U_a^2/2 \right].$$

Setzen wir diese Gleichung mit Gl. (4.7) gleich, dann erhalten wir einen quadratischen Zusammenhang zwischen U_e und U_a. Damit haben wir die Transfercharakteristik in Bild 4.30 abgeleitet. Die Arbeitspunkte für die logischen 1- und O-Pegel des Inverters bestimmen sich aus der Bedingung, daß die Eingangsspannung einer Folgestufe gleich der Ausgangsspannung einer vorhergehenden, identischen Stufe ist. Diese Punkte lassen sich z.B. graphisch ermitteln, indem in das gleiche Diagramm die Kurve $U_a(U_e)$ wie in Bild 4.30 und die Kurve $U_e(U_a)$ eingezeichnet werden. Die Schnittpunkte beider Kurven sind die Arbeitspunkte.

In dem Inverter nach Bild 4.29 a arbeitet der Lasttransistor T_2 stets in der Sättigung, weil Gate und Drain miteinander verbunden sind. Damit wird der nutzbare logische Spannungshub notwendigerweise um den Betrag der Schwellenspannung U_T reduziert, weil bei gesperrtem T_1 die Versorgungsspannung $-U_o$ wegen des Spannungsabfalles an T_2 nicht voll am Ausgang anliegt. Wenn nun die Schaltung in Bild 4.29 a dahingehend abgeändert wird, daß die Gateelektrode mit einer gesonderten Spannung versorgt wird, dann kann bei geeigneter Spannungswahl T_2 stets im Triodenbereich betrieben werden. Dadurch wird der logische Spannungshub um etwa U_T vergrößert, aber die Schaltung erfordert auch eine zweite Spannungsquelle.

Denselben Effekt kann man auch ohne eine zusätzliche Spannungsversorgung erreichen, wenn man T_2 als MOS-FET vom Verarmungstyp auslegt, dessen Gate aber nun mit der Sourceelektrode verbunden werden muß. Die Schwellenspannung von T_1 und die Spannung, bei der der Kanal im Lasttransistor vom Verarmungstyp abgeschnürt wird, haben entgegengesetztes Vorzeichen und sind im allgemeinen auch unterschiedlich im Betrag. Dies rührt schon daher, daß die Randkonzentration der Ladungsträger im n-Substrat beim Transistor vom Verarmungstyp geringer sein muß als beim Transistor T_1. Dies wird durch eine zusätzliche Ionenimplantation erreicht, so daß die Herstellung dieses Invertertyps aufwendiger wird.

Für Anwendungen, bei denen es auf niedrigen Leistungsverbrauch
ankommt (z.B. bei elektronischen Armbanduhren und batteriege-
triebenen Geräten), eignen sich besonders Schaltungen in der
CMOS-Technik (vgl. Kap. 3.3.3). Bild 4.31 zeigt einen Inverter

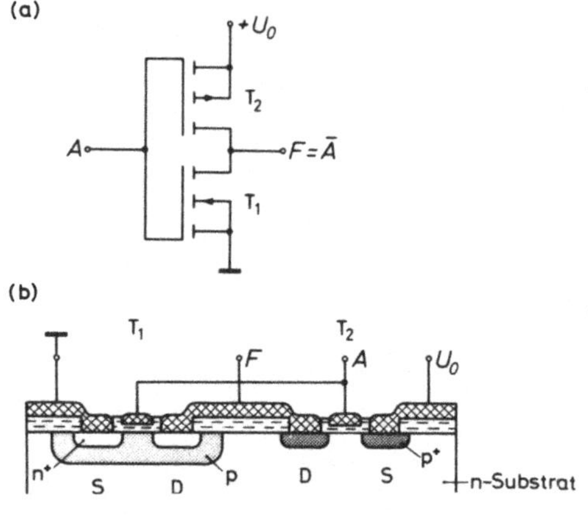

in dieser Technik, wobei
der Schalttransistor T_1
mit n-Kanal und der Last-
transistor T_2 mit p-Ka-
nal ausgelegt sind. Im
geschalteten Zustand ver-
braucht dieser Inverter
praktisch keine Leistung,
weil stets einer der bei-
den Transistoren ge-
sperrt ist und damit nur
Ströme im nA-Bereich
fließen. Nur während des
Schaltvorgangs wird Lei-
stung verbraucht. Wenn
am Eingang A Erdpoten-
tial liegt (logische 0),
dann ist der n-Kanal-

Bild 4.31   Inverter in CMOS-Technik

a) Schaltung
b) planarer Aufbau

Transistor T_1 gesperrt, hingegen liegt am Gate von T_2 die volle Versorgungsspannung an. Wenn die Schwellenspannung von T_2
geringer ist als U_0, dann bildet sich in T_2 ein Inversionskanal aus, und am Ausgang F erscheint die Spannung U_0 (logische 1).

Wenn andererseits am Eingang A die Spannung U_0 liegt, dann ist
T_2 gesperrt, aber T_1 leitet (sofern die Schwellenspannung von
T_1 niedriger liegt als U_0). Folglich liegt F auf Erdpotential.
Die Schaltung arbeitet also als Inverter und nutzt dabei die
volle Versorgungsspannung U_0 für den logischen Spannungshub
aus.

Durch Erweiterung der bisher beschriebenen MOS-Inverter lassen
sich komplexere logische Funktionen realisieren. Beispiele
sind für p-Kanal-MOS-Transistoren in Bild 4.32 angegeben. Ver-

binden wir an Stelle des einen Schalttransistors T_1 in Bild
4.29 a mehrere Transistoren parallel, so erhalten wir die
Schaltung in Bild 4.32 a, die eine NAND-Funktion ausführt.
Denn wenn die logische 1 durch das Erdpotential dargestellt
wird (positive Logik) und wenn alle drei Eingänge A_1 bis A_3
auf Erdpotential liegen, sind sämtliche Schalttransistoren gesperrt, und der Ausgang F liegt auf der um die Schwellenspannung des Lasttransistors erhöhten Spannung $-U_0$ (entsprechend
der logischen O). Wenn nur einer oder auch mehrere der Eingänge mit der logischen O beaufschlagt werden, dann leiten die zugehörigen Schalttransistoren, und am Ausgang erscheint nahezu
Erdpotential (entsprechend der logischen 1). Die Transfercharakteristik ist sehr ähnlich zu Bild 4.30.

Ordnen wir der logischen 1 das niedrige Potential und der logischen O das Erdpotential zu (negative Logik), dann läßt sich
leicht zeigen, daß die
Schaltung in Bild 4.32 a
die NOR-Funktion aus-
führt.

Die NOR-Funktion für po-
sitive Logik läßt sich
mit der Schaltung nach
Bild 4.32 b darstellen.
Denn nur wenn alle drei
Eingangstransistoren
leiten, d.h. wenn an ih-
nen die logische O an-
liegt, fließt ein Strom
durch die Transistoren
und bei F erscheint na-
hezu das Erdpotential,
entsprechend der logi-
schen 1. Damit die
Transfercharakteristik
des NOR-Gatters mit der
des einfachen Inverters

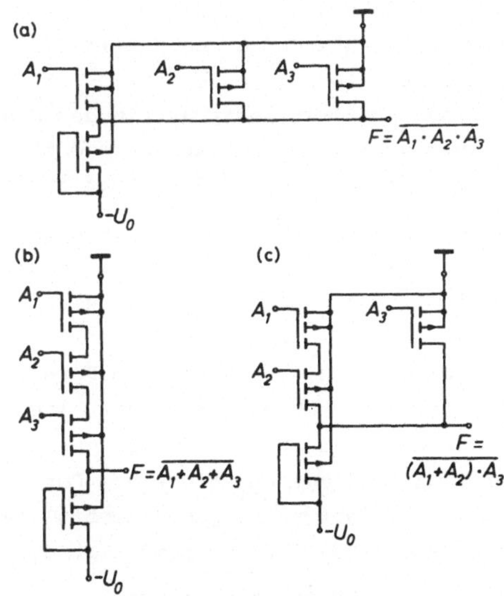

Bild 4.32   Logische Gatter mit p-Kanal-MOS-Transistoren

a) NAND-Funktion
b) NOR-Funktion
c) Oder-Und-Nicht-Funktion

nach Gl. (4.8) übereinstimmt und damit keine Verschiebung des
Pegels der logischen 1 innerhalb einer komplexen Schaltung auftritt, muß das Verhältnis b/l für die drei Schalttransistoren
dreimal größer sein als für den Schalttransistor T_1 in Bild
4.29 a. Hingegen bleibt dieses Verhältnis für das NAND-Gatter
nach Bild 4.32 a ungeändert.

Für negative Logik ist die Schaltung nach Bild 4.32 b ein NAND-
Gatter. Komplexere Funktionen lassen sich durch Zusammenschal-
ten der NAND- und NOR-Gatter realisieren. Bild 4.32 c gibt als
Beispiel die Funktion $F = \overline{(A_1 + A_2) \cdot A_3}$.

Beim Entwurf von logischen Schaltungen in MOS-Technik geht man
zunächst von NAND-Gattern nach Bild 4.32 a aus. Das Schaltungs-
bild deutet schon an, daß in planarem Aufbau die gleichen p^+-
Diffusionswannen für die Source- und Drainelektroden verwendet
werden können. Die langgestreckten Diffusionswannen werden
dann nebeneinander mit den drei Gatemetallen für A_1 bis A_3
überbrückt. NOR-Gatter nach Bild 4.32 b benötigen etwa den
dreifachen Platz gegenüber NAND-Gattern nach Bild 4.32 a. Erst
zu einem späteren Zeitpunkt in der Schaltungsentwicklung wird
man versuchen, durch komplexere Gatter, etwa nach Bild 4.32 c,
eine Vereinfachung der Schaltung zu erreichen.

Gatter in der CMOS-Technik müssen aus Transistorpaaren aufgebaut werden, weil nach Bild 4.31 das Eingangssignal am Gate
von Last- und Schalttransistor gleichzeitig anliegt. Bild
4.33 a zeigt ein CMOS-NOR-Gatter für zwei Eingänge. Wenn A_1
auf hohem und A_2 auf niedrigem Potential liegen, ist T_1 eingeschaltet und auch am Gate von T_4 liegt die zur Inversion ausreichende Spannung. Da aber T_3 gesperrt ist, fließt kein Drainstrom und F liegt auf niedrigem Potential. Nur wenn sowohl A_1
als auch A_2 auf niedrigem Potential liegen, kann auch F auf
hohem Potential liegen. Damit ist die NOR-Funktion verifiziert.

Eine analoge Diskussion zeigt, daß die Schaltung in Bild
4.33 b für positive Logik die NAND-Funktion ausführt. Die Ausdehnung auf komplexere Schaltungen entsprechend Bild 4.32 c
ist evident.

MOS-Schaltungen haben eine
sehr kleine Gate-Kapazität,
so daß schon durch geringe
Ladungsmengen hohe Spannungen am Gateoxid erzeugt
werden können. Es kann
leicht zum Durchschlag und
zur Zerstörung der Schal-
tung kommen. An jedem äus-
serlich zugänglichen An-
schlußpunkt der Schaltun-
gen werden deshalb Schutz-
dioden eingesetzt (vgl.
Kap. 3.3.4), die bei Überspannungen durchbrechen.
Die Schutzdiode liegt z.B.
beim CMOS-Inverter nach
Bild 4.31 zwischen dem
Eingang A und der Versorgungsspannung U_0 und wird
leitend, sobald A positiv
gegenüber U_0 wird. Die Diode

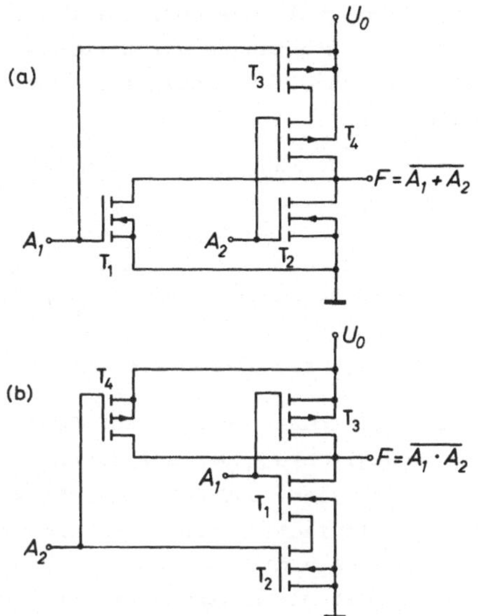

Bild 4.33   CMOS-Gatter

a) NOR-Funktion
b) NAND-Funktion

ist so ausgelegt, daß sie bei einem um etwa 30 V gegenüber U_0
erniedrigten Eingangspotential durchbricht. Im planaren Aufbau
wird die Diode mit den Diffusionen hergestellt, die in der
CMOS-Technik für die Transistoren erforderlich sind.

Das Zeitverhalten von MOS-Schaltungen wird durch die Umladung
von Kapazitäten bestimmt, die, z.B. in Form von Folgestufen,
am Inverterausgang eines Gatters liegen. Sollen diese Lastkapazitäten von einem niedrigen Potential zu einem hohen Potential
umgeladen werden (vgl. Bild 4.29 a), dann geschieht dies durch
den leitenden Transistor T_1. Die Umladung in umgekehrter Richtung erfolgt durch den Lasttransistor T_2. Dieser letzte Vorgang ist wegen des niedrigen b/l-Verhältnisses von T_2 relativ
langsam. MOS-Schaltungen haben deshalb im allgemeinen sehr viel
niedrigere Schaltgeschwindigkeiten als bipolare Schaltungen.

Bei CMOS-Schaltungen erfolgt die Umladung der Lastkapazitäten
in beiden Richtungen durch vergleichbare Transistoren, was
sich in erheblich reduzierten Verzögerungszeiten bemerkbar
macht.

Die folgende Tabelle gibt einige Werte für schnelle MOS-Schaltungen an.

	n-MOS	CMOS	SOS/CMOS	
Verlustleistung pro Stufe	10	0,1	0,02	mW
Verzögerungszeit	20	10	5	ns
Leistungs-Verzögerungs-Produkt	200	1	0,1	pJ

n-MOS bezeichnet n-Kanal-MOS-Schaltungen, die wegen der höheren Beweglichkeit der Elektronen gegenüber Löchern erheblich
schneller sind. SOS/CMOS bezieht sich auf Schaltungen, die
Saphir als isolierendes Substrat verwenden (vgl. Kap. 3.1). Im
allgemeinen nimmt für einen bestimmten Schaltungstyp die Verzögerungszeit mit abnehmender Verlustleistung zu, so daß das Leistungs-Verzögerungs-Produkt konstant bleibt. Das Fan-out von
MOS-Schaltungen liegt typisch bei 10. Erhöhung des Fan-out
führt zu verlängerten Verzögerungszeiten.

Bei der Wahl eines der Schaltungstypen, die wir in diesem Kapitel besprochen haben, für einen bestimmten Anwendungsfall stehen neben den Kosten eine Reihe weiterer Gesichtspunkte im Vor-
dergrund. Dazu gehören die Schaltungsgeschwindigkeit, der Leistungsverbrauch, Fan-in und Fan-out, Störanfälligkeit und Zuverlässigkeit. Ebenso wichtig ist aber auch die Lieferbarkeit
der Schaltungen, vorzugsweise von mindestens zwei Herstellern.
Schließlich sollte darauf geachtet werden, wie vollständig das
Angebot des ausgewählten Schaltungstyps ist, d.h. es sollten
integrierte Schaltungen vom gleichen Typ mit unterschiedlicher
Anzahl von Eingängen und mit mehreren, voneinander getrennten
Gattern in einem Gehäuse verfügbar sein.

4.2.3 <u>Digitale Speicher</u>

In diesem Kapitel wollen wir einen kurzen Einblick in digitale
Speicherschaltungen geben, die ihre Hauptanwendung bei elektronischen Rechnern finden. Wir haben bereits in Kap. 4.2.1 die
Addition digitaler Zahlen angedeutet, die wir am Beispiel einer Rechenoperation etwas ausführlicher betrachten wollen.
Wenn etwa die digitale Zahl $A_1 = (0110)_2$, entsprechend der Dezimalzahl 6, und die digitale Zahl $A_2 = (0101)_2$, entsprechend
der Dezimalzahl 5, addiert werden sollen, dann beginnen wir
mit der niedrigstwertigen Stelle und schreiten von Stelle zu
Stelle nach links fort, wobei wir die Additionstabelle von Kap.
4.2.1 anwenden. Insgesamt müssen wir vier Rechenoperationen
ausführen, wobei bei der dritten Operation ein Übertrag ("car-
ry") entsteht, der in die vierte Operation übertragen werden
muß. Die folgende Tabelle formalisiert das betrachtete Beispiel.

C	1	0	0	0
A_1	0	1	1	0
A_2	0	1	0	1
S	1	0	1	1
K	0	1	0	0

Die Summe $S = (1011)_2$ entspricht erwartungsgemäß der Dezimalzahl 11. Der Übertrag K, der bei der Addition der beiden dritten Ziffern (jeweils logische 1) der Zahlen A_1 und A_2 entsteht,
wird durch die logische 1 symbolisiert und als Übertrag C in
die vierte und letzte Operation eingebracht. Die Funktionstabelle für die Addition, in der der Index n den n-ten Schritt
andeutet, und eine ihrer logischen Formen lauten:

C_n	A_{1n}	A_{2n}	S_n	K_n
0	0	0	0	0
0	0	1	1	0
0	1	0	1	0
0	1	1	0	1
1	0	0	1	0
1	0	1	0	1
1	1	0	0	1
1	1	1	1	1

$$S_n = \bar{K}_n \cdot (A_{1n} + A_{2n} + C_n) + A_{1n} \cdot A_{2n} \cdot C_n$$

$$K_n = A_{1n} \cdot A_{2n} + (A_{1n} + A_{2n}) \cdot C_n$$

Elektronische Rechner führen Rechenoperationen in der beschriebenen Weise aus. Bild 4.34 zeigt die Prinzipschaltung eines elektronischen Addierwerks ("full binary adder"), in dem die Addition Stelle für Stelle in dem Rechenwerk mit den drei Eingängen C_n, A_{1n} und A_{2n} und den beiden Ausgängen K_n und S_n durchgeführt wird. Wesentlich in unserem Zusammenhang ist, daß der Übertrag K_n für die nächste Operation gespeichert werden muß, was in dem Speicher C geschieht. Dieser Speicher braucht nur eine binäre Zahl oder ein Bit (Kunstwort aus "binary digit") zu speichern, die er beim nächsten Impuls des Taktes CP ("clock pulse") weitergibt. Der Takt ist eine Folge von Impulsen, die die Rechenoperationen synchronisieren und damit Signalverzögerungen auf den unterschiedlich langen Leitungen

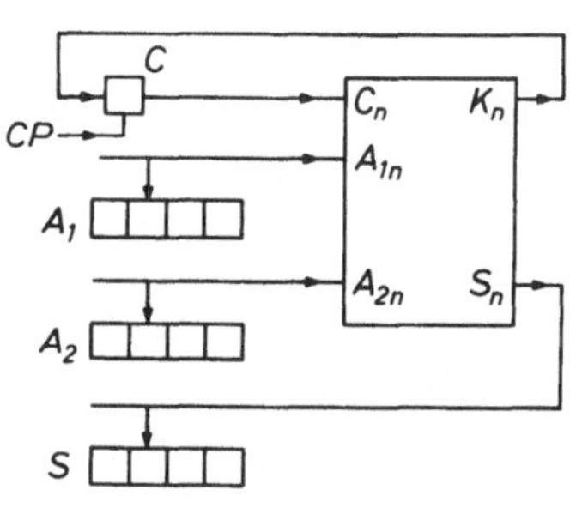

innerhalb eines komplexen Rechners ausgleichen. Der Takt sorgt auch dafür, daß die digitalen Zahlen A_1 und A_2 Bit für Bit in das Rechenwerk eingegeben und das Ergebnis ebenfalls stellenweise abgespeichert wird.

Bild 4.34 Prinzip eines binären Addierwerkes

In unserem Beispiel bestehen A_1, A_2 und S aus jeweils vier Bits. Eine Folge von Bits, die eine Einheit bilden, bezeichnet man als ein (logisches) Wort. Die Speicher für A_1, A_2 und S müssen also mehrere Speicherplätze haben, um ein ganzes Wort aufnehmen zu können.

Als Bitspeicher für den Übertrag C kann man ein Flip-Flop verwenden, das zwei stabile Zustände, entsprechend der logischen 0 und der logischen 1, annehmen kann. Als Wortspeicher für A_1, A_2 oder S können Schieberegister eingesetzt werden, bei denen nicht wie in Bild 4.34, nacheinander die Speicherzellen abgefragt werden. Schieberegister geben vielmehr bei jedem Taktimpuls das an letzter Stelle stehende Bit ab und schieben gleichzeitig sämtliche, im Schieberegister noch enthaltenen Bits eine Speicherzelle weiter. Das vorletzte Bit kommt also an die letzte Stelle usw. Das Schieberegister gibt auf diese Weise nacheinander seinen gesamten Inhalt ab.

Bild 4.35 zeigt ein einfaches Flip-Flop, das aus Nand-Gattern aufgebaut ist. Der Ausgang des einen Gatters ist jeweils auf einen Eingang des anderen Gatters zurückgeführt. Die Funktionstabelle der Schaltung erhalten wir aus allen denjenigen Kombinationen der beiden Eingangsparameter

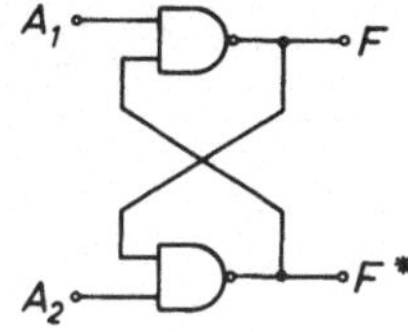

Bild 4.35 Einfaches, aus NAND-Gattern aufgebautes Flip-Flop

A_1 und A_2 und der beiden Ausgangsfunktionen F und F^*, für die die NAND-Beziehungen:

$$\overline{A_1 \cdot F^*} = F \qquad \text{und} \qquad \overline{A_2 \cdot F} = F^*$$

gültig sind. Das Ergebnis lautet:

A_1	A_2	F	F^*
O	O	1	1
1	1	1	O
1	1	O	1
O	1	1	O
1	O	O	1 .

Wenn wir die erste Zeile, also daß an beiden Eingängen die logische O anliegt, ausschließen, zeigt der Ausgang F^* stets den Funktionswert $\overline{F}$. Wenn an beiden Eingängen gleichzeitig die logische 1 anliegt, dann ändert die Schaltung nicht den Zustand, den sie vor Anliegen der Impulse innehatte. Wenn am Eingang A_1 die logische O und am Eingang A_2 die logische 1 anliegen, dann zeigt F die logische 1. Man sagt, daß das Flip-Flop gesetzt ("set") ist, und nennt A_2 den Eingang S. Im entgegengesetzten Fall ist das Flip-Flop gelöscht oder rückgesetzt ("reset"). Da über den Anschluß A_1 das Löschen erfolgt, spricht man vom Eingang R. Schaltungen nach Bild 4.35, die sich mit analoger Funktionstabelle auch aus NOR-Gattern aufbauen lassen, bezeichnet man mit RS-Flip-Flop.

Die einfache Form eines RS-Flip-Flops nach Bild 4.35 muß für
Anwendungen in komplexen Rechenschaltungen noch dahingehend ergänzt werden, daß die Schaltung nur bei Anliegen eines Taktimpulses ihren Zustand ändern kann. Durch Vorschalten zweier
NAND-Gatter läßt sich dies erreichen (Bild 4.36). Erst wenn
der Taktimpuls CP die logische 1 annimmt, kann auch, sofern

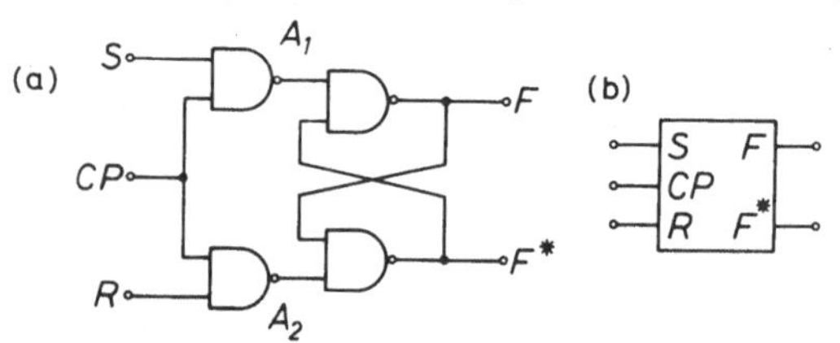

gleichzeitig an R
oder S ein 1-Impuls
anliegt, an den Ein-
gängen A_1 oder A_2
ein Impuls erschei-
nen und die Schal-
tung ihren Zustand
ändern. Ist z.B.
$S = R = 0$, dann sind
sowohl A_1 als auch

Bild 4.36   Getaktetes RS-Flip-Flop aus
NAND-Gattern. a) Block-
schaltbild, b) Symbol.

A_2 gleich der logischen 1, auch wenn der Taktimpuls ebenfalls
zu 1 wird. Das bedeutet nach der obigen Funktionstabelle, daß
das Flip-Flop seinen Zustand ungeändert beibehält. Dieser sei
etwa $F = 0$ und $F^* = 1$. Wenn nun andererseits $S = 1$ und $R = 0$
werden, dann hat dies zunächst beim Fehlen eines Taktimpulses
keinen Einfluß auf den Zustand des Flip-Flops. Sobald aber der
Taktimpuls CP anliegt, dann wird A_1 zu 0 und A_2 behält die logische 1. Nach der Funktionstabelle des Flip-Flops wird damit
F zu 1 und F^* zu 0, d.h. das Flip-Flop ist gesetzt. Eine analoge Diskussion läßt sich für das Löschen des Flip-Flops durchführen.

Bei der Besprechung der Funktionstabelle eines Flip-Flop haben
wir ausgeschlossen, daß die beiden Eingänge gleichen Zustand
haben ($A_1 = A_2$). Dies läßt sich für die Schaltung in Bild 4.36
sehr leicht dadurch erreichen, daß die Anschlüsse R und S über
einen Inverter (Nicht-Funktion nach Bild 4.16 c) miteinander
verbunden werden. Es bleibt dann nur noch ein Dateneingang
(z.B. S) übrig, der über die Nicht-Funktion des Inverters auch
auf R wirkt. Die zur Weiterverarbeitung bestimmte Funktion erscheint am Ausgang F. Eine derartige Schaltung kann schon prin-

zipiell als Speicher für ein Bit eingesetzt werden. Die Realisierung als integrierte Schaltung ist mit einer der Techniken
möglich, die wir in Kap. 4.2.2 besprochen haben.

Ein Schieberegister ist die Hintereinanderschaltung von getakteten Flip-Flops, wie sie in einfacher Form in Bild 4.37 für
ein logisches Wort von 4 Bits gezeigt sind. Die Bits des logischen Wortes werden als Impulsfolge nacheinander in den Dateneingang D eingege-
ben, wobei der Takt-
impuls CP für die
Synchronisierung
sorgt. Wenn das er-
ste Bit in das er-
ste Flip-Flop ein-
gegeben ist, dann
wird dieses Bit

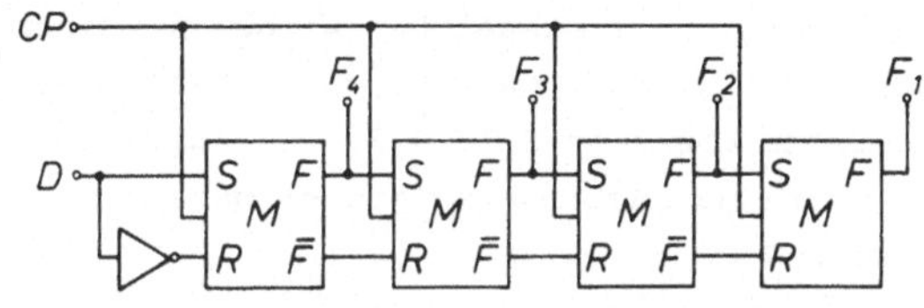

Bild 4.37   Prinzip eines 4-Bit-Schiebe-
registers

beim zweiten Taktimpuls an das zweite Flip-Flop, dessen Eingang S vom Ausgang F des vorhergehenden Flip-Flops kontrolliert wird, weitergegeben. Gleichzeitig wird das zweite Bit in
das erste Flip-Flop eingegeben. Nach vier Taktimpulsen ist das
gesamte Wort im Schieberegister untergebracht und kann nun entweder seriell Bit für Bit am Ausgang F_1 abgefragt werden, oder
es kann parallel gleichzeitig über die vier Ausgänge F_1 bis F_4
zur Anzeige oder zur Weiterverarbeitung abgegeben werden. Bei
der letzten Anwendung eines Serien-Parallel-Wandlers werden
die über eine Leitung D eingegebenen Daten auf vier parallele
Leitungen F_1 bis F_4 übergeführt.

Offensichtlich reicht ein Flip-Flop nach Bild 4.36 nicht allein zum Aufbau eines Schieberegisters nach Bild 4.37 aus,
weil jede vorhergehende Stufe des Schieberegisters ihre Information so lange speichern muß, bis die Information an die folgende Stufe weitergegeben ist. Es muß also für die Speicherung
der Information für die Zeit einer Taktperiode gesorgt werden.
Dazu verwendet man ein Zweispeicher-Flip-Flop ("master/slave
flip-flop"), das aus zwei hintereinandergeschalteten Flip-
Flops nach Bild 4.36 besteht, wobei aber der Taktimpuls CP des

ersten Flip-Flops (Vorspeicher oder "master") über einen Inverter an den Takteingang des zweiten Flip-Flops (Hauptspeicher oder "slave") gegeben wird. Wenn ein Taktimpuls anliegt, sind also Vor- und Hauptspeicher voneinander getrennt, so daß die neue Information in den Vorspeicher eingeschrieben werden kann, gleichzeitig aber die alte Information im Hauptspeicher gehalten und an den Vorspeicher der folgenden Stufe weitergegeben wird. Erst wenn der Takt wieder auf O zurückgegangen ist, werden Vor- und Hauptspeicher wieder miteinander verbunden, und die neue Information wird vom Vorspeicher in den Hauptspeicher überschrieben. In Bild 4.37 ist durch ein M angedeutet, daß jede Stufe des Schieberegisters aus einen Zweispeicher-Flip-Flop besteht.

Die einfache Form des getakteten RS-Flip-Flops nach Bild 4.36 hat den Nachteil, daß bei rascher Aufeinanderfolge von Rechenoperationen zwei Datenimpulse während der Dauer eines Taktimpulses das Flip-Flop erreichen können, was zu zwei Umsetzungen des Flip-Flops und damit zu falschen Rechenergebnissen führen kann. Zur Vermeidung derartiger Fehler sind deshalb verbesserte Flip-Flops entwickelt worden, die auf die Impulsflanken ansprechen. Für ein eingehenderes Studium dieser verbesserten Schaltungen und ihrer Anwendung in verschiedenen Formen von Schieberegistern verweisen wir auf die Spezialliteratur (z.B. [4.1], Kap. 9 und 10).

In zahlreichen Fällen muß man mehr als nur ein logisches Wort temporär oder für dauernd speichern. Ein wichtiges Beispiel sind elektronische Taschenrechner, die Programme zur Berechnung trigonometrischer Funktionen oder Rechenvorschriften zur Umwandlung von polaren in rechtwinklige Koordinaten enthalten. Man verwendet dafür wortorganisierte Speicher, d.h. die logischen Wörter sind zeilenweise angeordnet und können auch zeilenweise abgerufen werden.

Eine Gruppe solcher Speicher sind die Festwertspeicher ("readonly memory" oder ROM), deren Informationsgehalt schon bei der Herstellung des Speichers festgelegt wird. Dementsprechend geht der Speicherinhalt nicht verloren, wenn die Betriebsspannung abgeschaltet wird. Man spricht deshalb auch von "nicht-flüchtig" ("non volatile"). Bild 4.38 zeigt das Prinzip eines Festwertspeichers mit MOS-Transistoren. Der Speicherinhalt wird dadurch festgelegt, daß die Transistoren mit einem Gate-Metall versehen sind oder daß das Gate-Oxid sehr dick herge-stellt wird und die Gate-Elektrode fehlt. Dementsprechend lassen sich in den zuletzt erwähnten Transistoren keine leitenden Inversionskanäle influenzieren.

In Bild 4.38 sind die logischen Worte (zu je 4 Bit) zeilenweise gespeichert und können über die Eingänge A_1 und A_2 einzeln abgerufen werden. Ein Wort wird adressiert, indem

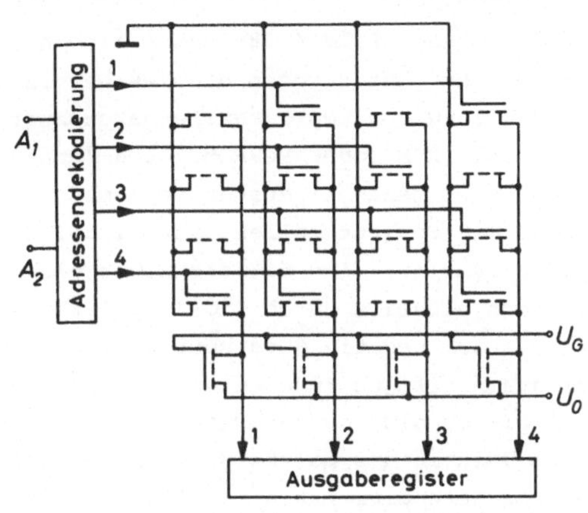

Bild 4.38   Verdrahteter MOS-Festwert-speicher (ROM)

an A_1 und A_2 eine bestimmte Kombination der Binärzahlen 0 und 1 anliegt. Die Adressendekodierung sorgt dafür, daß an der gewünschten Zeile ein Spannungsimpuls anliegt. Die Adressendeko-dierung ist eine Schaltung aus NAND- oder NOR-Gattern, deren Funktionstabelle gerade so ausgelegt ist, daß bei einer be-stimmten Zahlenkombination (A_1, A_2) ein Impuls auf die zugehö-rige Zeile durchgeschaltet wird. Ist dies z.B. die dritte Zei-le, dann werden alle Transistoren dieser Zeile leitend bis auf den ersten, der sich wegen der fehlenden Gate-Metallisierung nicht invertieren läßt. Als Folge werden die Leitungen 2, 3 und 4, die die zugehörigen Spalten mit dem Ausgaberegister ver-binden, auf das Erdpotential gelegt, nicht jedoch die Leitung 1, die nach wie vor mit dem Spannungsanschluß U_0 verbunden ist. Es handelt sich um eine Anwendung des Inverter-Betriebs, wie wir ihn im Zusammenhang mit Bild 4.29 beschrieben haben. Am

Ausgaberegister erscheint demnach das logische Wort $(1000)_2$.
In ähnlicher Weise lassen sich auch die übrigen Worte abrufen.

Das Prinzip von Bild 4.38 läßt sich auch mit bipolaren Transistoren realisieren, jedoch verbrauchen derartige Schaltungen weit mehr Platz auf einer Silizium-Scheibe als MOS-Schaltungen.

Speicher nach Bild 4.38 lassen sich naturgemäß nicht umprogrammieren. Es gibt dagegen eine Reihe von Effekten, die sich zur Herstellung von umprogrammierbaren Festwertspeichern ("reprogrammable ROM" oder RePROM, auch "erasable programmable ROM" oder EPROM genannt) ausnutzen lassen. Ein Beispiel sind Strukturen mit Speicherzellen nach Bild 3.29, bei denen allerdings das polykristalline Si-Gate nicht nach außen angeschlossen, sondern allseits durch SiO_2 isoliert ist. Wird der Drainkontakt stark negativ gegenüber Source vorgespannt, dann kommt es am drainseitigen Ende unter dem Gate zum Lawinendurchbruch. Dabei bilden sich hochenergetische Elektronen, die durch das Gate-Oxid in das polykristalline Siliziumgate injiziert werden. Da das Gate elektrisch isoliert ist, sammelt sich dort eine negative Ladung an, die unter dem dünnen Gate-Oxid einen leitenden Kanal zwischen Source und Drain influenziert. Die eingeschriebene Information kann durch Bestrahlung mit ultraviolettem Licht wieder gelöscht werden, was allerdings für den gesamten Speicher gleichzeitig geschieht. Man spricht von einem "floating-gate avalanche-injection"-MOS-Speicher (FAMOS).

MNOS-Feldeffekttransistoren, die wir in Kap. 3.3.3 besprochen haben, kann man ähnlich einsetzen wie FAMOS-Strukturen. Dabei dient die Grenzfläche zwischen Si_3N_4 und SiO_2 zur Ladungsspeicherung. Damit Ladungen aus dem Halbleiter an diese Grenzfläche gelangen können, wird eine hohe Spannung (über 30 V) zwischen Gate und Substrat angelegt. Die Ladungen tunneln durch das Oxid, das zwischen 20 und 50 Å dick ist, zur Si_3N_4-SiO_2-Grenzfläche. Das Nitrid ist um 500 Å dick. Die gespeicherten Ladungen haben (im Sinne eines vergrößerten Q_{SS} in Kap. 3.3.3) einen starken Einfluß auf den Betrag der Schwellenspannung U_T. Der MNOS-Transistor kann also mit einer kleinen Gatespannung in die Inversion gebracht werden oder er bleibt gesperrt, was den beiden logischen Zuständen entspricht. Das Umschreiben des Speicherinhalts geschieht wieder über hohe Gatespannungen.

Die bisher besprochenen Speichermatrizen lassen sich entweder überhaupt nicht umprogrammieren, oder das Einschreiben eines neuen Speicherinhalts dauert - verglichen mit den Lesezeiten - sehr lange. Schreib-Lese-Speicher mit wahlweisem Zugriff ("random-access memory", RAM) können demgegenüber sehr leicht umgeschrieben werden. Eine Realisierung in CMOS-Technik basiert auf Flip-Flop-Zellen nach Bild 4.39, die in einer Matrix, ähnlich Bild 4.38, angeordnet werden. Das Flip-Flop ist aus Invertern nach Bild 4.31 aufgebaut. Zur Beschreibung des Lesevorgangs nehmen wir an,

daß der Transistor T_2 in Bild 4.39 leitend und der Transistor T_4 gesperrt sind. Dies soll einer gespeicherten 1 entsprechen. Die Zelle wird gelesen, indem an der Wortleitung, die von der Adressendekodierungsschaltung angesteuert wird, ein positiver Impuls liegt. Dadurch werden die Transistoren T_5 und T_6 leitend, und das Drain-Potential von T_2 und T_4

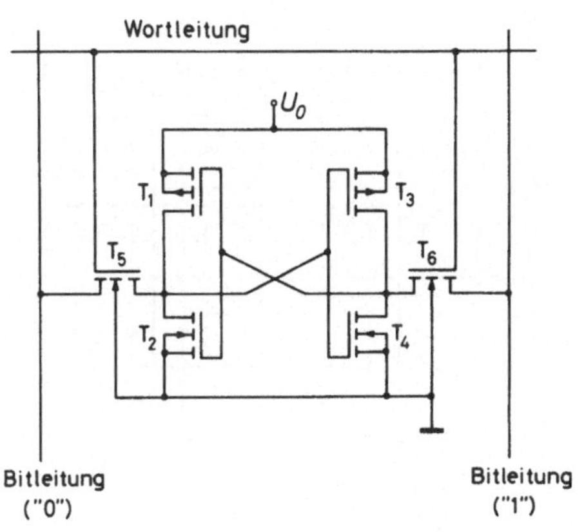

Bild 4.39   Zelle eines Schreib-Lese-Speichers in CMOS-Technik

liegt an den Bitleitungen. Damit erhält die Bitleitung bei T_6 einen positiven Impuls (entsprechend der logischen 1), während die Bitleitung bei T_5 auf Erdpotential (entsprechend der logischen 0) liegt. Die Bitleitungen werden vor dem Ausgaberegister über einen Inverter miteinander verbunden, von dessen Ausgang die Information zum Ausgaberegister geleitet wird.

Das Umprogrammieren des Speichers geschieht über die Bitleitungen. Wenn z.B. die logische 1 eingeschrieben werden soll, dann liegt die Bitleitung bei T_5 auf Erdpotential, und die Bitleitung bei T_6 erhält eine hohe Spannung. Werden nun durch einen positiven Impuls auf der Wortleitung T_5 und T_6 leitend, dann wird das Flip-Flop in dem gewünschten Sinne gesetzt.

Bild 4.40 zeigt das Blockschaltbild eines Schreib-Lese-Speichers, der aus Zellen mit bipolaren Transistoren aufgebaut ist. Jede Zelle enthält zwei Transistor-Inverter nach Bild 4.20, die zu einem Flip-Flop zusammengeschaltet sind. Die Transistoren sind mit zwei Emittern ausgelegt. Wir nehmen zunächst an, daß der Transistor T_2 in Bild 4.40 leitet und T_1 gesperrt ist. Der Emitterstrom von T_2 fließt dann über den Emitter, der mit der Wortleitung verbunden ist, ab. Über die Bitleitung bei T_2 fließt kein Strom, da sie - im Gegensatz zur Wortleitung - über einen Widerstand R am Erdpotential liegt (Bild 4.40 a). Der Lesevorgang beginnt, wenn an der Wortleitung der betrachteten Zelle ein positiver Impuls liegt, so daß der Emitterstrom von T_2 nun auf den Emitter abgedrängt wird, der an der Bitleitung liegt. Dort erscheint ein positiver Impuls, der als logische 1 im Ausgaberegister gelesen wird. Im Transistor T_1 und in der angeschlossenen Bitleitung, die

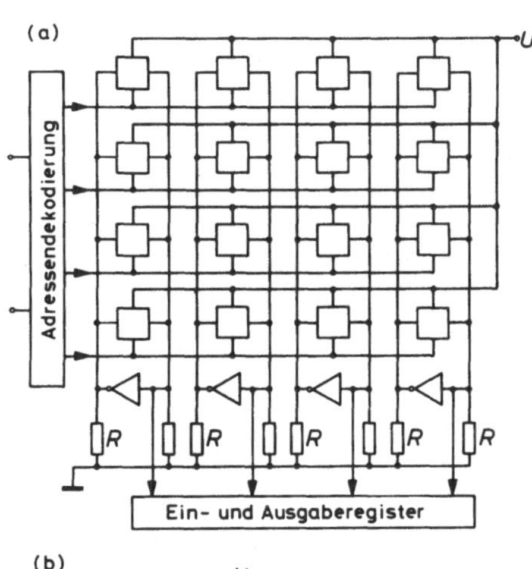

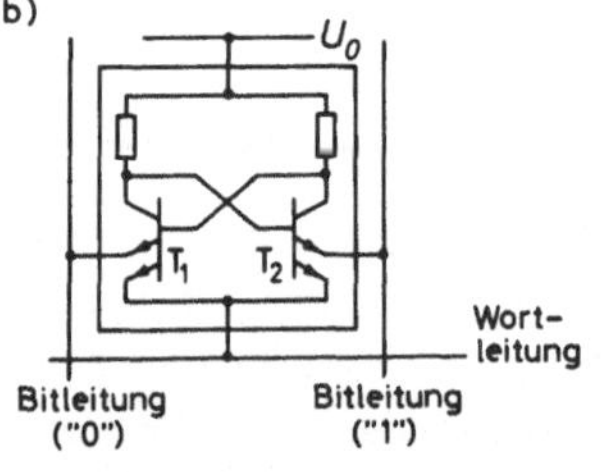

Bild 4.40   Blockschaltbild eines Schreib-Lese-Speichers (a) mit Speicherzelle aus bipolaren Transistoren (b)

über einen Inverter zum Ausgaberegister führt, fließt kein Strom.

Soll der Inhalt der Speicherzelle geändert werden, dann wird wiederum ein positiver Impuls an die Wortleitung gelegt. Wenn nun die Bitleitung bei T_1 eine niedrigere Spannung erhält als die Bitleitung bei T_2, dann sättigt der Transistor T_1, und T_2 wird gesperrt. Dieser Zustand, der der logischen O entspricht, bleibt auch dann erhalten, wenn die Wortleitung auf niedriges Potential geschaltet wird, weil der Emitterstrom von T_1 über den Emitter abfließt, der mit der Wortleitung verbunden ist.

Wir haben bereits in Kap. 4.2.2 die I^2L-Technik erwähnt, die ein besonders günstiges Leistungs-Verzögerungs-Produkt bietet und mit der sich eine Packungsdichte der Komponenten auf der Halbleiteroberfläche erreichen läßt, wie sie mit den anderen bipolaren Techniken nicht möglich ist. Ein I^2L-Flip-Flop, mit dem Schreib-Lese-Speicher aufgebaut werden können, werden wir genauer in Kap. 4.4.1 besprechen.

Die Schreib-Lese-Speicher nach Bild 4.39 und 4.40 verlieren beim Abschalten der Stromversorgung ebenso ihren Informationsgehalt wie die in der I^2L-Technik nach Kap. 4.4.1 aufgebauten Speicher. Man bezeichnet deshalb diese Speicherarten als flüchtig ("volatile").

MOS-Speicher finden gegenwärtig ihre größte Anwendung bei Taschenrechnern und bei elektronischen Tischrechnern. Denn sie haben einen relativ geringen Leistungsverbrauch, sind wegen ihrer Einfachheit billig herzustellen und haben vor allem eine hohe Packungsdichte. Dies geht aus der folgenden Gegenüberstellung des Platzbedarfs für ein Gatter mit vier Eingängen in den verschiedenen Techniken hervor. Die Schottky-TTL-Schaltungen sind verbesserte Versionen in einer besonders platzsparenden Auslegung.

Standard-TTL	CMOS	ECL	Schottky-TTL	p-MOS	I^2L
33000	31000	19400	12400	6600	3000 μm^2.

Nur die I^2L-Technik verspricht höhere Packungsdichten und läßt

zusätzlich ein Leistungs-Verzögerungs-Produkt erwarten, das
mindestens um den Faktor 10 gegenüber CMOS- oder SOS-Schaltun-
gen reduziert ist. Für Taschenrechneranwendungen ist die geringe Geschwindigkeit von MOS-Schaltungen unproblematisch. Ein
Nachteil von MOS-Schaltungen gegenüber bipolaren Schaltungen
ist ihre niedrige Ausgangsleistung.

4.3 Wandler

Die meisten Signale, die verarbeitet oder übertragen werden
müssen, liegen in analoger Form vor und sollen schließlich wieder in analoge Form umgewandelt werden. Wir wollen in diesem
Kapitel beschreiben, wie eine Analog-Digital-Wandlung ("analog-
to-digital conversion" oder kurz "A/D conversion") und eine
Digital-Analog-Wandlung durchgeführt werden können. Wegen der
Fülle der Schaltungen, die zu diesen Zwecken geeignet sind,
wollen wir uns jeweils auf nur ein Beispiel beschränken.

Grundlegend für die Analog-Digital-Wandlung ist das Abtasttheorem ("sampling theorem"). Danach kann ein zeitlich veränderli-
ches Signal $s(t)$ (Bild 4.41) aus den Amplitudenwerten fehler-
frei wiederhergestellt werden, die höchstens in den Zeitab-
ständen T_s abgetastet werden. Dabei ist $T_s \leq 1/(2\,f_m)$, und
f_m ist die maximale Frequenz, die in $s(t)$ enthalten ist. Aus
den so abgetasteten Amplituden-werten läßt sich mit einem
Tiefpaßfilter das ursprüngli-

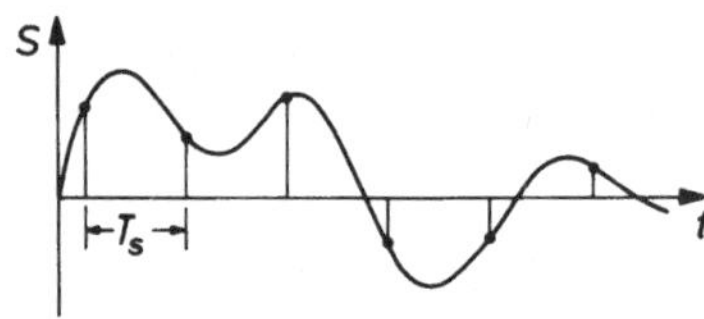

Bild 4.41   Zum Abtasttheorem

che Signal $s(t)$ wiedergewinnen. Das Tiefpaßfilter muß bis zur
Frequenz f_m ideales Durchlaßverhalten haben und muß von der
Frequenz $(1/T_s - f_m)$ ab völlig sperren.

Will man sich die Vorteile digitaler Schaltungstechniken zunutze machen, dann kann man die abgetasteten Signalwerte quan-
tisieren, d.h. man zerlegt sie in vorgegebene Einheiten. Diejenige Zahl von Einheiten, die den jeweils betrachteten Signalwert am besten annähert, wird als digitale Impulsfolge darge-

stellt und kann während der Abtastintervalle T_s verarbeitet
oder übertragen werden. In der nur näherungsweisen Darstellung
der abgetasteten Signalwerte als ganze Zahl von Einheiten
liegt die Ungenauigkeit des Verfahrens, das umso genauer arbeitet, je kleiner die vorgegebene Einheit ist. Erhöhte Genauigkeit erfordert demnach ein längeres logisches Wort, das innerhalb des Zeitintervalls T_s untergebracht werden muß.

Die Umwandlung einer digitalen Impulsfolge in den zugehörigen
Amplitudenwert ist prinzipiell sehr einfach. Bild 4.42 zeigt
das Blockschaltbild eines Digital-Analog-Wandlers ("digital-
to-analog converter"), der diese Aufgabe erfüllt. Die Schaltung in Bild 4.42 ist eine Ver-
allgemeinerung von Bild 4.13,
so daß wir die dort gewonnenen
Resultate sinngemäß übertragen
können. An den Eingängen A_1
bis A_4 liegen die Binärzahlen
an, die die Informationen über
den abgetasteten Signalwert
enthalten. Die Zahlen A_1 bis
A_4 können z.B. den Parallelaus-
gängen F_1 bis F_4 eines Schieberegisters nach Bild 4.37 ent-
nommen werden. Liegt an dem

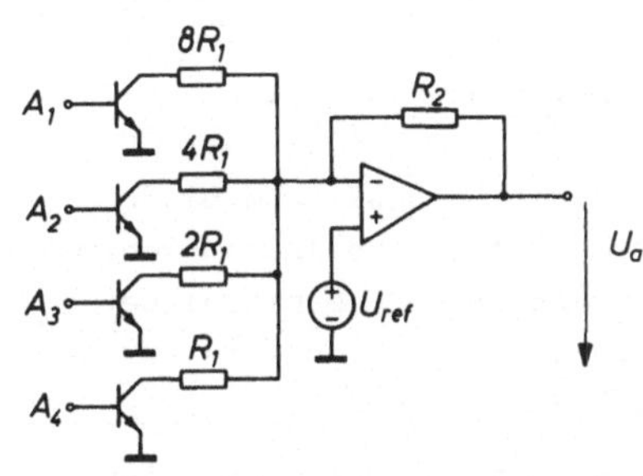

Bild 4.42 Blockschaltbild eines Digital-Analog-
Wandlers

Eingang A_1 ein Impuls (entsprechend der logischen 1), dann ist
der zugehörige Transistor in Bild 4.42 gesättigt, d.h. der Fußpunkt des Widerstandes $8\,R_1$ liegt bis auf die Kollektor-Emitter-Sättigungsspannung des Transistors, die gegenüber der Referenzspannung U_{ref} am nichtinvertierenden Eingang des Operationsverstärkers vernachlässigbar sein soll, auf Erdpotential.
Liegt andererseits der Eingang A_1 auf O, dann ist der Transistor gesperrt, und der Fußpunkt von $8\,R_1$ kann als elektrisch
isoliert betrachtet werden. Entsprechendes gilt für die übrigen Eingänge.

Wir haben in Kap. 4.1 als eine wichtige Konsequenz der hohen
Verstärkung eines Operationsverstärkers abgeleitet, daß die

Spannung zwischen seinen Eingängen praktisch verschwindet. Für die Schaltung in Bild 4.42 bedeutet dies, daß auch am invertierenden Eingang die Spannung U_{ref} anliegt. Als zweite wichtige Konsequenz hatten wir gefunden, daß der Eingangsstrom des Operationsverstärkers verschwinden muß. Der Eingangsstrom ist die Summe aller in den invertierenden Eingang einfließenden Teilströme, also

$$\frac{U_a - U_{ref}}{R_2} + \frac{A_1 U_{ref}}{8\,R_1} + \frac{A_2 U_{ref}}{4\,R_1} + \frac{A_3 U_{ref}}{2\,R_1} + \frac{A_4 U_{ref}}{R_1} = 0,$$

wobei U_a die Ausgangsspannung des Operationsverstärkers ist. Nach Umformung folgt daraus:

$$U_a = U_{ref} - \frac{R_2}{8R_1}\, U_{ref}\, (A_1 + 2A_2 + 4A_3 + 8A_4). \qquad (4.9)$$

In dieser Gleichung können die Größen A_1 bis A_4, die bisher als digitale Zahlen anzusehen waren, nun als Dezimalzahlen mit den möglichen Werten 0 und 1 aufgefaßt werden. Damit bildet U_a in einer Stufenleiter die Amplitudenwerte nach, die in der Digitalzahl $(A_1 A_2 A_3 A_4)_2$ binär verschlüsselt sind.

In Gl. (4.9) erscheint als additiver Term die Referenzspannung U_{ref}. Außerdem nimmt U_a mit wachsender Digitalzahl ab. Beide Nachteile lassen sich vermeiden, wenn auf die Schaltung in Bild 4.42 ein zweiter, rückgekoppelter Operationsverstärker folgt, dessen nichtinvertierender Eingang mit dem Ausgang des ersten Operationsverstärkers und dessen invertierender Eingang mit seinem nichtinvertierenden Eingang verbunden sind.

Der umgekehrte Vorgang der Analog-Digital-Wandlung kann auf sehr unterschiedlichen Wegen gelöst werden, erfordert aber stets sehr komplexe Schaltungen. Wir geben in Bild 4.43 als Beispiel eine Schaltung, die auf Vergleichsschaltungen beruht ("comparator A/D converter"). Dabei wird die digital zu verschlüsselnde Spannung U, die höchstens den Wert U_0 annehmen darf, mit acht festen Spannungswerten verglichen, die ihrerseits aus der Hintereinanderschaltung der Widerstände R und $R/2$ abgeleitet sind. Die festen Spannungswerte sind um $U_0/7$

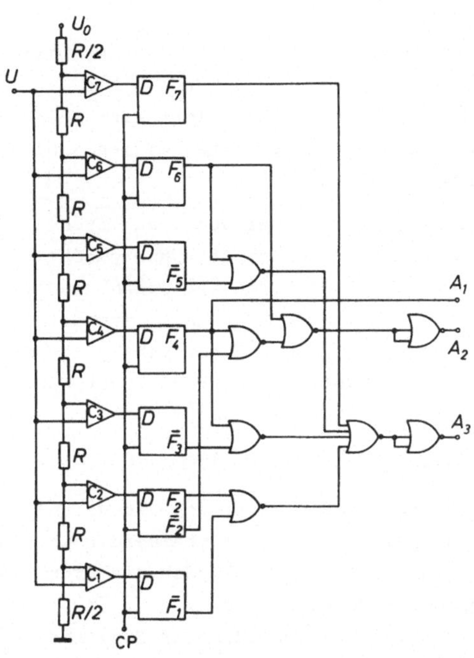

Bild 4.43 Analog-Digital-Wandlung
          mit Vergleichsschaltungen

voneinander bzw. $U_o/14$ vom Erdpotential und von U_o entfernt. Die Vergleichsschaltungen ("comparator") C_1 bis C_7 sind extrem hochverstärkende Differenzverstärker (vgl. Bild 4.2) mit sehr schmalem liarem Verstärkungsbereich, die entweder gesperrt oder völlig übersteuert sind, sobald nur die Spannung am ersten Eingang geringfügig von der am anderen Eingang abweicht.

Nehmen wir als Beispiel an, daß die anliegende Spannung U einen Wert zwischen $U_o/14$ und $3\,U_o/14$ hat. Dann ist die Vergleichsschaltung C_1, an deren erstem Eingang die Festspannung $U_o/14$ liegt, völlig aufgesteuert, d.h. an ihrem Ausgang erscheint eine Spannung, während C_2 gesperrt ist. Am Ausgang von C_2 liegt also die Spannung O. Diese Spannungswerte werden an die folgenden getakteten Flip-Flops weitergegeben. Die Flip-Flop-Schaltungen bestehen ebenso wie die erste Stufe in Bild 4.37 aus einem RS-Flip-Flop mit vorgeschaltetem Inverter. Mit dem Taktimpuls CP werden die in den Flip-Flops gespeicherten Informationen an die nachfolgende Dekodierschaltung, die aus NOR-Gattern besteht, weitergegeben. Außerdem speichern die Flip-Flops den abgetasteten Spannungswert so lange, bis die Schaltung zum nächsten Abtastvorgang bereit ist.

Die Dekodierschaltung gibt schließlich die Digitalzahl $(A_1 A_2 A_3)_2$

ab, wobei A_1 den Stellenwert 2^2, A_2 den Wert 2^1 und A_3 den
Wert 2^0 besitzen. In unserem Beispiel entspricht also der Digi-
talzahl $(001)_2$ eine Spannung aus dem Bereich von $U_0/14$ bis
$3\ U_0/14$. Der höchsten Digitalzahl $(111)_2$ entspricht eine Span-
nung zwischen $13\ U_0/14$ und U_0 und der niedrigsten Digitalzahl
$(000)_2$ Spannungen zwischen 0 und $U_0/14$.

Wird nun die Digitalzahl $(A_1A_2A_3)_2$ mit einer Schaltung nach
Bild 4.42 in analoge Spannungswerte umgewandelt, dann geschieht
dies in acht möglichen Werten (einschließlich der Spannung 0),
die gleiche Abstände voneinander haben. Durch den Spannungsteiler mit den Widerständen R und $R/2$ am Eingang der Schaltung in
Bild 4.43 wird erreicht, daß der Quantisierungsfehler der Wand-
lerschaltungen nicht mehr als $U_0/14$ betragen kann.

4.4 Superintegrierte Schaltungen

Um zu einer optimalen Ausnutzung der Siliziumfläche zu gelangen, ist es wünschenswert, den einzelnen Halbleiterbereichen
möglichst viele Funktionen zuzuordnen. Dabei werden die Grenzen der individuellen Bauelemente verwischt, d.h. einzelne
Halbleiterzonen gehören - z.T. in unterschiedlicher Funktion -
mehreren Bauelementen an. Hierdurch wird die Anzahl der Metall-
Halbleiter-Kontakte verringert. Bei bipolaren Schaltungen läßt
sich auf diesem Wege außerdem die Zahl der Isolationswannen
drastisch vermindert; in vielen Fällen kann auf eine Isolationsdiffusion ganz verzichtet werden.

Ein einfaches Beispiel für die Superintegration wurde bereits
in Kap. 3.3.4 bei der Besprechung der Schottky-Dioden erläutert. Die n-leitende epitaktische Schicht in Bild 3.35 dient
gleichzeitig als Katode der Schottky-Diode und als Kollektor
des npn-Transistors. Es ist ferner üblich, das Draingebiet eines MOS-Transistors auch als Anschluß des dazugehörigen Lastwiderstandes zu verwenden (vgl. Bild 4.29).

4.4.1 Integrierte Injektionslogik

Die integrierte Injektionslogik (I^2L, auch "merged transistor
logic", MTL, genannt) ist eine digitale Schaltungstechnik, die

sich mit dem Standard-Bipolar-Prozeß (Bild 3.36) realisieren
läßt. Das Grundgatter der integrierten Injektionslogik benötigt nur sehr wenig Kristallfläche, so daß die I^2L-Technik mit
der CMOS-Technik bezüglich Bauelementedichte und Leistungsverbrauch konkurrieren kann (vgl. Kap. 4.2.3). Die I^2L-Technik
hat darüber hinaus den Vorteil, mit praktisch allen heute be-
kannten Arten von Analogschaltungen integrierbar zu sein.

Grundbaustein der I^2L-Technik ist der Inverter gemäß Bild 4.44.
Der Inverter beinhaltet eine Stromquelle, die den Basisstrom
I_B für den invertierenden npn-Transistor T_1 liefert (Bild
4.44 a). Es ist bekannt, daß ein bipolarer Transistor in Basisschaltung die Funktion eines Stromgenerators übernehmen kann;
in dem gezeigten Beispiel ist hierfür ein pnp-Transistor erforderlich (Bild 4.44 b). Bei mehreren aufeinanderfolgenden Stufen bildet der pnp-Transistor gleichzeitig den Lastwiderstand
der jeweils vorangehenden Stufe.

Wird der pnp-Transistor in lateraler Bauweise ausgelegt, so
läßt sich sein Kollektor mit
der Basis des npn-Transistors
integrieren; gleichzeitig wird
die Basis des pnp-Transistors
leitend mit dem Emitter des
(invers betriebenen) npn-
Transistors verbunden (Bild
4.44 c).

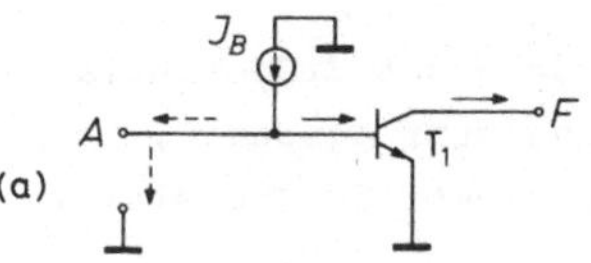
(a)

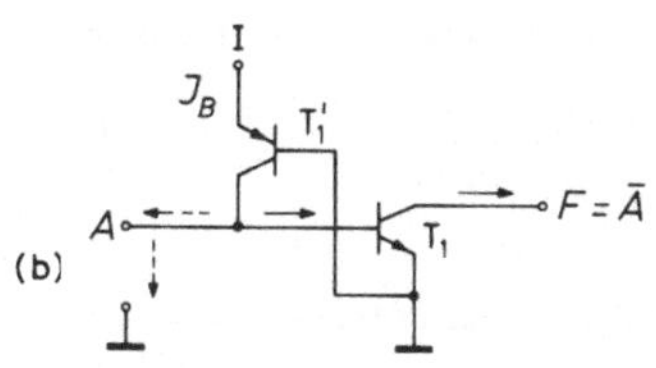
(b)

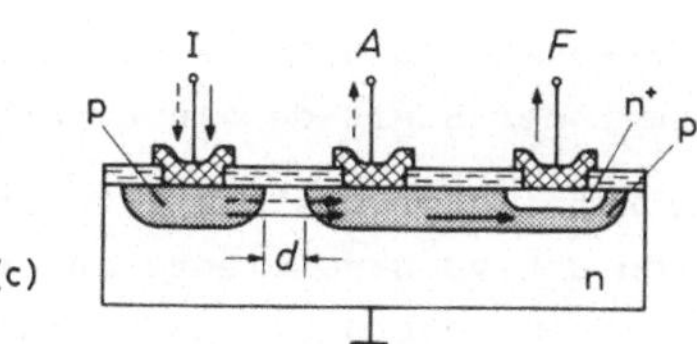
(c)

Bild 4.44

Inverter in I^2L-Technik

a) Ersatzschaltbild mit Stromquelle
b) Ersatzschaltbild mit pnp-
   Transistor
c) Ausführung

   ——▶ Stromweg bei offenem
       Eingang
   ——▶ Stromweg bei kurzge-
       schlossenem Eingang

Die Inverterfunktion der I^2L-Zelle läßt sich aus Bild 4.44 b
herleiten. Bei offenem Eingang A (bzw. Eingangspotential
$U_e > 0,7$ V) wird in die Basis des Transistors T_1 ein Basisstrom I_B eingeprägt, der, um den Faktor β_{npn} verstärkt, am Ausgang F abgenommen werden kann (β_{npn} = Stromverstärkung des invers betriebenen npn-Transistors). Am Eingang einer folgenden
Stufe tritt, da sich T_1 in Sättigung befindet, ein Potential
nahe Null auf. Ist dagegen der Eingang A kurzgeschlossen
($U_e \approx 0$), so fließt (der Löcherstrom) I_B über A ab; der Transistor T_1 ist stromlos, so daß sich an der folgenden Stufe ein
Potential von 0,7 V ergibt, wenn die Versorgungsspannung mit
0,8 V und die Sättigungsspannung des pnp-Transistors mit 0,1 V
angesetzt werden.

Die beiden logischen Zustände des I^2L-Inverters sind wie folgt
zu beschreiben:

"O"	"1"
Elektrode A auf Erdpotential,	Elektrode A auf + 0,7 V,
npn-Transistor gesperrt,	npn-Transistor leitend,
Ausgangselektrode F positiv,	Ausgangselektrode F auf Erd-potential.

Die der I^2L-Technik zugrunde liegenden Gedankengänge lassen
sich somit wie folgt zusammenfassen:

1. Verwendung lateraler pnp-Transistoren als Stromquellen bzw.
   Lastelemente,
2. Inverser Betrieb der npn-Transistoren, d.h. der n-leitende
   Substratkristall (bzw. die n-Epitaxieschicht oder die vergrabene Schicht) dient als Emitter,
3. Zusammenfassung des Kollektors eines pnp-Lasttransistors
   mit der Basis des Inverters der jeweils nachfolgenden Stufe.

Wie bereits erwähnt, führt der Ersatz ohmscher Lastelemente
durch aktive Bauelemente zu einer drastischen Platzeinsparung.
Mit einem lateralen pnp-Transistor als Lastelement kann über-
dies der wirksame Lastwiderstand (Strompegel) durch Variation
der Emitter-Basis-Spannung in gewünschter Weise eingestellt
werden. Der inverse Betrieb der npn-Transistoren gestattet es,

ein n-Substrat, eine ununterbrochene n-Epitaxieschicht oder eine n^+-Schicht als gemeinsamen (auf Erdpotential liegenden) Emitter für mehrere npn-Transistoren zu verwenden. Die Isolationsdiffusion entfällt, sofern die gesamte Schaltung aus I^2L-Elementen besteht. In jede p-Basiswanne können mehrere Kollektoren eindiffundiert werden; es lassen sich somit in einfacher Weise I^2L-Zellen mit mehreren Ausgangselektroden realisieren. Durch Verschmelzung des Kollektors eines pnp-Transistors mit der Basis eines npn-Transistors wird eine weitere Platzersparnis erzielt. Der an positivem Potential liegende Emitter des pnp-Transistors wird als "Injektor" (I) bezeichnet, da er mit konstanter Injektionsrate Löcher in das n-Material injiziert; ein erheblicher Teil dieser Löcher wird von der Basis des benachbarten npn-Transistors aufgenommen. Der hieraus resultierende Basisstrom bringt - sofern er nicht über die Elektrode A abgeleitet wird - den npn-Transistor in den aktiven (leitenden) Zustand. Ein (z.B. langgestreckter) Injektor kann mehreren benachbarten npn-Transistoren zugeordnet sein.

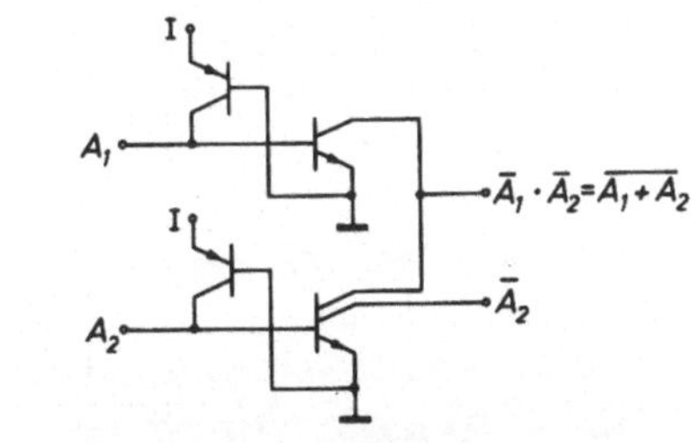

Die I^2L-Grundschaltung läßt sich leicht zu einem Logikschaltkreis erweitern, indem man die npn-Transistoren mit mehreren Kollektoren versieht und - entsprechend der DCTL-Logik (vgl. Kap. 4.2.2) - zwei oder mehrere Kollektoren verschiedener Inverter miteinander verbindet.

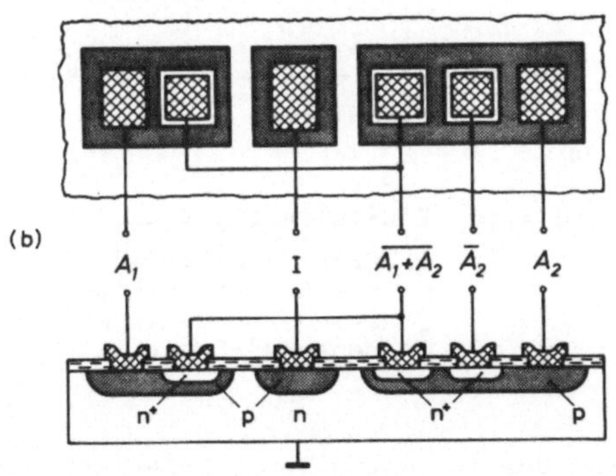

Bild 4.45 NOR-Schaltung in I^2L-Technik mit zusätzlichem Ausgang

a) Ersatzschaltbild
b) Ausführung

Werden beispielsweise zwei I^2L-Inverter mit den Eingangsgrößen A_1 und A_2 verknüpft, so entsteht ausgangsseitig die Funktion

$$\overline{A_1} \cdot \overline{A_2} = \overline{A_1 + A_2}$$

(Bild 4.45); an einem weiteren (nicht verknüpften) Kollektor kann das Signal $\overline{A_2}$ abgenommen werden. Die erreichbare Ausgangs-verzweigung (Fan-out) hängt von der inversen Stromverstärkung des npn-Transistors ab; diese ist infolge der ungünstigen Dotierungsverhältnis-se in der Regel um etwa den Faktor 10 geringer als bei normalem Betrieb.

Bild 4.46 zeigt die Auslegung einer I^2L-Zelle in bipolarer Standardtechnik mit vergrabener (n^+-) Schicht. Eine tiefe n^+-Diffusion dient hier der Kontaktie-rung der vergrabe-nen Schicht, der Ab-grenzung der logi-schen Zellen und der Verringerung pa-rasitärer Effekte (seitliche Löcherin-jektion aus der Ba-sis des npn-Transi-stors).

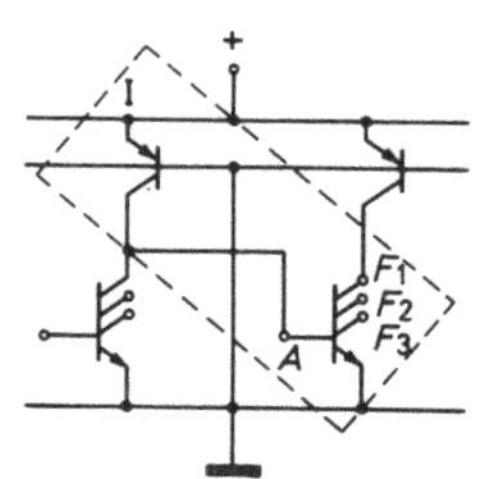

(a)

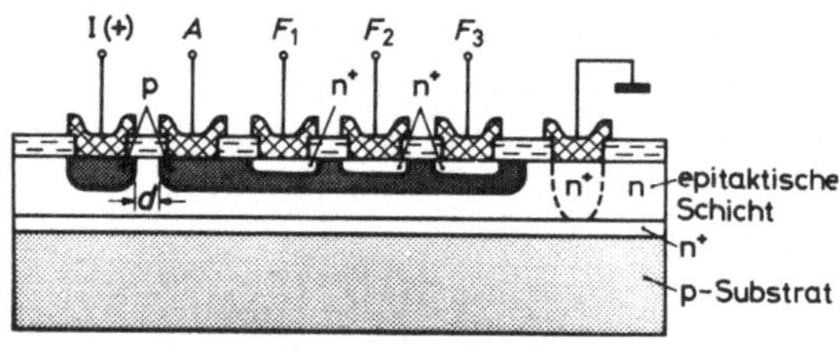

(b)

Bild 4.46 I^2L-Zelle mit drei Kollektoren
      a) Ersatzschaltbild
      b) Ausführung in bipolarer
         Standardtechnik mit vergra-
         bener n^+-Schicht

Bei der Auslegung von I^2L-Zellen sind insbesondere folgende Ge-sichtspunkte zu berücksichtigen:

1. Der Abstand d des Injektors von der Basiszone des Inverters muß wesentlich kleiner als die effektive Diffusionslänge der Löcher im n-Material sein (Transportfaktor des latera-

len pnp-Transistors möglichst nahe Eins); bei der Ermittlung der effektiven Diffusionslänge ist die Oberflächenrekombination zu berücksichtigen. Der Anteil vertikaler Injektion muß gering gehalten werden. Dieses läßt sich durch eine geeignete geometrische Auslegung (kleine Injektorfläche) und durch das von der vergrabenen Schicht (n^+/n-Übergang) aufgebaute Gegenfeld erreichen.

2. Beim npn-Transistor ist eine ausreichende Emitterwirksamkeit in der inversen Betriebsweise nur dann zu erzielen, wenn der Abstand zwischen der vergrabenen Schicht und der Basiswanne sehr gering ist. Die Epitaxieschicht wird daher bei I^2L-Schaltungen in der Regel dünner ausgelegt (etwa 1,5 bis 4 µm) als bei konventionellen bipolaren Schaltungen. In der Basis der npn-Transistoren kann der normale Rekombinationsstrom vernachlässigt werden; es sind aber infolge des inversen Betriebes die Verluste durch Rekombination am ohmschen Kontakt (A) sowie an der Oberfläche zwischen den Kollektoren (F_1 bis F_3) zu berücksichtigen. Durch diese Verluste und durch den lateralen Spannungsabfall in der Basis wird die Anzahl der aussteuerbaren Kollektoren begrenzt.

3. Ströme an der Oberfläche der epitaktischen Schicht außerhalb der Zellen müssen vermieden werden; ggf. sind hochdotierte Zonen (n^+) zwischen den einzelnen Zellen vorzusehen ("channel-stopper").

Die Signalverzögerungszeiten von I^2L-Gattern werden bestimmt durch:

1. Umladung von Kapazitäten,
2. Auf- und Abbau von Minoritätsträger-Speicherladungen.

Bei kleinem und mittlerem Injektorstrom überwiegt der Einfluß der Kapazitäten. Bei vorgegebenem Spannungshub ΔU können die benötigten Ladungen $C\Delta U$ umso schneller zu- oder abgeführt werden, je größer die Ladeströme sind. Daher nimmt die Gatterverzögerungszeit mit wachsendem Injektorstrom ab (Bild 4.47). Durch Einstellung des Injektorstromes kann also die Schaltgeschwindigkeit im Bereich mehrerer Größenordnungen beeinflußt werden. So können beispielsweise die Versorgungsströme der

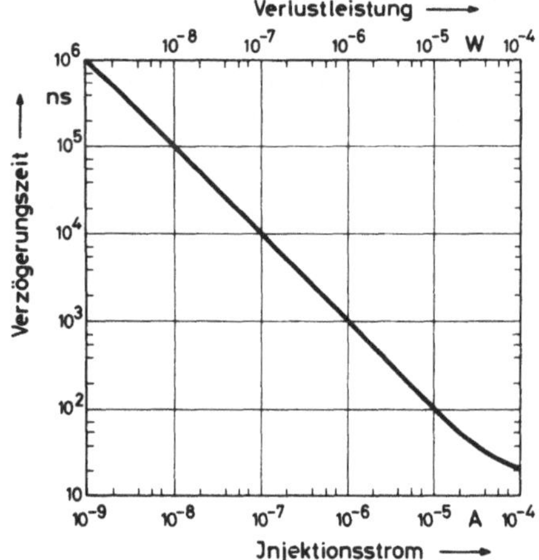

Bild 4.47 Verzögerungszeit eines I^2L-Gatters in Abhängigkeit vom Injektionsstrom bzw. von der Verlustleistung (Versorgungsspannung ~ 1 V)

einzelnen Stufen einer Untersetzerschaltung den notwendigen Schaltgeschwindigkeiten der jeweiligen Stufen angepaßt werden (hohe Geschwindigkeit der ersten Stufen, geringe Geschwindigkeit der letzten Stufen).

Im Bereich hoher Injektionsströme wird der Signalverzögerung eine untere Grenze durch die Minoritätsträger-Speicherladungen am Emitter-Basis-Übergang des npn-Transistors und durch die Abnahme des Emitterwirkungsgrades des pnp-Transistors gesetzt. Bei Kantenlängen der kleinsten Kontaktfenster von 10 µm liegt diese untere Grenze bei etwa 20 ns.

Eine Steigerung der Schaltgeschwindigkeit von I^2L-Zellen läßt sich insbesondere durch folgende Maßnahmen erzielen:

1. Verringerung der Abmessungen,
2. Reduktion des Spannungshubs durch Einbau von Schottky-Dioden in die Kollektorbahnen ("Schottky-I^2L"),
3. Reduktion der seitlichen parasitären Kapazitäten durch Anwendung des Isoplanarverfahrens ("I^3L") gemäß Bild 3.2.

Beim Schaltungsentwurf (Lay-out) von I^2L-Zellen spielen Probleme der Schaltgeschwindigkeit und der Leiterbahnführung eine besondere Rolle [4.2]. Vom Injektor weit entfernte Kollektoren (z.B. F_3 in Bild 4.46 b) weisen infolge des lateralen Spannungsabfalles in der Basis des npn-Transistors eine höhere Signalverzögerungszeit auf als die näher am Injektor befindlichen.

Daher müssen Mehrfachkollektor-Transistoren an allen Stellen
einer I^2L-Schaltung, wo höchste Schaltgeschwindigkeit erforderlich ist, parallel zum Injektor angeordnet werden. Während bei
herkömmlichen integrierten Bipolarschaltungen die Flächen der
(diffundierten) Widerstände zur Leitungsbahnkreuzung verwendet
werden, lassen sich bei I^2L-Schaltungen auch nicht genutzte
Kollektorflächen hierfür einsetzen. Gegebenenfalls müssen besondere n^+-Tunnel, die in eine p-Wanne eingebettet sind, für
die Leiterbahnkreuzungen zur Verfügung gestellt werden.

Bild 4.48 zeigt die Auslegung und das Ersatzschaltbild eines
Flip-Flops in I^2L-Technik, welches als Speicherzelle in einem
Schreib-Lese-Speicher (vgl. Kap. 4.2.3) dienen kann. Die geometrische Anordnung (Bild 4.48 a) ist - im Vergleich zu dem komplexen Ersatzschaltbild (Bild 4.48 b) - von außerordentlicher
Einfachheit. Anhand des Ersatzschaltbildes und anhand von Bild
4.48 c, das ein Schnittbild durch einen gegenüber Bild 4.48 a
geringfügig geänderten Aufbau zeigt, wollen wir die Funktion
des Flip-Flops beschreiben. In Bereitschaftstellung werden die
Zellen über den Injektor I mit dem erforderlichen Speisestrom
I_o versorgt. Für den Betrieb der Schaltung ist es wesentlich,
daß wegen der relativ großen Kapazitäten der Verarmungszonen
der Schaltzustand des Flip-Flops auch dann über längere Zeiten
erhalten bleibt, wenn der Strom I_o abgeschaltet ist.

Zur Demonstration des Lesevorgangs gehen wir davon aus, daß zunächst der Transistor T_2 durchgeschaltet und der Transistor T_1
gesperrt ist. Dann wird, da der Emitterübergang $n_1 p_2$ in Durchlaßrichtung gepolt ist, ein Minoritätsträgerstrom in das n_1-Ge-
biet um die p_2-Wanne injiziert. Ein Teil dieses Stromes wird
von der p_4-Diffusionswanne aufgenommen und kann über F_2' mit
der Bitleitung "1" als logische 1 ausgelesen werden. Während
des Lesens wird also der laterale pnp-Auskoppeltransistor T_5
(bei der in Bild 4.48 b gewählten Notation) invers betrieben.
Entsprechendes gilt für den Transistor T_6 beim Auslesen einer
logischen O.

Soll der Inhalt der Speicherzelle umgeschrieben werden, dann
wird der Versorgungsstrom I_o abgeschaltet. Gleichzeitig wird

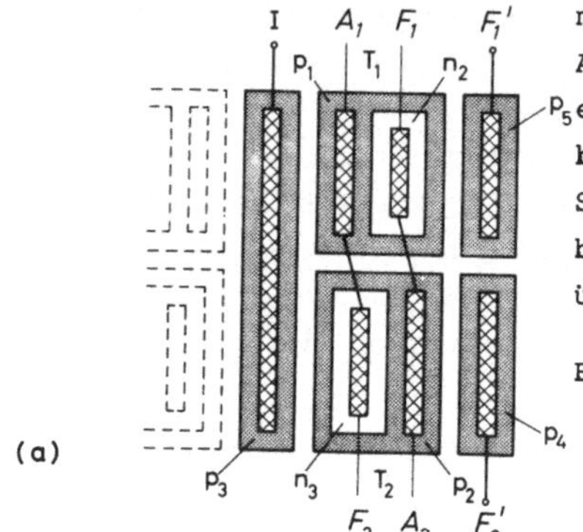

mit der Bitleitung "0" über den Anschluß A_2 der Transistor T_6 eingeschaltet, d.h. aus dem Gebiet p_5 (Bild 4.48 c) wird ein Strom in das umgebende n_1-Gebiet und damit über den Emitterübergang $n_1 p_1$ injiziert, so daß

Bild 4.48 I^2L-Speicherzelle

    a) Aufsicht
    b) Ersatzschaltbild
    c) Schnittbild
       (schematisch)

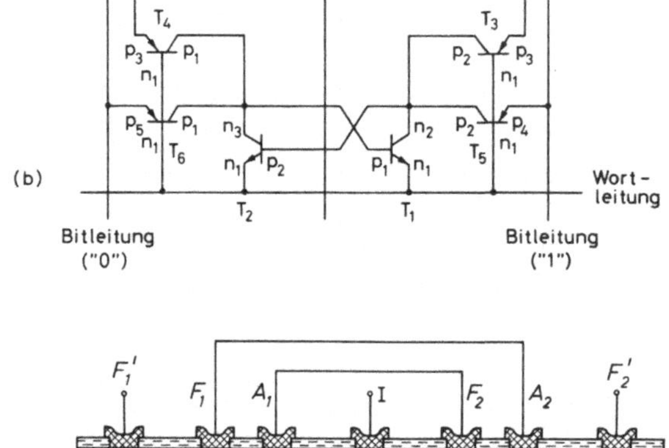

der Transistor T_1 eingeschaltet wird. Damit wird der Emitterübergang $n_1 p_2$ des npn-Transistors T_2 entladen und dieser gesperrt. Der eingeschriebene Zustand bleibt auch nach Abschalten der Bitleitung "0" hinreichend lang erhalten, so daß nun wieder der Speisestrom I_0 eingeschaltet und die Zelle damit betriebsbereit gemacht werden kann. Die lateralen pnp-Lasttransistoren T_3 und T_4 stellen steuerbare Stromquellen dar, so daß die Speicherzelle über einen weiten Strombereich (von nA bis mA) betrieben werden kann.

Für den Aufbau einer Speichermatrix ordnet man die I^2L-Flip-Flops nach Bild 4.48 a zeilenweise in einer gemeinsamen n_1-

Wanne an, die über p^+-Isolationsdiffusionen von den übrigen
Zeilen getrennt ist. Jede n_1-Wanne stellt eine gemeinsame Wortleitung dar. Das auszulesende logische Wort wird aufgerufen,
indem die zugehörige Wortleitung n_1 gegenüber den anderen Wort-
leitungen in ihrem Potential geringfügig erniedrigt wird. Um
nun ein Bit aus diesem Wort zu lesen, wird nur die zugehörige
Speicherzelle mit einem Stromimpuls I_o versehen, so daß an der
zugehörigen Bitleitung ein Impuls erscheint. Alle übrigen Speicherzellen sind während des Lesevorgangs von der Stromversorgung abgeschaltet.

Für ein genaueres Studium der I^2L-Speicherzelle verweisen wir
auf die Literatur [4.3].

4.4.2 Eimerkettenschaltungen

Bei Eimerkettenschaltungen ("bucket-brigade-devices", BBD) handelt es sich um dynamische Schieberegister für digitale Signale oder abgetastete Augenblickswerte von Analogsignalen (quasi-
analoger Betrieb). Ein hoher Integrationsgrad wird dadurch erreicht, daß nur zwei Transistoren (und zwei Kondensatoren) pro
Stufe benötigt werden. Im einfachsten Falle besteht eine Eimerkettenschaltung aus einer Reihe von MOS-Feldeffekttransistoren,
wobei jeweils die Drainelektrode eines Transistors die Source-
elektrode des nächstfolgenden Transistors bildet. Die Kapazitäten werden durch vergrößerte Gateelektroden und darunterliegen-
de Drainzonen realisiert (Bild 4.49).

Die Signale werden in Form von Ladungen im Rhythmus einer Taktfrequenz durch abwechselnde Aktivierung der geradzahligen und
der ungeradzahligen MOS-FET-Schalter von einem Kondensator zum
folgenden überführt. Da jeder Kondensator erst dann neue Ladung aufnehmen kann, wenn er die alte abgegeben hat, darf nur
jeder zweite Kondensator Signalinformationen enthalten; zwischen zwei Ladung tragenden Kondensatoren liegt immer ein beim
vorhergehenden Verschiebevorgang entleerter Kondensator. Der
Zustand "leer" ist dabei so definiert, daß für eine festgelegte Referenzspannung am Gate (bei der sich der Transistor im
nichtleitenden Zustand befindet) diese Kapazität gerade bis

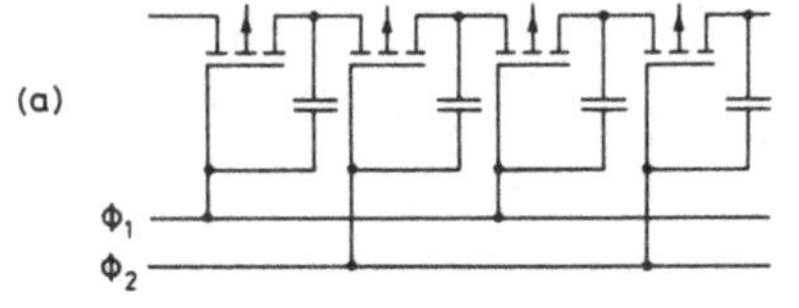

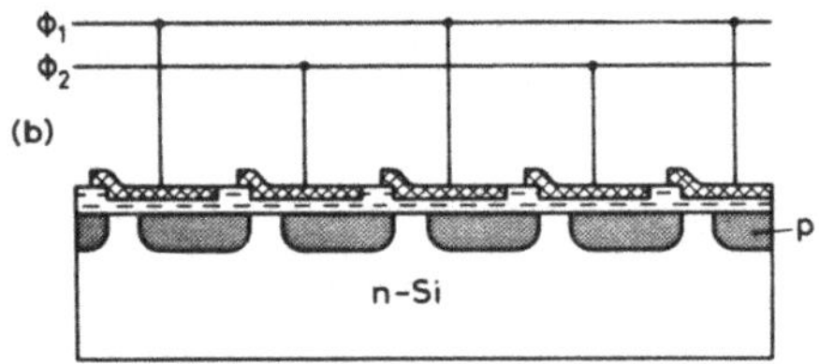

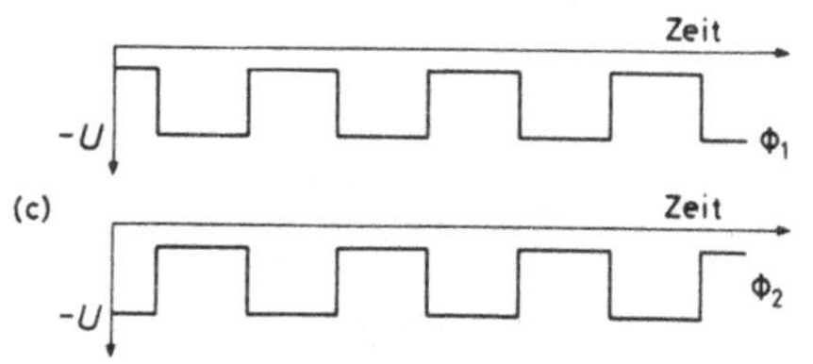

Bild 4.49   Eimerkettenschaltung

a) Ersatzschaltbild
b) Ausführung
c) Impulsfolge für den
   Ladungstransfer

zum Gleichgewichtszustand geladen ist. Die mit Informationen beaufschlagten Kapazitäten enthalten zusätzliche Ladungen; die Größe dieser Zusatzladungen ist ein Maß für die quasianaloge Information.

Für einen fehlerfreien Betrieb der Eimerkettenschaltung ist ein möglichst vollständiger Transfer der Ladung von einer Kapazität zur anderen erforderlich. Da dieses in endlichen Zeiten immer nur näherungsweise zu realisieren ist, wird das Signal von Stufe zu Stufe leicht verzerrt. Da außerdem die Signalspeicherung durch Überschußladungen erfolgt (Abweichungen vom Gleichgewichtszustand), wird das Signal auch durch Leckströme ver-

fälscht. Daraus folgt, daß nur ein dynamischer Betrieb (etwa im Bereich von 100 bis 10^6 Hz) möglich ist und daß die Anzahl der Stufen auf einige tausend beschränkt werden muß.

Eimerkettenschaltungen können auch mit bipolaren Transistoren realisiert werden. Hierbei werden (vergrößerte) Basis-Kollektor-Kapazitäten zur Speicherung herangezogen. Bipolare Schaltungen sind schneller (etwa $5 \cdot 10^4$ bis $5 \cdot 10^7$ Hz), benötigen aber einen größeren technologischen Aufwand.

Hauptanwendungsgebiete von Eimerkettenschaltungen sind die Audio- und Videotechnik, beispielsweise für die Korrektur von Laufzeitdifferenzen in großflächigen Lautsprecheranlagen, zur

elektronischen Hallerzeugung und für die Sprachverschlüsse-
lung.

4.4.3 Ladungsgekoppelte Bauelemente

Ladungsgekoppelte Bauelemente ("charge-coupled devices", CCD)
sind - ähnlich wie Eimerkettenschaltungen - dynamische Schieberegister für digitale Signale unterschiedlicher Amplitude (qua-
sianaloger Betrieb). Im Gegensatz zu den Eimerkettenschaltungen ist bei den ladungsgekoppelten Bauelementen jedoch die Integration so weit fortgeschritten, daß eine Identifizierung
einzelner Komponenten nicht mehr möglich ist. Die gesamte
Schaltung wirkt vielmehr als eine einzige funktionale Einheit.

Eine integrierte Schaltung aus ladungsgekoppelten Bauelementen
besteht aus einer homogen dotierten Siliziumscheibe, die im
Halbleiterinnern - abgesehen von Ein- und Ausgabebereichen -
keine pn-Übergänge oder sonstige Schichtstrukturen aufweist.
Auf der oxydierten Halbleiteroberfläche (Oxiddicke entsprechend MOS-Strukturen) befinden sich parallel angeordnete Me-
tallelektroden geringer Breite mit möglichst geringem Abstand
(siehe Bild 4.50). Durch Spannungsimpulse geeigneter Polarität
(positiv im Falle der Verwendung p-leitenden Siliziums) lassen
sich unter den Elektroden kurzzeitig Verarmungszonen erzeugen,
deren Tiefe von der an der Halbleiteroberfläche herrschenden

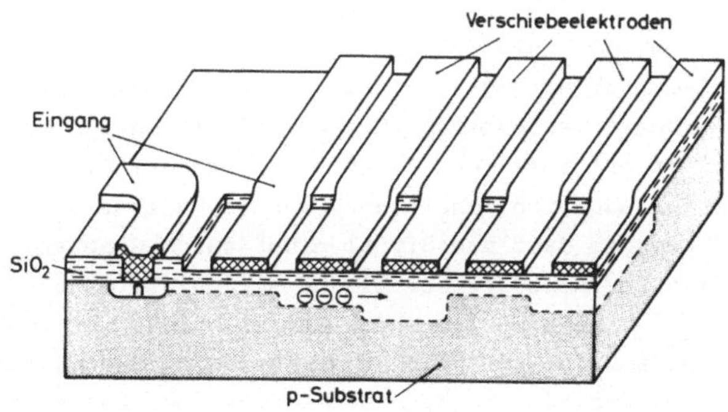

Bild 4.50   Ladungsgekoppelte Bauelemente
            (Dreiphasen-CCD)

Feldstärke bestimmt wird (vgl. Bild 3.17 c). In diese Verarmungszonen können - beispielsweise mittels eines pn-Überganges -
Minoritätsladungsträger injiziert werden; die zugeführte Ladungsmenge stellt die zu verschiebende Information dar. Bei
sehr eng benachbarten Elektroden (Abstand $\lesssim$ 3 µm) erfolgt eine
Ansammlung der Minoritätsladungsträger unter derjenigen Elektrode, welche den stärksten Verarmungsgrad von Majoritätsla-
dungsträgern hervorruft. Bei homogener Dicke der SiO_2-Schicht
(und p-Silizium) ist dies die Elektrode mit dem höchsten positiven Potential. Durch periodisch veränderliche Spannungsimpulse an den Elektroden wird die Information vom Eingangs- zum
Ausgangselement geschoben und dort in ein elektrisches Signal
(Strom- oder Spannungsimpuls) zurückverwandelt. Die Vorzugs-
richtung der Ladungsverschiebung wird bei einer koplanaren
Elektrodenanordnung gemäß Bild 4.50 mittels einer dreiphasigen
Ansteuerung der Verschiebeelektroden erreicht (Dreiphasen-CCD).
Unter den Zuleitungen muß das Oxid genügend dick sein, damit
dort keine nennenswerten Verarmungsbereiche auftreten.

Gemäß Abschnitt 3.2.2 beträgt die Kapazität einer MOS-Struktur
mit einer Oxiddicke von 1000 Å rd. 300 pF/mm². Das bedeutet,
daß unter einer Elektrode mit den Abmessungen 10 µm x 10 µm
bei einer Betriebsspannung von 5 V die Ladungsmenge 0,15 pC gespeichert werden kann. Bei einer Taktfrequenz von 1 MHz ergibt
sich somit ein (mittlerer) Strom von 0,15 µA.

Die Verschiebung der Information innerhalb eines ladungsgekoppelten Bauelementes erfolgt - wie bei einer Eimerkettenschaltung - ohne innere Verstärkung oder Signalauffrischung. Es ist
daher unbedingt erforderlich, daß die Ladungsverschiebung von
einer Stufe zur nächsten ohne nennenswerten Verlust bewerkstel-
ligt wird. Außerdem darf das Signal nicht durch Generations-
oder Rekombinationsprozesse verfälscht werden. Es müssen somit
einwandfreie Si-Kristalle verwendet werden; die Dichte der
Oberflächenzustände soll möglichst gering sein. Auch Haftstel-
len sind äußerst schädlich, denn der Einfang der Ladungsträger
erfolgt zwar im Rhythmus der jeweils vorhandenen Ladungsverteilung, die Freisetzung jedoch in statistischer Folge, was zu ei-

nem Rauschanteil führt.

Die Forderung nach einem hohen Transfer-Wirkungsgrad ($\gtrsim$ 99,99 %)
führt auf die bereits genannten Elektrodenabstände ($\lesssim$ 3 µm).
Eine Erhöhung des Transfer-Wirkungsgrades läßt sich auch durch
eine partielle Überlappung der Elektroden erreichen; die Elektroden müssen in diesem Falle voneinander elektrisch isoliert
sein (z.B. durch eine SiO_2-Schicht, vgl. Bild 4.51). Mittels
unterschiedlicher Dicke der Oxidschichten unter den Elektroden
können - bei gleicher angelegter Spannung - verschieden tiefe
Potentialmulden erzeugt werden. Derartige Bauelemente (Bild
4.51) lassen sich mit zweiphasiger Ansteuerung betreiben.

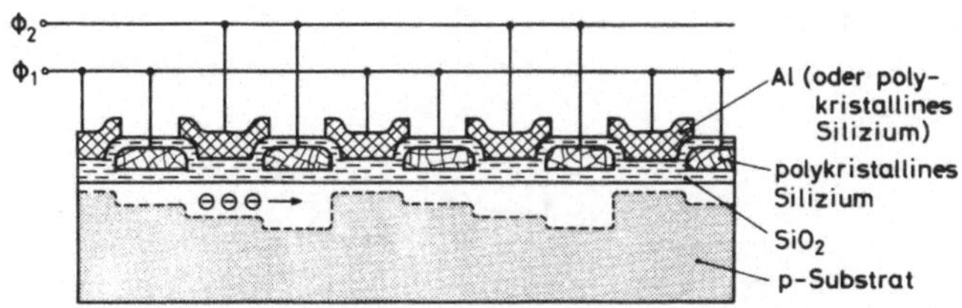

Bild 4.51   Ladungsgekoppelte Bauelemente
(Zweiphasen-CCD)

Bei der Ermittlung des Transfer-Wirkungsgrades ist auch die
für die vollständige Entleerung erforderliche Zeitdauer zu berücksichtigen. Letztere hängt von der Beweglichkeit der Ladungsträger und der Ausdehnung der Elektroden in der Verschie-
bungsrichtung ab. Ein n-Kanal-Bauelement (Verschiebung von
Elektronen) mit einer Elektrodenbreite von 10 µm kann beispielsweise mit einer maximalen Taktfrequenz von 10 MHz betrieben
werden. Die untere Frequenzgrenze (Größenordnung 10^4 Hz) resultiert aus der Paarrekombination sowie der Auffüllung von zunächst leeren Potentialmulden durch thermische Ladungsträgererzeugung. Da die Grenzfläche Si/SiO_2 derartige Prozesse fördert,
werden auch Bauelemente hergestellt, bei denen die Ladungsverschiebung nicht an der Oberfläche sondern im Halbleiterinnern

in der Nähe eines pn-Überganges erfolgt ("bulk charge-coupled devices", BCCD).

Spezielle ladungsgekoppelte Bauelemente eignen sich besonders gut zur Umwandlung optischer Bildinformation in elektrische Signale unter gleichzeitiger Serialisierung. Die durch Lichteinstrahlung erzeugten Minoritätsladungsträger werden in den jeweils nächstgelegenen Potentialmulden gesammelt und gemäß den oben beschriebenen Mechanismen zur Ausgangselektrode weitergeleitet. Erfolgt die Belichtung gemäß Bild 4.52 a, so steht natürlich nur die nicht mit Elektroden bedeckte Siliziumfläche zur Informationsaufnahme zur Verfügung; die Empfindlichkeit ist entsprechend herabgesetzt. Eine Belichtung auf der Rückseite ist erheblich günstiger; die Siliziumscheibe muß allerdings in diesem Falle im Bereich der für die Bildverarbeitung vorgesehenen Fläche hinreichend dünn geätzt werden (Bild 4.52 b).

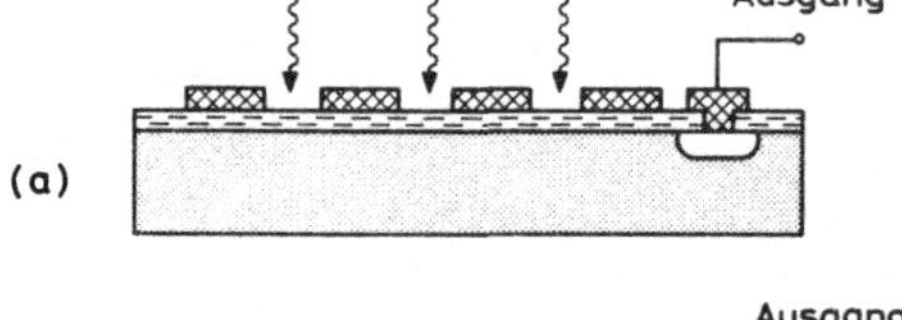

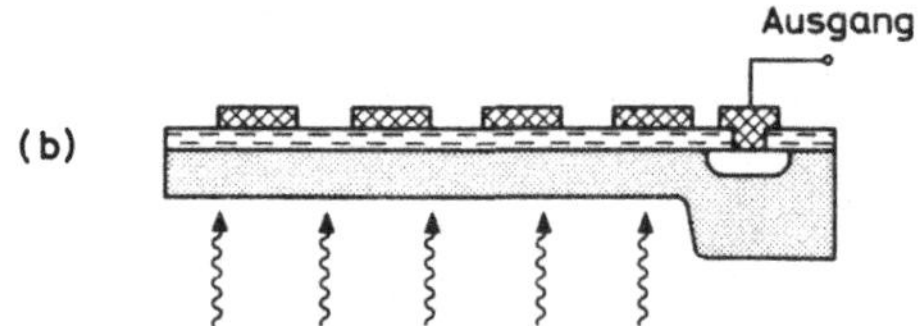

Bild 4.52   Bildaufnahmeplatte mit CCD

a) Belichtung von der Elektrodenseite
b) Belichtung von der Rückseite

5 Rechnergestützter Schaltungsentwurf

Bei der Entwicklung von integrierten Schaltungen sind die herkömmlichen diskreten Bauelemente nur von geringem Nutzen, weil elektronische Komponenten bei Integration auf einer Halbleiterscheibe besondere Eigenschaften erhalten. Für die Entwicklung von Schaltungen niedrigeren Integrationsgrades hat man deshalb die Technik des Brettaufbaus ("breadboard circuit") entwickelt, bei der Transistoren und Widerstände mit unterschiedlichen Daten nebeneinander auf einem Halbleiterchip integriert werden. Die Verbindung zwischen diesen Komponenten kann nun nach dem vorgegebenen Schaltungsentwurf durch Thermokompressionsbonden (Kap. 2.1.6) erfolgen. Gegenüber einer integrierten Schaltung sind bei diesem Verfahren nur einige zusätzliche Bondflächen und Verbindungsdrähte hinzugefügt.

Ein Brettaufbau von modernen, komplexen Schaltungen, wie z.B. digitalen Schaltungen in Großintegration, ist nicht mehr möglich. Heute werden deshalb in erheblichem Umfang an entscheidenden Stellen der Entwicklung integrierter Schaltungen elektronische Rechner eingesetzt. Wir wollen in diesem Kapitel einen Eindruck von der Verwendung von Rechnern bei der Entwicklung und Herstellung von integrierten Schaltungen vermitteln. Weitergehende Informationen finden sich in der Spezialliteratur [5.1], [5.2].

Das Gebiet des rechnergestützten Schaltungsentwurfes ("computer-aided design" oder CAD) läßt sich nach der Verwendung der Rechner in vier Gebiete einteilen. Rechner werden vorwiegend eingesetzt:
1. zur Simulation von Bauelementen;
2. zur Simulation von integrierten Schaltkreisen ("computer-aided circuit design" oder CACD);
3. zur Berechnung der topographischen Auslegung integrierter Schaltungen (Layout);
4. zur Prüfung integrierter Schaltungen auf ihr elektrisches Verhalten.

Eine Reihe von Gründen haben zu diesem vielfältigen Einsatz

von elektronischen Rechnern geführt. So ist die Simulation integrierter Schaltungen mit diskreten Bauelementen entweder völlig unmöglich, wie im Fall superintegrierter Schaltungen (Kap. 4.4), oder sie führt wegen der Vernachlässigung spezifischer Effekte der Integration zu falschen Ergebnissen. Komplexere integrierte Schaltungen mit Tausenden von Komponenten lassen sich natürlich nicht mehr mit diskreten Bauelementen aufbauen. Die Herstellung von Schaltungen in integrierter Form zu ersten Versuchszwecken ist dagegen viel zu kostspielig und zu zeitraubend. Außerdem würde der Test von Untergruppen solcher integrierter Schaltungen zu unzuverlässigen Resultaten führen, weil die an die Halbleiterscheibe angeschlossenen Meßeinrichtungen parasitäre Belastungen bedeuten, die beim geplanten Einsatz der Schaltung nicht auftreten. Daraus ergibt sich die möglichst weitgehende Simulation der integrierten Schaltung mit einem Rechner als zwingende Notwendigkeit.

Zur rechnerischen Simulation von Bauelementen in integrierter Bauweise können Modelle benutzt werden, deren Komplexität eine analytische Behandlung unmöglich macht, die aber doch mit einem elektronische Rechner numerisch bearbeitet werden können. In diese Modelle müssen die Prozeßparameter der planaren Integrationstechnik (z.B. Dimensionen, Stromverstärkung eines Transistors, Basis-Emitter-Spannung, Widerstandswerte) und deren Toleranzen einfließen, so daß eine möglichst eindeutige Beziehung zwischen diesen Parametern und dem gewünschten elektrischen Verhalten resultiert. Als Beispiel erwähnen wir das Ebers-Moll-Modell, das wir in Kap. 3.3.2 skizziert haben. Es wird heute in mehreren Modifikationen zur Beschreibung bipolarer Transistoren verwendet.

Die Resultate dieses Schrittes fließen in den Schaltungsentwurf ein und führen zu einer ersten Auslegung der Schaltungskomponenten. Dies ist in Bild 5.1 angedeutet, das ein stark vereinfachtes Schema der Entwicklung einer integrierten Schaltung zeigt. Der erste Schaltungsentwurf wird einer rechnerischen Analyse unterworfen, die das Gleichstrom-, Frequenz- und Schaltverhalten zum Gegenstand hat. Dazu gehört insbesondere

auch eine Untersuchung des ungünstigsten
Falles ("worst-case analysis"), bei dem die
sich im Rahmen der vorgegebenen Toleranzen
bewegenden Parameter der Schaltungskomponenten sich in der ungünstigsten Weise auf
das Verhalten der Schaltung auswirken. Diese Untersuchung hat auch zum Ziel, möglichst
weite Toleranzen der Schaltungskomponenten
zu ermitteln, die aber noch sicher die
Funktion der Schaltung garantieren; weite
Toleranzen sind natürlich für die Schal-
tungsherstellung vorteilhaft. Mit wachsender Zahl der Knoten in der Schaltung benötigt der Rechner erhebliche Rechenzeiten,
die sich bei mehreren Wiederholungen des
Rechenprogramms zur Schaltungsoptimierung
noch erhöhen.

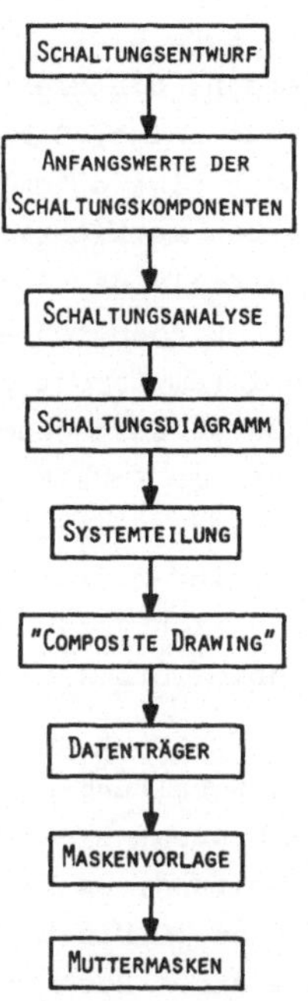

Bild 5.1 Schema der Entwicklung einer
integrierten Schaltung

Aus den Analysen geht das Schaltungsdiagramm hervor, das nun
in Untergruppen zerlegt wird ("partitioning"). Jede dieser Untergruppen führt eine spezielle Funktion innerhalb der Gesamtschaltung aus. Speziell bei logischen MOS-Schaltungen hat sich
ein Verfahren als zweckmäßig erwiesen, das Standardzellen oder
Zellenblöcke verwendet. Digitale Schaltungen eignen sich wegen
ihres periodischen Aufbaus aus gleichförmigen Einheiten (Gatter, Register oder ähnliche Schaltungsgruppen nach Kap. 4.2)
besonders für ein solches Vorgehen. Diese Einheiten sind mit
ihren charakteristischen Eigenschaften (einschließlich der topologischen Auslegung) im Rechner gespeichert. Eine möglichst
große Zellenbibliothek des Rechners führt dabei zur Senkung
der Kosten und zu erhöhter Flexibilität beim Schaltungsentwurf.
Neu entwickelte Zellen, die die Möglichkeit der Wiederverwen-
dung in zukünftigen Schaltungen bieten, werden der Zellenbibliothek hinzugefügt.

Nun kann eine Zeichnung ("composite drawing") zusammengestellt werden, die die topologische Auslegung ("Layout") aller Bauelemente zeigt. Dabei werden z.B. die verschiedenen Maskenebenen durch eine automatische Zeichenmaschine in unterschiedlichen Farben markiert. Die Zusammenstellungszeichnung erlaubt eine Kontrolle des Schaltungsentwurfs (Abmessungen, Verdrahtungsfehler, Eingabefehler). Ebenso können Teile des Schaltungsentwurfs in ihrem Layout auf einem Datensichtgerät in einem gewünschten Maßstab ausgegeben werden. Das Datensichtgerät kann zu Korrekturen im Schaltungsentwurf eingesetzt werden. Es kann aber auch zur Digitalisierung von manuell erarbeiteten Zellen dienen, indem die Koordinaten des topologischen Entwurfs über das Datensichtgerät in den Rechner und gegebenenfalls in seine Zellenbibliothek eingegeben werden.

Die Verdrahtung von Zellen untereinander geschieht bei komplexen Schaltungen meist nicht mit einem Rechner. Die Verdrahtung verbraucht einen beträchtlichen Anteil der Gesamtfläche einer Schaltung. Es hat sich gezeigt, daß manuell verdrahtete Schaltungen 30 bis 50 % weniger Halbleiterfläche beanspruchen als mit einem Rechner ermittelte Verdrahtungspläne. Allerdings führt ein Rechner zu einer erheblichen Verkürzung der Herstellungszeit einer Schaltungsvorlage.

Die Schaltung ist nun so weit entwickelt, daß sie auf einen Datenträger, wie Lochstreifen, Lochkarten oder Magnetband, übertragen werden kann. Der Datenträger steuert eine Vorrichtung zur Herstellung der Maskenvorlagen. Dies kann eine automatische Schneidemaschine sein, die eine Folie gemäß dem Layout der Schaltung anfertigt. Die Weiterverarbeitung der Folie zu Mutter- und Arbeitsmasken ge-

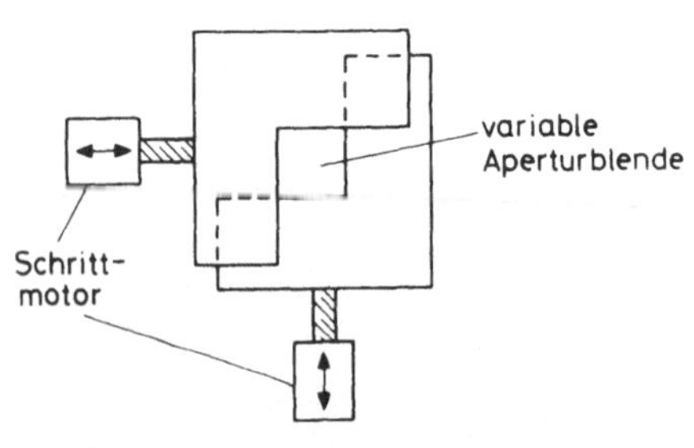

Bild 5.2 Variable Aperturblende zur photographischen Herstellung einer Zwischenvorlage

schieht nach Bild 2.6. Es kann aber auch ein Verkleinerungs-
schritt umgangen werden, indem durch den Datenträger direkt eine Verkleinerungskamera angesteuert wird, die die Zwischenvorlage ("reticle") im Maßstab 10:1 direkt auf einer Photoplatte
herstellt. Eine derartige Belichtungseinrichtung enthält zwei
L-förmige, über Schrittmotoren steuerbare Bleche, die variable
rechteckige oder quadratische Aperturblenden herzustellen erlauben (Bild 5.2). Die Aperturblende von gewünschter Abmessung
wird auf eine Photoplatte verkleinert abgebildet, die durch eine Xenon-Blitzlampe belichtet wird. Die Photoplatte kann, ebenfalls durch Schrittmotoren, unter der Aperturblende in x- und
y-Richtung bewegt werden, so daß schrittweise die Zwischenvorlage belichtet werden kann. Die Schrittmotoren und die Blitz-
lampe werden durch den Datenträger kontrolliert. Die Zwischenvorlage wird schließlich nach den Verfahren von Bild 2.6 zu
Masken weiterverarbeitet.

Das Schema nach Bild 5.1 ist nur eine grobe Vereinfachung. Tat-
sächlich bestehen zwischen den verschiedenen Schritten vielfäl-
tige Kopplungen, so daß die Ergebnisse eines Schrittes Rückwir-
kungen auf die vorhergehenden Stufen haben, wenn die Schaltung
optimal ausgelegt werden soll. Die kurzen und vereinfachten Er-
läuterungen dieses Kapitels sollten andererseits ausreichen,
die Komplexität der Schaltungsentwicklung deutlich werden zu
lassen. So kann die Neuentwicklung einer integrierten Schaltung durchaus zwei bis vier Jahre in Anspruch nehmen.

Wir haben bereits in Kap. 3.4 erwähnt, daß jede integrierte
Schaltung vor dem Zerteilen der Halbleiterscheibe in Chips in
ihrem elektrischen Verhalten geprüft wird. Die dazu notwendigen Messungen und ihre Auswertung müssen in Sekundenbruchtei-
len durchgeführt werden. Die Schaltungen werden nacheinander
unter einem Spitzenmeßplatz entlanggeführt, bei dem mehrere
Meßsonden gleichzeitig für den elektrischen Kontakt sorgen.
Schaltungen, die nicht innerhalb der Toleranzen liegen, werden
mit einem Tintentropfen markiert und verworfen. Die Steuerung
des Spitzenmeßplatzes ist ein weiteres wichtiges Einsatzgebiet
elektronischer Rechner während der Herstellung integrierter
Schaltungen.

6 Ausfallmechanismen und Qualitätskontrolle

Die Komplexität integrierter Schaltungen und die Vielzahl der
zu ihrer Fertigung notwendigen Prozeßschritte machen bei jedem
Hersteller ein umfangreiches System der Qualitätssicherung erforderlich. Dieses System umfaßt u.a. die Wareneingangskontrol-
le, die Prozeßkontrolle, die Endprüfung und die Qualitätskontrolle. Neben Routineuntersuchungen (z.B. Funktionsprüfungen)
werden stichprobenartig bestimmte Teste (z.B. bei erhöhter Temperatur) durchgeführt, die sicherstellen sollen, daß die Schaltungen den Beanspruchungen der Montage und des Betriebes stand-
halten. Wichtig ist dabei eine lückenlose und rasch wirksame
Rückkoppelung zwischen den einzelnen Stationen der Prozeßkontrolle und den zugeordneten Fertigungsschritten. Aus den Ergebnissen der Qualitätskontrolle werden ggf. auch Rückschlüsse
auf notwendige Änderungen des Bauelementeentwurfes gezogen,
d.h. es werden Hinweise für die Entwicklung gegeben.

Die Fehleranalyse von Bauelementen dient vor allem zwei Zielen,
nämlich
1. der Erhöhung der Ausbeute bei der Fertigung und
2. der Erhöhung der Zuverlässigkeit im Betrieb.

Man unterscheidet daher zweckmäßigerweise zwischen Herstellungs-
fehlern, die z.B. bei der Endkontrolle bemerkt werden, und Aus-
fallmechanismen, die von der Betriebsdauer und der Belastung
(elektrisch oder thermisch) abhängig sind. In der Praxis ist
allerdings eine derartige Unterscheidung nicht immer eindeutig
möglich. So kann z.B. durch Fehler im Oxid ("pinholes") eine
unerwünschte Berührung zwischen einer Al-Leiterbahn und dem
Si-Substrat auftreten. Diese Kombination wirkt zunächst als
Schottkykontakt und ist - bei Polung in Sperrichtung - elektrisch nicht nachweisbar. Erst bei längerer Belastung (d.h.
bei erhöhter Temperatur) entsteht hieraus u.U. ein ohmscher
Kontakt, der die Unbrauchbarkeit der Schaltung zur Folge haben
kann.

Es sollen zunächst die beim Planarprozeß (d.h. bei der Chip-
Herstellung) auftretenden Fehler besprochen werden. Der be-

grenzten Themenstellung des vorliegenden Skriptums entsprechend, bleiben Probleme der Materialherstellung (d.h. der Kristallqualität) und die dazugehörige Analysentechnik ausgespart.

Es ist evident, daß die Nichteinhaltung der für eine integrierte Schaltung vorgeschriebenen Prozeßparameter (z.B. Diffusionstemperatur und -zeit) zu fehlerhaften Bauelementen führen muß, sofern gewisse Toleranzen überschritten werden. Ähnliches gilt für Justierfehler in der Photolithographie. Darüber hinaus können Fehler durch Staubteilchen, Aufnahme von unerwünschten Verunreinigungen etc. entstehen. In der Tafel 6.1 sind für die einzelnen Prozeßschritte der Planartechnik die entscheidenden Dimensionierungsgrößen sowie die wichtigsten Fertigungsfehler angegeben. Einige Fehler sind außerdem in Bild 6.1 dargestellt.

Zu den Kristallbaufehlern gehören Stapelfehler in der Epitaxieschicht, die jedoch elektrisch inaktiv sind. Es kann allerdings an diesen Stellen zu einer Ansammlung von Verunreinigungen (Schwermetallen) und damit zu einer Verschlechterung der Eigenschaften von pn-Übergängen kommen. Pyramidenförmige Erhebungen ("spikes", meist durch Staubteilchen hervorgerufen) beschädigen die Emulsionsschichten der Photomasken und führen bei ihrer Weiterverwendung zu lokalen Belichtungsfehlern (Bild 6.1 a). Kratzer in den Masken beeinträchtigen die später erzeugten Diffusionsprofile.

Löcher in SiO_2-Schichten - auch in submikroskopischen Abmessungen - können - wie bereits erwähnt - zu unerwünschten Metallhalbleiter-Kontakten führen. Außerdem ergeben sich unerwünschte Diffusionsbereiche (Bild 6.1 b), die insbesondere bei der Isolationsdiffusion gravierende Folgen zeitigen können (z.B. Emitter-Kollektor-Kurzschlüsse). Verunreinigungen auf der SiO_2-Oberfläche beeinträchtigen die Haftfähigkeit von Metallschichten. Durch Verunreinigungen (insbesondere Alkaliionen) im Siliziumdioxid und an der Grenzfläche SiO_2/Si wird die Schwellenspannung von MOS-Feldeffekttransistoren beeinflußt (vgl. Kap. 3.3.3); es kann zu einer unerwünschten Inversion der Halbleiteroberfläche und damit zu Kurzschlüssen zwischen Bauelementen kommen. Alkaliionen bewegen sich bereits bei Raumtemperatur

	Dimensionierungsgrößen	Fehler
Epitaxie	Dicke, Dotierung	Stapelfehler, Pyramiden ("spikes"), Kratzer
Oxydation	Oxiddicke	Löcher ("pin-holes"), Verunreinigungen (z.B. Alkaliionen)
Photolithographie	Dicke des Photolacks, laterale Abmessungen	Löcher ("pin-holes"), Lackrückstände, Unterätzung, nicht ausreichende SiO_2-Ätzung
Diffusion	Eindringtiefe, Störstellenkonzentration, Trägerlebensdauer	Diffusionsschläuche ("pipes"), Verunreinigungen (Schwermetalle)
Metallisierung	Dicke der Metallschicht, laterale Abmessungen, Zusammensetzung, Korngröße	Kurzschlüsse, Unterbrechungen, zu hohe Kontaktwiderstände, Einlegieren des Metalls, Elektrotransport

Tafel 6.1 Dimensionierungsgrößen und Fehler bei der Chip-Herstellung (Planarprozeß). Erläuterung siehe Text.

unter dem Einfluß eines elektrischen Feldes; dieser Effekt führt zu einer zeitlichen Änderung der elektrischen Daten von MOS-Feldeffekttransistoren unter Gleichspannungsbelastung. Bipolare Transistoren sind gegenüber Ladungen im Oxid weniger empfindlich, jedoch werden der Sperrstrom und die Stromverstärkung - mehr oder weniger stark - beeinflußt; in ungünstigen Fällen können Emitter-Kollektor-Kurzschlüsse an der SiO_2/Si-Grenzfläche auftreten.

Löcher im Photolack (z.B. durch Staub oder Maskenfehler) haben Löcher im Oxid zur Folge; hierdurch werden die bereits besprochenen Fehler (Kurzschlüsse bzw. unerwünschte Diffusionen) hervorgerufen. Lackrückstände (z.B. durch unvollkommene Entfernung des unbelichteten Lackes aus den Fenstern) führen zu einer unvollkommenen Entfernung des Oxids und damit zu einer Beeinträchtigung der Diffusionsfront (Bild 6.1 d). Bei Unterätzung des Lackes durch Überschreitung der vorgeschriebenen Ätzzeit oder infolge schlechter Lackhaftung entstehen Oxidmuster mit

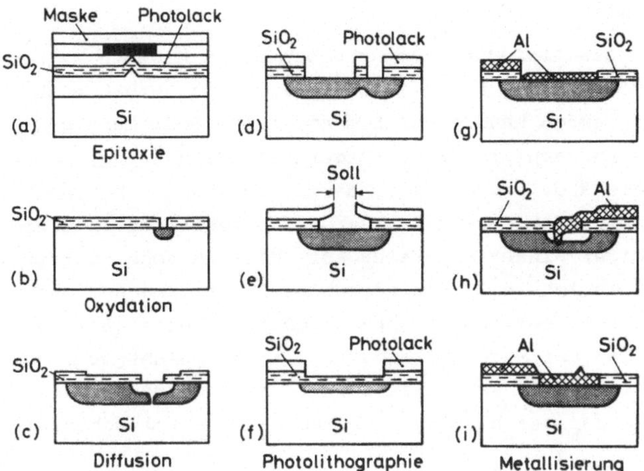

Bild 6.1   Fabrikationsfehler der Standard-Planartechnik

a) Pyramiden in der Epitaxieschicht, b) Löcher im Oxid ("pin-holes"), c) Diffusionsschläuche ("pipes"), d) Photolackreste, e) Unterätzung des Photolackes, f) nicht ausreichende SiO₂-Ätzung, g) Unterbrechung der Metallisierung an Oxidstufen, h) Einlegieren des Metalls, i) Unterbrechung der Strombahn durch Elektrotransport

fehlerhaften Dimensionen bzw. schlecht definierten Rändern (Bild 6.1 e). Bei zu geringer Ätzzeit bleibt eine dünne SiO_2-Schicht in den Fenstern stehen. Diese Schicht wirkt diffusionshemmend (Reduktion der Eindringtiefe und der Störstellenkonzentration (Bild 6.1 f). Im Falle von Kontaktlöchern führt diese Schicht zu erhöhtem Kontaktwiderstand (ggf. zu einer Unterbrechung des Strompfades).

Der unerwünschte Einbau von Schwermetallen im Verlauf der Diffusion beeinflußt die Sperreigenschaften von pn-Übergängen und die Stromverstärkung von bipolaren Transistoren in negativem Sinne. Als besonders gravierender Fehler bei der Diffusion ist die Bildung von Diffusionsschläuchen ("pipes") anzusehen, welche in bipolaren Transistoren zu Emitter-Kollektor-Kurzschlüssen führt (Bild 6.1 c). Es ist anzunehmen, daß auch dieser Fehler durch eine (lokale) Ansammlung von Verunreinigungen hervorgerufen wird.

Bei der Metallisierung kommen neben Kurzschlüssen (z.B. infolge von Mängeln der Photolithographie) auch Unterbrechungen vor. Letztere werden häufig durch mangelhafte Bedeckung der Oxidstufen beim Aufdampfprozeß hervorgerufen (Bild 6.1 g). Hohe Kontaktwiderstände treten - wie bereits erwähnt - bei unvollständiger Entfernung des Oxids aus den Kontaktfenstern sowie bei zu niedriger Sintertemperatur auf. Eine zu hohe Sintertemperatur kann zu lokalem Einlegieren des Aluminiums und damit zu Kurzschlüssen bei flachen pn-Übergängen führen (Bild 6.1 h). Das Problem der Materialwanderung (Elektrotransport) von Aluminium (Bild 6.1 i) soll erst später (im Zusammenhang mit der Besprechung der beschleunigten Lebensdauerteste) behandelt werden.

Bei der Montage und der Kontaktierung der Chips ist insbesondere auf folgende Fehlerquellen zu achten:

1. unvollständige Verbindung zwischen Chip und Sockel (dies führt zu schlechter Wärmeableitung),
2. schlechte Bondverbindung der Anschlußdrähte durch zu geringe Bondtemperatur und/oder zu geringen Anpreßdruck,
3. schlechte Bondverbindung durch Bildung intermetallischer Al/Au-Verbindungen ("Purpurpest", "purple plague"),
4. Kurzschlüsse infolge Fehlbondung oder durch Reste von Anschlußdrähten (insbesondere bei der Nagelkopfkontaktierung, Bild 2.18),
5. Bruch der Zuleitungsdrähte infolge unterschiedlicher thermischer Ausdehnung von Chip und Gehäuse (insbesondere bei Plastikumhüllung),
6. Undichtigkeit des Gehäuses.

Die Qualität einer integrierten Schaltung im Auslieferungszustand wird ergänzt durch ihre Zuverlässigkeit, d.h. ihre Fähigkeit, gegebenen Anforderungen innerhalb gegebener Grenzen während einer bestimmten Zeitdauer zu genügen. Ein Maß für die Zuverlässigkeit ist die mittlere Ausfallrate λ, d.h. der relative Anteil der Ausfälle pro Zeiteinheit (angegeben in %/h oder

h^{-1}). Fallen beispielsweise von 100 integrierten Schaltungen innerhalb einer Zeit von 500 h zwei Schaltungen aus, so beträgt die Ausfallrate $4 \cdot 10^{-3}$ %/h bzw. $4 \cdot 10^{-5}$ h^{-1}.

Der Kehrwert von λ heißt mittlerer Fehlerabstand (abgekürzt MTTF, " mean time to failure" oder MTBF, "mean time between failures"); die Einheit ist h.

Der Verlauf der Ausfallrate über der Zeit ist schematisch in Bild 6.2 angegeben. Der Bereich I kennzeichnet den Zeitraum der Frühausfälle ("infant mortality"); die Ausfallrate ist zunächst hoch, nimmt aber mit der Zeit rasch ab. Im Bereich II ist die Ausfallrate konstant. Die Ausfälle sind in diesem Bereich durch statistische Gesetzmäßigkeiten - analog zum radioaktiven Zerfall - zu beschreiben, d.h. die Zahl der "überlebenden" Schaltungen ist proportional zu $e^{-\lambda t}$. Werden in einem Gerät mehrere integrierte Schaltungen mit den Ausfallraten λ_1, $\lambda_2 \ldots \lambda_n$ verwendet, so gilt für das Gerät die Ausfallrate

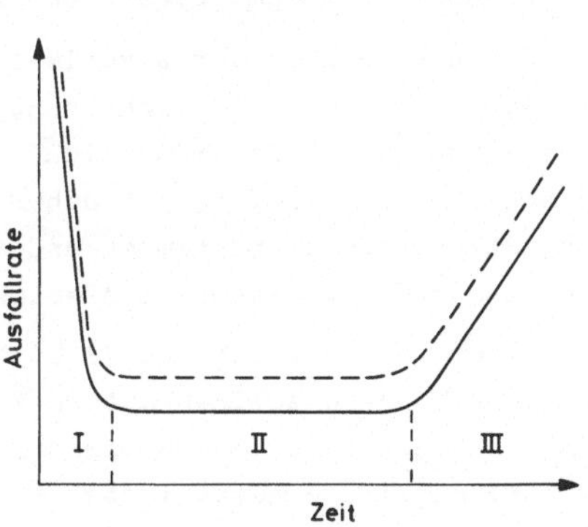

Bild 6.2 Ausfallrate in Abhängigkeit von der Zeit bei normaler (———) und erhöhter (– – –) Belastung (schematisch)

$$\lambda = \lambda_1 + \lambda_2 + \ldots + \lambda_n. \qquad (6.1)$$

Benötigt man - z.B. in kommerziellen Nachrichtengeräten mit langer Betriebsdauer - viele integrierte Schaltungen, so müssen für diese Schaltungen u.U. Ausfallraten von weniger als 10^{-8}/h gefordert werden.

Im Bereich III setzen Verschleißausfälle ein; d.h. die Bauelemente erreichen schließlich die Grenze ihrer Lebensdauer.

Frühausfälle können grundsätzlich durch Voraltern der Schaltun-

gen oder durch Sieben in geeigneten Testen herausgeprüft werden, wobei allerdings vorauszusetzen ist, daß die Teste die
Bauelemente nicht zusätzlich schädigen. Darüber hinaus sind
Frühausfälle rasch zu erkennen, so daß ihre Ursache in der Regel auch schnell beseitigt werden kann. Verschleißausfälle
sollten - bei korrekter Dimensionierung und Fabrikation - bei
integrierten Schaltungen innerhalb der üblichen Benutzungsdau-
er nicht vorkommen. Die Stromdichte in den Al-Leiterbahnen
darf jedoch 10^5 A/cm^2 nicht überschreiten.

Für die Beurteilung der Zuverlässigkeit von Halbleiterbauelementen und integrierten Schaltungen ist der Bereich II besonders wichtig. In diesem Bereich treten die Ausfälle statistisch verteilt auf. Es ist daher möglich, die Ausfallrate für
eine Stichprobe zu bestimmen und mit Hilfe der Statistik Rückschlüsse auf das gesamte Lieferlos zu ziehen.

Bei einem rein statistisch (d.h. durch Zufallsereignisse) bestimmten Vorgang sollten äußere Einwirkungen ohne Einfluß bleiben. Es zeigt sich jedoch bei Halbleiterbauelementen, daß auch
im Bereich II die Ausfallrate von den Betriebsbedingungen
(Strom, Spannung, Temperatur etc.) abhängt, d.h. der Zufalls-
charakter der Ausfälle im Bereich II wird durch Ausläufer der
Bereiche I und II vorgetäuscht. Die experimentelle Bestimmung
der Ausfallrate kann somit nach zwei Verfahren erfolgen:

1. Messung der mittleren Ausfallzeit unter realen Betriebsbedingungen,
2. Beobachtung des Vorganges in einem stark beschleunigten Mo-
   dellversuch, indem beispielsweise die elektrische Belastung
   und/oder die Temperatur erhöht werden.

Das erstgenannte Verfahren erfordert eine große Anzahl von
Prüflingen und einen hohen zeitlichen bzw. experimentellen Aufwand. Die Möglichkeit, den experimentellen Aufwand durch Erhöhung der Prüftemperatur drastisch zu vermindern, beruht auf
der Tatsache, daß die Geschwindigkeit der meisten physikalisch-
chemischen Vorgänge (z.B. Diffusion, chemische Reaktion) einer
"Arrhenius-Beziehung" folgt. Dementsprechend gilt auch für die
Ausfallrate

$$\lambda \sim e^{-A/kT}, \qquad\qquad (6.2)$$

wobei A die "Aktivierungsenergie" des betreffenden Vorganges ist (k = Boltzmannkonstante); die logarithmische Auftragung von λ über dem Kehrwert der absoluten Temperatur ergibt eine Gerade (vgl. z.B. Bild 2.11). Durch Messung der Ausfallraten bei 150 und 250 $^{\circ}$C kann beispielsweise auf das Verhalten des Bauelementes bei Raumtemperatur geschlossen werden. Voraussetzung für die Anwendung des Verfahrens ist allerdings, daß in dem betreffenden Temperaturbereich ein Fehlermechanismus dominierend ist bzw. mehrere Fehlermechanismen eine annähernd übereinstimmende Aktivierungsenergie besitzen.

Die durch Temperaturerhöhung beschleunigte Bestimmung der Ausfallrate soll am Beispiel des Problems des Elektrotransportes in den Al-Leiterbahnen erläutert werden.

Grundsätzlich ist eine Materialwanderung in strombelasteten Leiterbahnen nicht zu vermeiden, da bewegte Elektronen stets einen Teil ihres Impulses an die Metallatome übertragen [6.1]. Dieser Materialtransport ist in einer korrekt dimensionierten und optimal gefertigten integrierten Schaltung zu vernachlässigen. Ein Lebensdauerproblem entsteht erst dann, wenn zulässige Grenzen der Stromdichte (d.h. bei Al-Leitern 10^5A/cm^2) überschritten werden bzw. Inhomogenitäten der folgenden Größen auftreten:

1. Temperaturverteilung,
2. Zusammensetzung des Leitermaterials (spezifischer Widerstand),
3. Stromdichte.

Gewisse Inhomogenitäten der Stromdichte sind in der Praxis nicht ganz zu vermeiden. So ist z.B. an Oxidkanten mit einer reduzierten Dicke der Metallbelegung zu rechnen; dort kann der Elektrotransport gemäß Bild 6.1 i zu einer Unterbrechung der Leiterbahn führen.

Der Materialtransport in einer Al-Leiterbahn ist proportional zur Stromdichte und zum Selbstdiffusionskoeffizienten des Aluminiums. Letzterer folgt einer Arrhenius-Beziehung, wobei allerdings hier zu berücksichtigen ist, daß die Diffusion sowohl im Korninnern (mit der Aktivierungsenergie A = 1,26 eV) als auch entlang von Korngrenzen (mit der Aktivierungsenergie A = 0,6 eV) erfolgen kann. Je nach Korngröße ergeben sich daher für die Temperaturabhängigkeit des Selbstdiffusionskoeffizienten D bzw. für die durch Elektrotransport bedingte Ausfallrate λ die in Bild 6.3 eingezeichneten Geraden. Eine temperaturbeschleunigte Alterung darf in diesem Falle nur innerhalb eines Temperaturbereiches vorgenommen werden, in dem die Korngrenzendiffusion (A = 0,6 eV) vorherrscht.

Wie aus Bild 6.3 hervorgeht, wirkt ein sehr feines Korn fördernd auf den Elektrotransport (und damit lebensdauermindernd). Andererseits verhindert ein sehr grobes Korn eine statistische Korngrenzenverteilung (und damit eine homogene Stromverteilung) über die Leiterbahnbreite. Es gibt daher ein optimales Verhältnis von Korngröße zu Leiterbahnbreite von etwa 1:5. Durch Zusatz von ca. 5 % Kupfer kann der Elektrotransport in Aluminium erheblich reduziert werden (gestrichelte Linie in Bild 6.3).

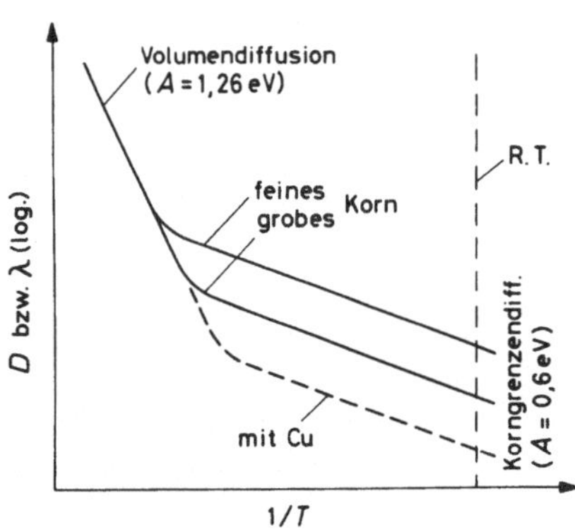

Bild 6.3

Selbstdiffusionskoeffizient D von Aluminium bzw. durch Elektrotransport verursachte Ausfallrate λ in Abhängigkeit vom Kehrwert der absoluten Temperatur T (R.T. = Raumtemperatur)

Bei MOS-Feldeffekttransistoren spielt - wie erwähnt - die Bewegung von Alkaliionen in Siliziumdioxid eine wichtige Rolle im Hinblick auf Alterungs- und Ausfallerscheinungen. Auch hier werden zeitraffende Testverfahren eingesetzt (z.B. Beobachtung der Änderung der Schwellenspannung bei gleichzeitiger Temperatur- und Spannungsbelastung).

Bei plastikumhüllten Bauelementen ist das Eindringen von Feuchtigkeitsspuren - insbesondere entlang der Grenze Plastik/Metall - nicht vollständig zu vermeiden. Das Ausmaß der hierdurch hervorgerufenen Erhöhung der Ausfallrate (z.B. infolge Korrosion der Leiterbahnen) ist jedoch von Typ zu Typ unterschiedlich. Es existieren verschiedene Beanspruchungsarten, die der Beschleunigung dieser Vorgänge dienen, wie Temperatur und Feuchtigkeit gleichzeitig (z.B. 85 $^{\circ}$C bei 85 % rel. Feuchtigkeit), Temperatur und Feuchtigkeit und Druck, salzhaltige Feuchtigkeit etc.

Die genannten Testverfahren werden durch mechanische Prüfungen (Stoß, Vibration etc.) und Sichtkontrollen (z.B. Lötbarkeitsprüfungen) ergänzt. Die wichtigsten Beanspruchungsarten einer Zuverlässigkeitsprüfung integrierter Schaltungen sind in folgender Übersicht zusammengestellt:

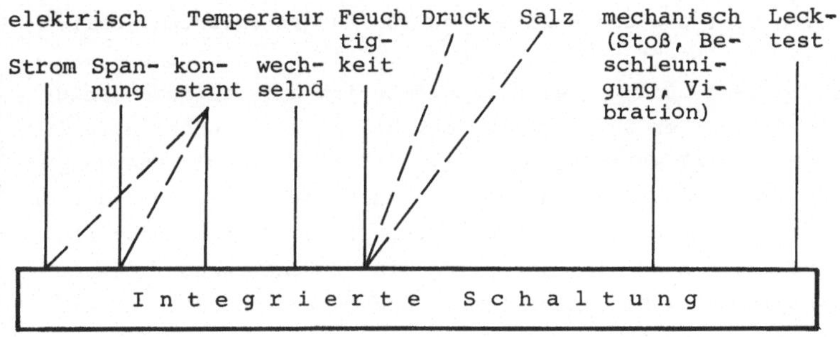

In der Praxis sind bei integrierten Schaltungen rd. 40 % der fabrikationsbedingten Ausfälle auf eine fehlerhafte Metallisierung zurückzuführen. Etwa 30 % der Ausfälle werden durch Fehler beim Drahtbonden verursacht; weitere 10 % der Ausfälle sind in der Regel durch Oxidfehler bedingt.

Zur statistisch abgesicherten Beurteilung alterungsbedingter Ausfälle (z.B. infolge Materialwanderung) dient das Auswerteverfahren nach Weibull [6.2].

7 Besondere Formen der Integration

Die planare Integrationstechnik auf Silizium hat sich in der
relativ kurzen Geschichte der Elektronikindustrie als derart
erfolgreich erwiesen, daß man die Prinzipien dieses Verfahrens
auch auf andere Werkstoffe zu übertragen versucht. Solche Ver-
suche können nur dann Aussicht auf Erfolg haben, wenn gegenüber der ausgereiften Technologie des Siliziums, die in brei-
tem Umfang großtechnisch eingesetzt wird, besondere Effekte
ausgenutzt oder stark verbesserte Ergebnisse erwartet werden
können. In diesem Kapitel wollen wir drei in dieser Hinsicht
vielversprechende Verfahren beschreiben.

In der integrierten Optik oder, falls aktive elektronische Bauelemente mitintegriert werden, in der integrierten Optoelektronik werden Lichtsignale auf einem Chip verarbeitet. Hierbei
denkt man an Materialien, die besondere optische Eigenschaften
besitzen oder die die Herstellung von Lasern erlauben. Silizium ist für Laser nicht geeignet, da es keinen direkten Band-
Band-Übergang zuläßt. Bei der Integration auf Galliumarsenid
kann entweder der Gunn-Effekt, der bei Silizium nicht auftritt,
für schnelle elektronische Schalter oder zur Impulserzeugung
ausgenutzt werden, oder die GaAs-Schaltungen sind wegen der erheblich höheren Elektronenbeweglichkeit und Sättigungsdriftge-
schwindigkeit sehr viel schneller als Si-Schaltungen. Magnetblasenspeicher schließlich lassen höhere Packungsdichten als
Halbleiterspeicher erwarten.

Die drei erwähnten Integrationskonzepte sind gegenwärtig höchstens bis zu fortgeschrittenen Entwicklungsmustern vorangetrie-
ben worden. Dies gilt insbesondere für die optische Integration,
die noch gänzlich im Laborstadium ist. Es bleibt also noch ab-
zuwarten, welche der drei Ansätze sich in großem Maßstab durch-
setzen werden.

7.1 Integration auf Galliumarsenid

Galliumarsenid läßt sich als semi-isolierender Substratkristall
herstellen (vgl. Kap. 2.2), so daß in integrierten Schaltungen

die parasitären Kapazitäten erheblich reduziert sind. Die Beweglichkeit ist um etwa den Faktor 5 höher als in Silizium, wohingegen die Löcherbeweglichkeit in Silizium geringfügig grösser ist. Verbesserte elektrische Eigenschaften lassen sich also bei GaAs-Bauelementen erwarten, die auf n-Leitung basieren. Die maximale Elektronengeschwindigkeit ist in Galliumarsenid etwa doppelt so hoch wie in Silizium, so daß MeS-Feldeffekttransistoren (vgl. Kap. 3.3.3) aus Galliumarsenid für eine gegebene Gate-Spannungsänderung eine vergrößerte Drain-Stromänderung zeigen, d.h. sie haben eine hohe Steilheit.

Diese guten Eigenschaften lassen sich in digitalen Schaltungen für den Subnanosekunden-Bereich ausnutzen. Bei derart schnellen Schaltungen ist monolithische Integration unbedingt notwendig. Die auf diesem Weg am weitesten entwickelten Schaltungen [7.1] benutzen eine Technologie, die wir an Hand von Bild 7.1 erläutern wollen. Auf ein semi-isolierendes GaAs-Substrat wird zunächst mit der Epitaxie aus der flüssigen Phase (vgl. Kap. 2.2) eine 2 µm dicke und kristallographisch hochwertige Pufferschicht aufgebracht, die vom semi-isolierenden Substrat ausgehende Kristallbaufehler und Verunreinigungen vom aktiven Bereich der integrierten Schaltung abschirmt. Derartige undotierte Pufferschichten lassen sich mit einem spezifischen Wider-

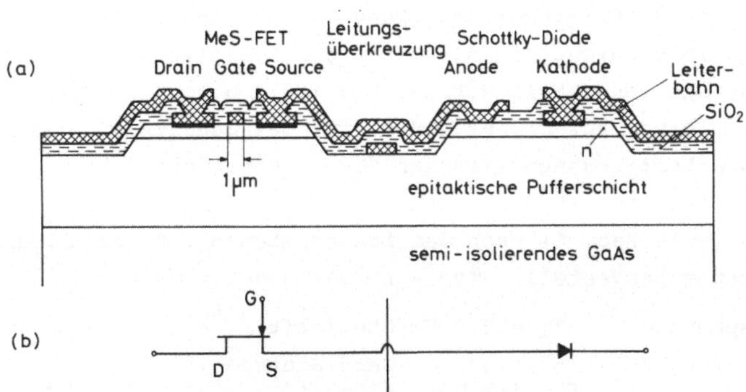

Bild 7.1   Integrierte Schaltung mit MeS-Feldeffekttransistor auf Galliumarsenid

a) Realisierung in Mesa-Strukturen
b) zugehörige Schaltungssymbole

stand von über $10^4 \Omega$cm züchten [7.2], so daß sie als Isolator
angesehen werden können. Durch Se-Ionenimplantation (Kap. 2.1.5
und Kap. 2.2) und durch eine anschließende Temperung unter einer Si_3N_4-Schutzschicht bei 850 $^{\circ}$C wird ein oberflächennaher
Bereich der Pufferschicht n-leitend mit einer bis auf 3 % homogenen Elektronenkonzentration von $2 \cdot 10^{17}$cm^{-3}. Dieses Verfahren
garantiert eine hohe Gleichmäßigkeit der Abschnürspannung U_p,
des Sättigungsdrainstroms I_{DS} und des Drain-Source-Widerstan-
des R_{DS} im eingeschalteten Zustand. Diese Parameter gehen an
kritischer Stelle in den Entwurf von MeS-FET-Schaltungen ein.

Die unerwünschten leitenden Verbindungen zwischen den Komponenten der Schaltung werden durch selektive Ätzung entfernt, so
daß 0,3 µm hohe Mesa-Strukturen (von dem spanischen "mesa" für
Tafelberge) übrigbleiben. Die ohmschen Kontakte für Source und
Drain des MeS-FETs und für die Katode der Schottky-Diode werden durch Legieren des Au-Ge-Eutektikums bei 460 $^{\circ}$C hergestellt.
Die Gate-Elektrode aus einer Schichtenfolge von Cr, Pt und Au
mit 1 µm Länge und 0,4 µm Dicke erstreckt sich über die typisch
20 µm breiten MeS-FETs. Die Strukturierung der Elektroden erfolgt mit dem Verfahren der Kontaktkopie nach Kap. 2.1.4. Fei-
nere Strukturen bis in den Bereich von 0,2 µm Gate-Länge lassen sich mit Elektronenstrahlbelichtung erreichen.

Es folgt eine großflächige Bedeckung der Schaltung mit einer
SiO_2-Isolationsschicht, in die Öffnungen (englisch "vias") an
den Kontaktstellen geätzt werden. Schließlich sorgt eine zweite Metallisierung aus Cr, Pt und Au für den Schottky-Kontakt
und für die Leiterbahnen zwischen den Komponenten. Schaltungen
mit 1 µm-Strukturen werden gegenwärtig in mittlerem Integrationsgrad (vgl. Kap. 1) nach dem beschriebenen Verfahren mit
20 % Ausbeute hergestellt. Typische Daten der MeS-FETs sind:

Abschnürspannung	$U_p = 2,5$ V	Steilheit	$g_m = 2$ mA/V
Sättigungsdrain-strom	$I_{DS} = 4$ mA	Gate-Source-Kapazität	$C_{GS} = 0,02$ pF
Drain-Source-Wider-stand	$R_{DS} = 240$ Ω	Transitfre-quenz	$f_T = 15\text{-}18$ GHz.

Grundlegend für logische Gatter mit GaAs-MeS-FETs ist der Inverter nach Bild 7.2. Der eigentliche Inverter mit dem Schalttransistor T_1 und dem Lasttransistor T_2 ist völlig analog zu Bild 4.29 aufgebaut. Beide Transistoren haben die gleiche Gate-Länge von 1 µm, jedoch ist das Gate von T_2 schmaler als das von T_1. Da der Source-Anschluß von T_2 sehr empfindlich gegen kapazitive Belastung ist, schließt sich noch der Source-Folger T_3 an, um einen Ausgang mit niedriger Impedanz und hoher Geschwindigkeit zur Verfügung zu stellen.

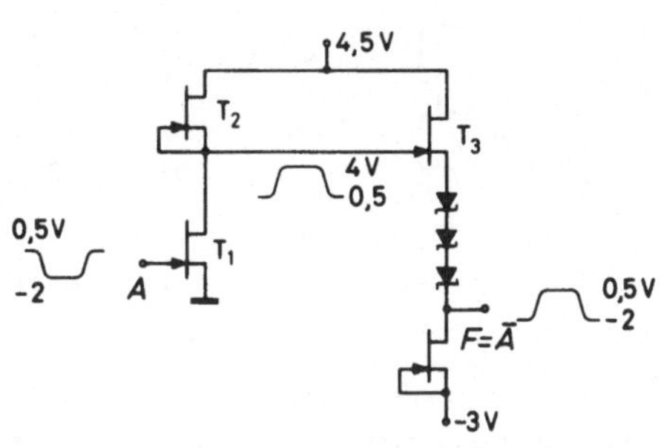

Bild 7.2   Inverter mit GaAs-MeS-Feldeffekttransistoren

Die Pufferschaltung in Reihe zu T_3 ist aber auch notwendig, um die Ausgangsspannung des Inverters zur Aussteuerung der Folgestufe verwenden zu können. Denn im Gegensatz zu einem Inverter mit Feldeffekttransistoren vom Anreicherungstyp (wie in Bild 4.29) wandeln die Transistoren vom Verarmungstyp in Bild 7.2 den Eingangsimpuls A von 0,5 bis - 2 V in einen Ausgangsimpuls von 0,5 bis 4 V um. Die notwendige Pegelverschiebung erfolgt durch drei hintereinandergeschaltete Schottky-Dioden, so daß nun ein nutzbarer Ausgangsimpuls F von - 2 bis 0,5 V entsteht. Nach diesen Meßwerten sorgt jede Diode für eine Spannungsverschiebung von etwa 1 V, was sich durch einen Stromfluß in den Dioden erklären läßt.

Erst durch die Ausgangsschaltung mit T_3 und den Schottky-Dioden wird die volle Geschwindigkeit der Schaltung ausgenutzt, wobei ohne Schwierigkeiten ein Fan-out von 2 erreichbar ist. Jedoch verbraucht die Ausgangsschaltung etwa 80 % der Verlustleistung der Schaltung in Bild 7.2. Allerdings kann ein einzelnes MeS-FET-Gatter bis zu vier NOR- und NAND-Funktionen mit je drei Eingängen enthalten, so daß eine einzige verlustbehaftete Ausgangsschaltung für mehrere logische Funktionen gleichzeitig

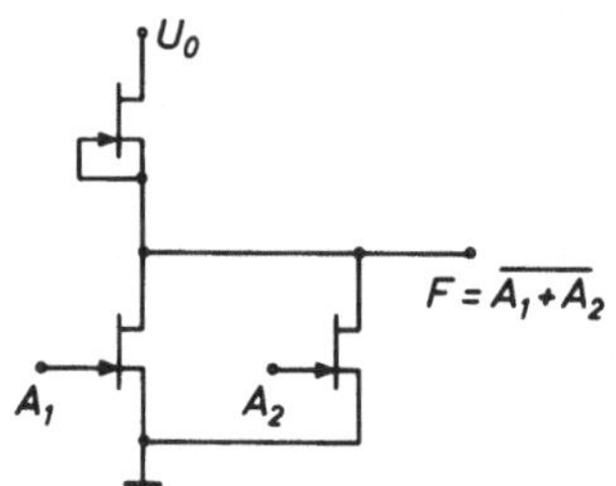

dient. Bild 7.3 zeigt als Beispiel
eine NOR-Schaltung. Die Überlegungen, die zu den Schaltungen in Bild
4.32 führten, lassen sich auch hier
anwenden, so daß sich NAND-Schaltun-
gen und komplexere logische Funk-

Bild 7.3   NOR-Funktion mit MeS-Feld-
          effekttransistoren

tionen mit MeS-FETs realisieren lassen. Dazu gehören Zweispei-
cher-Flip-Flops (vgl. Kap. 4.2.3) aus NAND- oder NOR-Gattern.

Es sind GaAs-MeS-FET-Schaltungen mit mehr als 30 Gattern integriert worden, die, z.B. als Frequenzteiler, bis in den Bereich von 4 GHz arbeiten [7.1]. Diese Schaltungen von mittlerem Integrationsgrad zeigen Verzögerungszeiten von 100 ps pro
Gatter bei einem Fan-out von 2. Das Leistungs-Verzögerungspro-
dukt liegt bei 4 pJ. Der Platzbedarf ist etwa 7000 μm^2 pro Gatter.

Wenn die aktive Schicht des Feldeffekttransistors in Bild 7.1
von vergleichbarer oder geringerer Dicke als die Verarmungszone
der leerlaufenden Gate-Elektrode ist, erhalten wir einen Transistor vom Anreicherungstyp. Denn mit wachsender Gate-Spannung
(und folglich mit reduzierter Dicke der Verarmungszone) nimmt
der Drainstrom zu. Solche Feldeffekttransistoren vom Anreicherungstyp können sowohl mit Schottky-Gates als auch mit pn-Übergängen gebaut werden. Sie benötigen, im Gegensatz zu den MeS-
FETs vom Verarmungstyp, keine Schaltungen zur Pegelverschiebung und haben sehr geringe Verlustleistungen (gegenwärtig um
200 μW pro Gatter [7.3]). Jedoch liegen die Verzögerungszeiten
vergleichsweise hoch (um 1 ns). Wegen der um zwei Größenordnungen gegenüber den MeS-FETs vom Verarmungstyp reduzierten Verlustleistung bieten GaAs-Feldeffekttransistoren vom Anreicherungstyp gute Voraussetzungen für die Großintegration. Es können Leistungs-Verzögerungs-Produkte im Bereich von 20 fJ erwartet werden.

Während integrierte Schaltungen mit MeS-Feldeffekttransistoren

aus GaAs kurz vor dem Einsatz in schnellen Meßgeräten stehen,
sind integrierte Schaltungen mit Gunn-Elementen bisher nur als
Labormuster in Kleinintegration verwirklicht worden. Der Gunn-
Effekt [7.4] bietet bei digitalen Anwendungen neben einer einfachen Schaltungsauslegung die Vorteile sehr hoher Schaltgeschwindigkeiten und automatischer Regeneration der Impulse.
Dem stehen gegenüber ein relativ hoher Leistungsverbrauch,
weil die Gunn-Logik Schwellenwertcharakteristik hat, und das
nicht in allen Fällen günstige monostabile Schaltverhalten, d.h.
nur der Schaltzustand nahe der Schwelle ist unbegrenzt stabil.

Bild 7.4 zeigt die Kennlinie eines Gunn-Elementes mit dem Strom
I und der Feldstärke E oder falls in dem Gunn-Element eine homogene Feldstärkenverteilung vor-
herrscht, mit der Spannung U am Gunn-
Element. In einfachster Form besteht
ein Gunn-Element aus einem homogenen
Bereich von n-leitendem Galliumarsenid mit zwei ohmschen Kontakten als

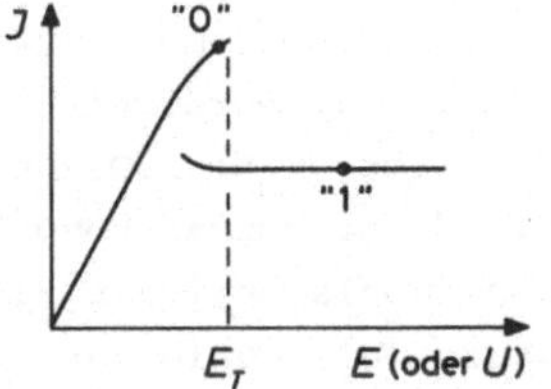

Bild 7.4   Kennlinie eines Gunn-
           Elements

Anode und Katode, zwischen denen die Spannung U liegt. Für
Schaltungsanwendungen hat sich eine zusätzliche Schottky-Elek-
trode wegen ihrer Richtwirkung (vgl. Kap. 3.3.4) als günstig
erwiesen. In planarer Bauweise mit Mesa-Struktur kommen wir so
zu Bild 7.5, bei dem sich die Verarmungszone der Schottky-Diode nahe der Katode in
die n-leitende, epitak-
tische GaAs-Schicht von
etwa 1 µm Dicke hinein
erstreckt. Zwischen Ka-
tode und Anode fließt
ein Elektronenstrom, so
daß wegen der Einschnü-
rung des leitenden Ka-
nals unter dem Schottky-

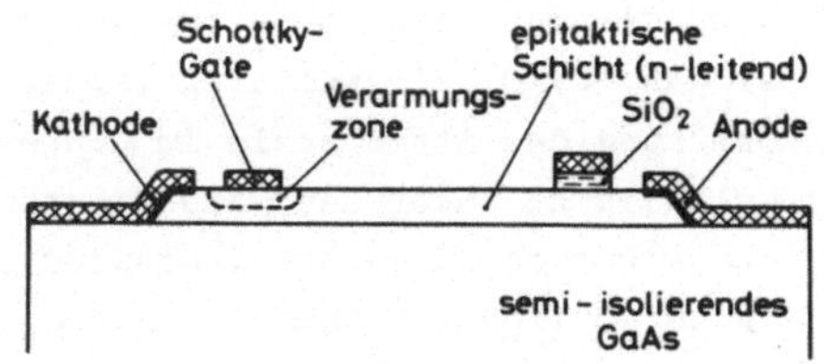

Bild 7.5   Planares Gunn-Element mit
           Domänenauslösung durch ein
           Schottky-Gate

Gate dort die höchste Feldstärke herrscht. Sie wird durch geeignete Wahl der Stromstärke so eingestellt, daß sie geringfügig unter der Schwellenfeldstärke E_T liegt (Bild 7.4). Dies ist die Bereitschaftsstellung, die der logischen O entspricht. Wird nun die Verarmungszone unter dem Schottky-Gate durch einen negativen Impuls aufgeweitet, dann erhöht sich die lokale Feldstärke über den Schwellenwert E_T (bei GaAs etwa $3 \cdot 10^3 V/cm$) hinaus, so daß das Gunn-Element entlang seiner Lastgeraden auf den Niedrigstromzustand der logischen 1 geschaltet wird. Die Ursache dafür ist die Entstehung einer Hochfeld-Domäne aus Elektronen mit stark reduzierter Beweglichkeit unter dem Schottky-Gate. Mit dieser Domäne ist ein starkes Dipolfeld verbunden. Die Domäne wandert mit einer Geschwindigkeit von etwa $10^7 cm/s$ vom Schottky-Gate zur Anode, wo sie sich auflöst. Dabei schaltet das Gunn-Element auf die logische O zurück. Bevor die Domäne die Anode erreicht, passiert sie eine Abtastelektrode, die durch eine dünne SiO_2-Schicht vom Kanal isoliert ist. Das Dipolfeld der Domäne koppelt kapazitiv über die Abtastelektrode einen Impuls aus, der zur Auslösung einer Domäne zu einer Folgestufe weitergeleitet werden kann.

Bild 7.6 zeigt ein 3-Bit-Schieberegister mit Gunn-Elementen, die durch gekreuzte Rechtecke symbolisiert sind. Bemerkenswert ist der im Vergleich zur Blockschaltung Bild 4.37 einfache Aufbau. Jedes der Gunn-Elemente stellt eine Und-Funktion dar, die wir an Hand des ersten Gunn-Elementes in Bild 7.6 erläutern wollen. Die beiden Schottky-Elektroden nahe der Katode erstrecken sich jeweils nur über die halbe Breite des Gunn-Elementes. Nur wenn gleichzeitig am Dateneingang D ein Impuls A_1 und am Takteingang CP(O) ein weiterer Impuls A_2 anliegen, reicht die Einschnürung des Stromkanals im Gunn-Element aus, um ein höheres Feld als E_T unter den Gate-Elektroden zu erzeugen. Es wird dann eine Domäne ausgelöst (entsprechend der logischen 1), die als Spannungsimpuls F über die Auskoppelelektrode nahe der Anode kapazitiv an das folgende Gunn-Element weitergegeben wird. Die Verzögerung zwischen den Eingangsimpulsen A_1 und A_2 und dem Ausgangsimpuls F ist die Laufzeit der Domäne zwischen den

Schottky-Gates und der Auskoppelelektrode. Dies ist gleichzeitig die Speicherzeit der Information im ersten Gunn-Element, das als Vorspeicher (vgl. Kap. 4.2.3) aufzufassen ist. Das folgende Element ist der Hauptspeicher. Der Taktimpuls $CP(\pi)$ des Hauptspeichers muß um eine halbe Periode gegenüber

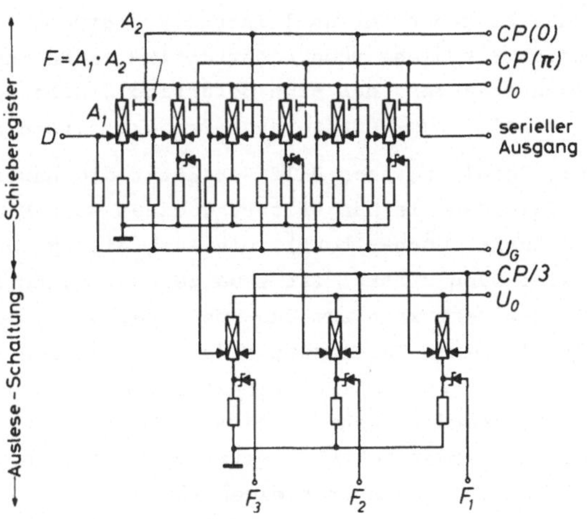

Bild 7.6 3-Bit-Schieberegister mit Gunn-Elementen

dem Taktimpuls $CP(0)$ des Vorspeichers verzögert sein. Aus Bild 7.6 wird damit leicht klar, wie das logische Wort seriell über den Dateneingang D in das Schieberegister eingeschrieben wird.

Die Information kann entweder seriell über die Auskoppelelektrode des letzten Gunn-Elementes ausgelesen werden, oder sie kann an den Katoden der Hauptspeicher der drei Stufen abgegriffen und an die Parallel-Auslese-Schaltung weitergegeben werden. die Auslese-Schaltung besteht aus drei Gunn-Elementen, die Und-Funktionen ausführen. Sie werden mit einem Takt $CP/3$ angesteuert, dessen Periode dreimal so lang ist wie bei $CP(0)$. Das Auslesen der Informationen an den Katoden der Hauptspeicher und der Auslese-Gunn-Elemente geschieht über zusätzliche SchottkyDioden, die zwar hochfrequenzmäßig leiten, aber Gleichströme abblocken. In paralleler Form steht das logische Wort an den Ausgängen F_1, F_2 und F_3 zur Verfügung.

Die Schaltung nach Bild 7.6 konnte in Kleinintegration bei einer Bitrate von nahezu 2 Gbit/s betrieben werden [7.5]. Die Anstiegszeit der Impulse lag bei etwa 50 ps. In Bereitschaftsstellung verbrauchte das Schieberegister 1,25 W. Dies entspricht einer Verlustleistung von etwa 0,36 W pro Gatter im Betrieb für diese noch nicht optimal ausgelegte Schaltung. Man kann erwarten, daß sich derartige Schaltungen mit wenigen pJ als Leistungs-Verzögerungs-Produkt herstellen lassen.

Die Schaltung nach Bild 7.6 nutzt die Ausbreitung einer Hochfeld-Domäne in Längsrichtung eines Gunn-Elementes aus (longitudinaler Gunn-Effekt). Die Ausbreitung in Querrichtung (lateraler Gunn-Effekt) ist etwa zehnmal schneller. Der laterale Gunn-Effekt kann zum Bau von Schaltungen ausgenutzt werden, die in einem Bauelement eine vollständige logische Funktion ausführen können (Funktional-Logik). Solche Schaltungen, die eine besonders hohe Geschwindigkeit versprechen, jedoch nicht die mit jeder Schwellenwert-Logik verbundenen, relativ hohen Verlustleistungen vermeiden können, sind in Kleinintegration bereits realisiert worden [7.6].

Gunn-Elemente haben die Vorteile der Schnelligkeit, des einfachen Schaltungsaufbaus und der leichten Auslösbarkeit wegen ihrer Schwellenwertcharakteristik. Die letzte Eigenschaft macht sie jedoch störanfällig und verursacht ihre hohen Verlustleistungen. Es erscheint deshalb als vorteilhaft, Gunn-Elemente mit den als Schalter sehr stabilen MeS-Feldeffekttransistoren zu integrieren. Bild 7.7 zeigt ein Beispiel. Ein Gunn-Element und ein MeS-FET sind in Reihe geschaltet. Um die Strompegel der beiden Bauelemente aneinander anzupassen, liegt parallel zum MeS-FET ein Widerstand. Wir nehmen an, daß am Gate des MeS-FET kein Impuls liegt, also $A_2 = 0$. Dann ist der Strom durch das Gunn-Element hinreichend hoch, so daß bei Erscheinen ei-

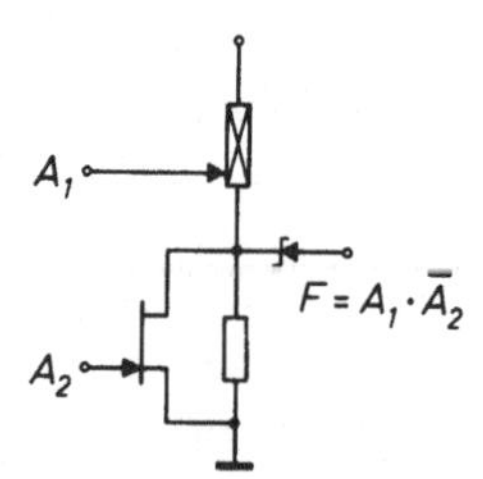

Bild 7.7   Inhibit-Gatter mit Gunn-Element und MeS-Feldeffekttransistor

nes Impulses bei A_1 eine Domäne erzeugt wird. Damit sinkt für die Dauer der Domänenwanderung zur Anode der Gesamtstrom. Der damit verbundene Impuls F kann von der Katode des Gunn-Elementes über eine Schottky-Diode abgegriffen und an die Folgestufe weitergeleitet werden.

Liegt jedoch an A_2 ein negativer Impuls an, der den stromführenden Kanal des MeS-FET einschränkt, dann reicht der Strom
durch die Parallelschaltung von MeS-FET und Widerstand nicht
mehr aus, um selbst bei Anliegen eines negativen Impulses bei
A_1 eine Domäne im Gunn-Element auszulösen. Die Schaltung führt
also die Funktion $F = A_1 \cdot \bar{A}_2$ aus. Man bezeichnet sie als Inhibit-Gatter oder Inhibitor. Schaltungen mit vier derartigen Gattern sind bereits in Mesa-Strukturen auf semi-isolierendem Galliumarsenid integriert worden [7.7]. Die Verzögerungszeit lag
bei etwa 50 ps.

7.2 Optische Integration

Durch die erfolgreiche Entwicklung von miniaturisierten Halb-
leiterlasern und von dämpfungsarmen Glasfasern hat sich in den
letzten Jahren die Möglichkeit ergeben, Nachrichtenübertra-
gungssysteme mit elektrischen Leitern durch solche mit optischen Leitern zu ersetzen. Optische Nachrichtenübertragungssy-
steme sind zu einer Reife entwickelt worden, daß sie bereits
im praktischen Einsatz erprobt worden sind. Dies hat zu zahlreichen Vorschlägen geführt, wie die Vorteile der Integration
passiver und aktiver optischer Bauelemente für ein optisches
Übertragungssystem ausgenutzt werden können. Die Integration
passiver Komponenten faßt man unter dem Begriff "integrierte
Optik" zusammen. Kommen aktive elektronische, optische Bauelemente hinzu, dann spricht man von "integrierter Optoelektronik".

Da beide Gebiete noch völlig in den Anfängen stecken, wollen
wir nur zwei Beispiele der optischen Integration auf Galliumarsenid besprechen. Für weitergehendes Interesse verweisen wir
auf die Spezialliteratur [7.8].

Bild 7.8 zeigt die prinzipielle Anordnung von sechs DFB-Lasern
("distributed feedback" oder auch Wellenleiterlaser mit verteil-
ter Rückkopplung) als Lichtquellen, die mit optischen Wellenleitern auf einem GaAs-Substrat zu einer Frequenz-Multiplex-
Einrichtung integriert sind. Die optischen Komponenten sind in
Mesa-Strukturen von 4 μm Höhe ausgeführt. Die Laser emittieren
Licht, dessen Wellenlänge um jeweils etwa 25 Å voneinander ge-

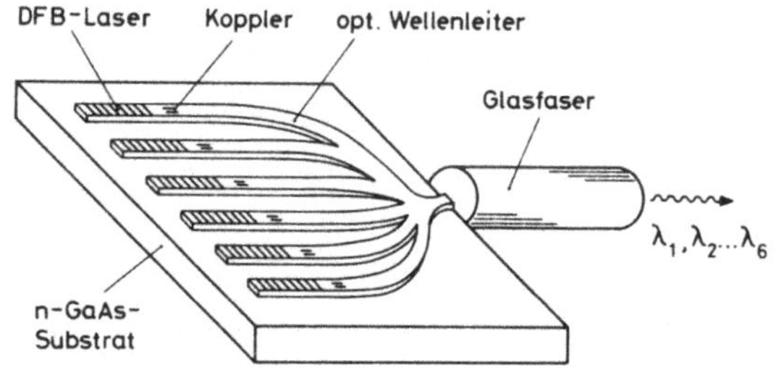

Bild 7.8 DFB-Laser integriert mit optischen
Wellenleitern zu einer Frequenz-
Multiplex-Einrichtung

trennt ist. Das Licht wird in 20 µm breite optische Wellenleiter eingekoppelt, die es über Krümmungen von minimal 4 mm Radius in einen gemeinsamen Wellenleiter zusammenführen. Dieser Wellenleiter koppelt das Licht in eine Glasfaser ein, die gleichzeitig die sechs Signalströme mit den Wellenlängen λ_1 bis λ_6 (oder mit den sechs zugehörigen Frequenzen) überträgt. Genaueres zu Nachrichtenübertragungssystemen mit Glasfasern findet sich in der Literatur [7.9].

Wesentlich für die Fortleitung von Licht in Wellenleitern oder auch in DFB-Lasern ist die Tatsache, daß der Brechungsindex für Licht aus dem interessierenden Wellenlängebereich zwischen 0,8 bis 0,9 µm in GaAlAs-Legierungen mit wachsendem Al-Gehalt abnimmt [7.10]. Licht, das sich nahezu parallel zur Achse im Wellenleiter fortpflanzt, wird demnach am Rand des Wellenleiters zur Mitte hin totalreflektiert, weil der Wellenleiter allseitig von einem Medium geringeren Brechungsindexes umgeben ist. Dies ist an drei Seiten Luft und zum Substrat hin eine Schicht $Ga_{0,7}Al_{0,3}As$, wie Bild 7.9 zeigt. Dieses Bild stellt den Übergangsbereich zwischen Laser und Wellenleiter dar, in dem das Laser-Licht in die 2 µm dicke $Ga_{0,9}Al_{0,1}As$-Schicht des Wellenleiters eingekoppelt wird.

Der Laser selbst ist im wesentlichen eine pn-Diode, die über ohmsche Kontakte an das n-GaAs-Substrat und an die stark mit Zink p-dotierte Deckschicht aus $Ga_{0,9}Al_{0,1}As$ in Durchlaßrichtung gepolt wird. Dadurch wird ein starker Elektronenstrom aus der $n-Ga_{0,7}Al_{0,3}As$-Schicht in die aktive p-GaAs-Schicht injiziert, die nur 0,2 µm dick ist. Die Elektronen rekombinieren

dort unter Licht-
emission mit den
als Majoritäts-
trägern reich-
lich vorhandenen
Defektelektronen.
Die p-GaAs-
Schicht ist beid-
seits von GaAlAs-
Schichten umge-
ben, die wegen
ihres Al-Gehalts

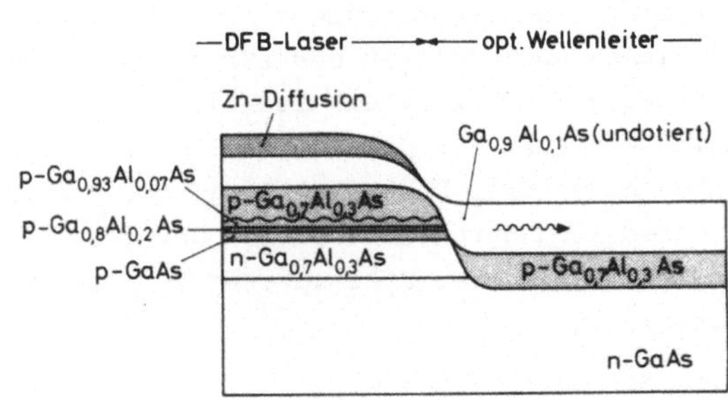

Bild 7.9 Übergangsbereich zwischen DFB-Laser und optischem Wellenleiter

nicht nur einen geringeren Brechungsindex sondern auch einen
größeren Bandabstand als GaAs haben [7.10]. Dadurch werden einerseits die injizierten Elektronen von der $p-Ga_{0,8}Al_{0,2}As$-
Schicht zurück in die aktive Schicht reflektiert, andererseits
können keine Löcher von der aktiven Schicht in die
$n-Ga_{0,7}Al_{0,3}As$-Schicht gelangen. Die übrigen Schichten dienen
wegen ihres reduzierten Brechungsindexes (gegenüber GaAs) zur
Konzentrierung und Führung des Lichtes in der Ebene des pn-
Überganges bzw. (im Fall der $p-Ga_{0,93}Al_{0,07}As$-Schicht mit ihrem relativ geringen Al-Gehalt) der Vereinfachung des Kristall-
wachstums. Die Konzentrierung der Ladungsträger und die des
Lichtes auf die aktive Schicht ("separate confinement heterostructure") führen beide zu einer beträchtlichen Verminderung
der Laserschwellenstromstärke.

Die Laser werden mit einem Schiebetiegelverfahren nach Bild
2.21 hergestellt, indem zunächst in einem ersten Schritt die
Schichten $n-Ga_{0,7}Al_{0,3}As$, p-GaAs, $p-Ga_{0,8}Al_{0,2}As$ und
$p-Ga_{0,93}Al_{0,07}As$ auf das GaAs-Substrat aufgewachsen werden
(Bild 7.9). Dann wird eine periodische Struktur mit einer Periode von weniger als 0,4 μm in die zuletzt gewachsene
$p-Ga_{0,93}Al_{0,07}As$-Schicht geätzt, indem in eine Photolackschicht
ein passendes holographisches Gitter eingeblendet wird. Diese
periodische Struktur hat für das Licht im wesentlichen die Bedeutung einer periodischen Variation des Brechungsindexes in

der Ebene des pn-Überganges [7.10], so daß es zu Bragg-Reflexionen und damit zu der für die stimulierte Laser-Emission notwendigen Rückkopplung des Lichtes kommt. Spiegel sind also beim DFB-Laser für die Ausbildung eines optischen Resonators nicht notwendig. Die Wellenlänge des vom Laser emittierten Lichtes wird durch die Periode der geätzten Wellenstruktur bestimmt (in unserem Fall um etwa 25 $\overset{o}{A}$ von Laser zu Laser verschieden).

Nach der Formung der Wellenstruktur werden die Laser in Mesa-Strukturen von je 600 µm Länge und 20 µm Breite selektiv bis auf das GaAs-Substrat ausgeätzt. Es folgt ein zweiter Epitaxieschritt mit einem Schiebetiegel, wobei die zuerst gewachsene $p\text{-}Ga_{0,7}Al_{0,3}As$-Schicht an der Mesa-Kante des Lasers abreißt. Die zweite epitaktische Schicht aus $Ga_{0,9}Al_{0,1}As$ dient als Wellenleiter und als Kontaktschicht für den Laser, wo noch eine selektive Zn-Diffusion ausgeführt wird. Eine seitliche Begrenzung von Laser und Wellenleiter durch Ätzen ist der letzte Schritt zur Herstellung der Schaltung.

Die Schaltung in Bild 7.8 ist in Prototypen gebaut worden [7.11]. Allerdings war der Gesamtwirkungsgrad, ausgedrückt als Quotient der Änderung der ausgekoppelten Lichtenergie im Laser-Betrieb zur Änderung der eingespeisten elektrischen Energie mit 0,3 % noch sehr gering.

Alle Komponenten, die für eine optische Integration erforderlich sind, zeigt die Schaltung nach Bild 7.10, [7.12]. Wiederum wird die Folge der epitaktischen Schichten auf dem n-dotierten GaAs-Substrat mit dem Schiebetiegelverfahren nach Bild 2.21 hergestellt. Die Mesa-Strukturen werden durch zwei aufeinanderfolgende Ätzungen, die die $p\text{-}Ga_{0,4}Al_{0,6}As$-Schicht und die aktive n-GaAs-Schicht unter bestimmten kristallographischen Richtungen bevorzugt angreifen, geformt.

Der Laser, der etwa 500 µm lang und um 40 µm breit ist, wird in Durchlaßrichtung gepolt, so daß Defektelektronen in die 0,5 µm dicke aktive Schicht aus n-GaAs injiziert werden. Dort geben sie bei der Rekombination Strahlung ab. Die geätzten Flä-

chen an der aktiven
Schicht dienen für
das emittierte
Licht als Endspie-
gel und bilden den
Resonator, der für
die stimulierte
Laser-Emission er-
forderlich ist.
Gleichzeitig kop-
peln jedoch die

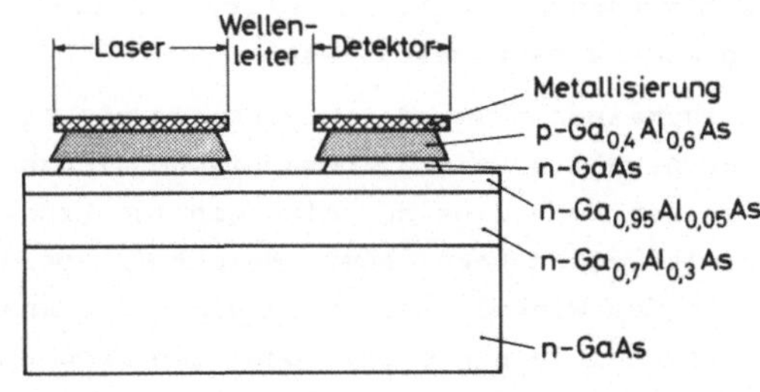

Bild 7.10   Laser, Wellenleiter und Detektor
            in planarer Integration

Endspiegel wegen ihrer Schrägstellung genügend Licht in die etwa 1 µm dicke $n\text{-}Ga_{0,95}Al_{0,05}As$-Schicht aus, die als optischer
Wellenleiter dient. Ebenso wie bei dem soeben beschriebenen
DFB-Laser sorgen die äußeren Schichten $n\text{-}Ga_{0,4}Al_{0,6}As$ und
$n\text{-}Ga_{0,7}Al_{0,3}As$ für die Konzentrierung von injizierten Ladungsträgern und emittiertem Licht nahe der Ebene des pn-Übergangs.
Das Licht wird von dem 250 µm langen Wellenleiter zu dem Detektor geleitet. Dort erzeugt das Licht über den inneren Photoef-
fekt Ladungsträger, die als Kurzschlußstrom im Detektor fest-
stellbar sind. Mit der Schaltung nach Bild 7.10 wurde ein dif-
ferentieller Wirkungsgrad (definiert als die Ableitung des Di-
odenstroms nach dem Laserstrom im Laserbetrieb) von 10 % gemessen [7.12]. In diesem Wert sind alle Verluste (wie Abstrahlung
in die Luft, Strahlendivergenz im Wellenleiter, Verluste im Detektor u.a.) enthalten.

7.3 Magnetblasenspeicher

Seit der ersten Demonstration ihres Prinzips im Jahre 1967 sind
die Magnetblasenspeicher so weit entwickelt worden, daß sie bereits in miniaturisierter Form kommerziell erhältlich sind.
Magnetblasenspeicher ("magnetic bubble memory") benutzen zur
Informationsspeicherung speziell geformte ferrimagnetische Domänen. Prinzipiell spaltet jeder ferro- oder ferrimagnetische
Stoff in eine Reihe von mikroskopischen Bereichen (Domänen)
auf, in denen jeweils die Sättigungsmagnetisierung M_S herrscht.
Die Domänen sind über den ganzen Körper derart in den räumli-

chen Richtungen von M_S verteilt, daß nach außen kein magnetisches Moment beobachtbar ist.

Im allgemeinen nimmt die Magnetisierung M_S in einem Einkristall
nur ausgewählte kristallographische Richtungen an. In besonderen Fällen kann dies nur eine einzige Richtung sein, die man
dann als leicht bezeichnet. Weicht M_S von dieser leichten Richtung um den Winkel ϕ ab, dann nimmt die Energie des Kristalls
proportional zu $\sin^2\phi$ zu, wobei die Proportionalitätskonstante
K mit Kristallanisotropiekonstante bezeichnet wird.

Zur Illustration zeigt Bild 7.11 a einen ferrimagnetischen Einkristallfilm, bei dem die leichte Richtung senkrecht zur Filmebene liegt. Es bilden sich Domänen, deren Magnetisierung aus
der Filmoberfläche herausweist (mit + bezeichnet). Sie sind umgeben von entgegengerichtet mag-
netisierten Bereichen, so daß
nach außen kein magnetisches Moment erscheint. Wird nun ein
schwaches äußeres Magentfeld
senkrecht zur Filmfläche angelegt, dann schrumpfen die Domänen, deren Magnetisierung dem
Feld entgegengerichtet sind
(Bild 7.11 b). Wächst das äußere
Feld weiter, dann geht die

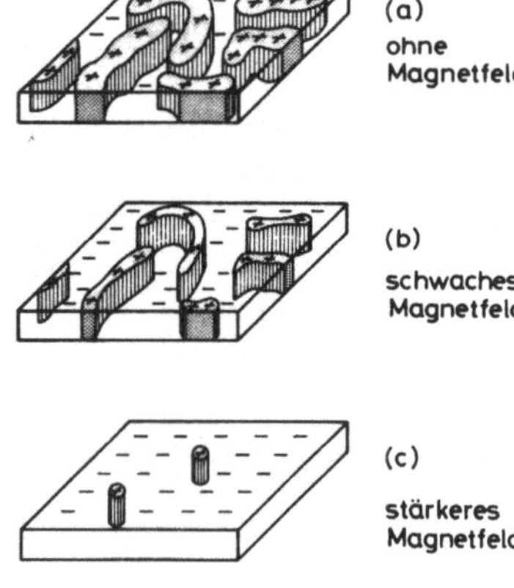

Bild 7.11   Zur Entstehung magne-
tischer Zylinderdomä-
nen in einem wachsen-
den Magnetfeld

Schrumpfung bis auf Zylinderdomänen ("magnetic bubbles") weiter (Bild 7.11 c). Bei noch stärkerem Feld fallen die Zylinderdomänen zusammen, und es resultiert ein homogen magnetisierter
Einkristallfilm. Zylinderdomänen sind also nur in einem wohldefinierten Feldstärkebereich stabil.

Zylinderdomänen, die in der entgegengesetzt magnetisierten Matrix frei beweglich sind, bilden die Informationseinheiten,
die in Magnetblasenspeichern ausgenutzt werden. Der Durchmes-

ser der Zylinderdomänen ist $[7.13]$

$$D = 2\,\sigma_W/(\pi M_S^2) \tag{7.1}$$

mit
$$\sigma_W = 4\,\sqrt{AK} \tag{7.2}$$

als Energie pro Einheitsfläche der Wand einer Domäne. Gl. (7.1) gibt wieder, daß mit zunehmender Sättigungsmagnetisierung M_S die Energie im Streufeld einer Zylinderdomäne zunimmt, ihr Durchmesser also zur Verminderung der Gesamtenergie abnimmt.

In der Wand der Domäne, die eine endliche Dicke d_W hat, drehen sich die mit den Kristallatomen verbundenen magnetischen Momente aus der Richtung, die sie im Inneren der Zylinderdomäne haben, kontinuierlich von Atom zu Atom fortschreitend in die entgegengesetzte Richtung außerhalb der Domäne. Die magnetischen Momente besitzen also, weil sie aus der leichten Richtung herausgedreht sind, Kristallanisotropieenergie. Da benachbarte Momente einen kleinen Winkel gegeneinander bilden, werden die ausrichtenden Austauschwechselwirkungskräfte beansprucht, d.h. innerhalb der Domänenwand besitzen die Momente zusätzlich eine Austauschenergie A. Beide Energiebeiträge erscheinen in Gl. (7.2). Es wird auch plausibel, daß sich die Dicke der Domänenwand durch:

$$d_W = \pi\sqrt{A/K} \tag{7.3}$$

ausdrücken läßt. Fassen wir die Gln. (7.1) bis (7.3) zusammen, so folgt

$$D = 8\,Kd_W/(\pi M_S)^2 = \frac{16}{\pi}\,q d_W \tag{7.4}$$

mit
$$q \equiv K/(2\pi M_S^2). \tag{7.5}$$

q ist eine charakteristische Größe für Materialien, die für Magnetblasenspeicher eingesetzt werden sollen. Ist $q \ll 1$, dann wird nach Gl. (7.4) die Wand der Zylinderdomäne sehr viel größer als ihr Durchmesser, d.h. es existiert keine Domäne. Wird andererseits $q \gg 1$, dann wird, da d_W nach Gl. (7.3) vorgegeben ist, der Domänendurchmesser sehr groß. Die geringe Packungsdichte macht damit das betrachtete Material unbrauchbar. Es hat sich gezeigt, daß $q \gtrsim 3$ optimal ist [7.14].

Unter den zahlreichen Stoffklassen, die diese Bedingung erfüllen, haben sich die Granate $X_3Y_5O_{12}$ als besonders geeignet erwiesen. X steht für ein Element der seltenen Erden (Eu, Yb, Sm o.ä.). Y ist ein Übergangsmetall wie Eisen. Wegen ihrer hohen Curie-Temperatur und ihrer hohen Domänenbeweglichkeit haben sich für den praktischen Einsatz besonders Ca-Ge-substituierte Granate bewährt. Besonders gute Temperaturstabilität weist das Granat $(YSmCa)_3(FeGe)_5O_{12}$ auf [7.14], das in einer 4 - 6 µm dicken epitaktischen Einkristallschicht aus der flüssigen Phase auf das nichtmagnetische Gadolinium-Gallium-Granat $Gd_3Ga_5O_{12}$ als Substrat aufgebracht wird. Wegen der guten Gitteranpassung von epitaktischer Schicht und Substrat können nahezu fehlerfreie Schichten von 5 - 8 cm Durchmesser gezüchtet werden, die Zylinderdomänen von 3 - 5 µm Durchmesser enthalten.

Anhand von Bild 7.12 wollen wir die Funktionsweise eines Schieberegisters aus einem Granatfilm erläutern. Mit Hilfe eines magnetischen Gleichfeldes, das von Permanentmagneten erzeugt wird und senkrecht zur Filmebene gerichtet ist, wird die Stabilitätsbedingung für Zylinderdomänen erfüllt. Ein in der Filmebene umlaufendes Magnetfeld von zwei Spulen, die senkrecht zueinander über den Magnetblasenspeicher gesteckt sind, sorgt

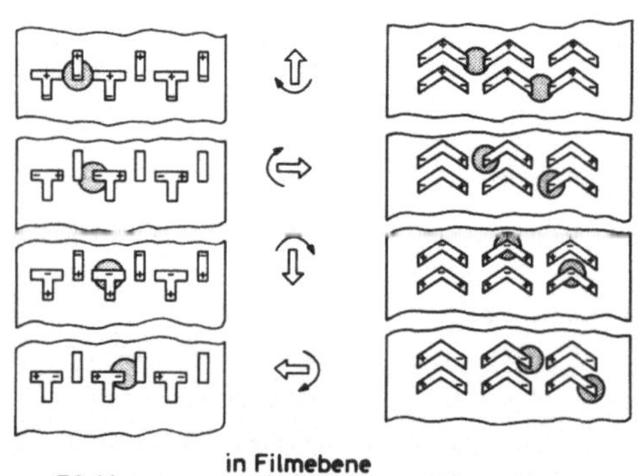

Bild 7.12 Permalloy-Muster zum Verschieben von Zylinderdomänen

für die Verschiebung der Zylinderdomänen. Das Vorhandensein einer Domäne auf einem Speicherplatz entspricht der logischen Eins, ihr Fehlen der logischen Null. Bild 7.12 zeigt zwei häufig in Magnetblasenspeichern verwendete Verschiebemuster, das TI-Muster ("T-bar pattern") und das Winkel-

muster ("chevron pattern"). Die Muster werden als Permalloy-
Film aufgebracht und photolithographisch geformt (vgl. Kap.
2.1.4). Permalloy ist eine weichmagnetische Fe-Ni-Legierung
mit etwa 80 %-Nickelgehalt, die sich in dem rotierenden Feld
leicht magnetisieren läßt. Der positive Magnetpol der Zylinderdomäne wird von dem negativen Pol des Permalloy-Musters angezogen, so daß die Zylinderdomäne während eines Umlaufs des Mag-
netfeldes um eine Periode des Permalloy-Musters weiterrückt.
Die Schiebefrequenz kann bis in den Bereich von 0,1 bis 1 MHz
gesteigert werden. Die Begrenzung in der Miniaturisierung liegt
in der Photolithographie. So ist gegenwärtig beim TI-Muster eine Periodizität von etwa 20 µm erreichbar, so daß in kommerziellen Magentblasenspeichern kleinere Domänendurchmesser als
5 µm nicht sinnvoll sind.

Die gezielte Erzeugung einer Zylinderdomäne geschieht mit einer
Leiterbahnschleife, die in ihrer Breite verringert ist ("hair-
pin conductor loop"; Bild 7.13). Wird durch die Leiterbahnschleife ein Stromimpuls geschickt,
dann verursacht das damit verbundene Magnetfeld die Umkehr der Magnetisierung in dem Granatfilm unter
der Schleife. Die entstehende Zy-

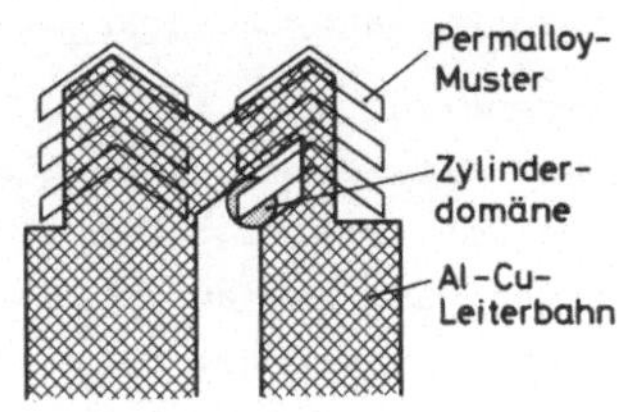

Bild 7.13 Verengte Leiterbahn zur
          Erzeugung einer Zylin-
          derdomäne

linderdomäne wird danach entlang dem Winkel-Muster fortgelei-
tet. Mit einem Stromimpuls in umgekehrter Richtung läßt sich
die Domäne wieder auflösen.

Zum Lesen von Informationen wird in Magnetblasenspeichern die
Änderung des elektrischen Widerstandes mit dem Magnetfeld bei
ferromagnetischen Stoffen ausgenutzt. Gelangt eine Zylinderdomäne unter einen Permalloy-Winkel, dann ändert das Streufeld
der Domäne den Widerstand des Winkels. Zur Vergrößerung des Ef-
fektes werden mehrere Winkel elektrisch hintereinander geschaltet, und der Durchmesser der Domäne wird vor dem Auslesen entsprechend vergrößert. Die hintereinandergeschalteten Winkel

bilden einen Zweig einer Meßbrücke, deren Signal zur Anzeige
der Information dient.

Zur Herstellung von Magnetblasenspeichern werden dieselben
Technologien eingesetzt wie bei Halbleitern. Fortschritte in
den photolithographischen Verfahren kommen damit auch den Magnetblasenspeichern zugute. Bild 7.14 dient zur Erläuterung der
Herstellungsschritte.

Man geht von einer epitaktischen Granatschicht aus, die auf einem nichtmagnetischen Granatsubstrat aufgebracht ist. Die Granatschicht wird mit Protonen oder Ne-Ionen beschossen. Diese
Ionenimplantation dient zur Unterdrückung von anomalen Zylinderdomänen ("hard bubbles"), die sich auf Grund einer komplizierteren Wandstruktur völlig anders verhalten als die bisher
beschriebenen normalen Domänen. Die Ionenimplantation ändert
in einer dünnen Oberflächenschicht die leichte Richtung parallel zur Filmfläche. Die Zylinderdomänen erhalten dadurch einen
"Deckel" mit oberflächenparalleler Magnetisierung, wodurch komplizierte Wandstrukturen verhindert werden.

Gelegentlich wird auf die epitaktische Schicht ein etwa 0,2 µm
dicker SiO_2-Film aufgebracht, der in Bild 7.14 nicht wiedergegeben ist. Es folgt ein 0,3 - 0,5 µm dicker Film aus Al-Cu-Le-
gierung, aus dem auf photolithographischem Weg die Leiterbahnen geformt werden. Über die Leiterbahnen wird ganzflächig ein
0,5 - 0,8 µm dicker SiO_2-Film gelegt. Dieser Film sorgt für einen ausreichenden Abstand zwischen dem nun folgenden Permalloy-
Muster und der epitaktischen Granat-Schicht. Würde das Permalloy-Muster unmittelbar auf der Epitaxieschicht liegen, könnten
durch das Permalloy-Muster unkontrolliert Zylinderdomänen indu-
ziert werden. Das Permalloy-Muster, das zur Fortleitung und
zum Auslesen von Domänen dient, hat eine Dicke von etwa 0,4 µm.
Die Herstellung des Magnetblasenspeichers wird abgeschlossen
mit einer 0,5 - 1 µm dicken SiO_2-Schicht zur Passivierung.

Magnetblasenspeicher lassen sich danach sehr einfach mit nur
zwei Maskenschritten herstellen, die keine Justierschwierigkeiten bieten. Mit den Fortschritten in der Photolithographie,
die im Zusammenhang mit der Größtintegration zu erwarten sind,

werden in den nächsten Jahren außerordentlich hohe Packungsdichten bis in den Bereich von 1 Mbit/cm^2 möglich sein. Die Begrenzung liegt nicht im Magnetmaterial. Magnetblasenspeicher
sind um nahezu zwei Größenordnungen billiger als MOS-Speicher
(vgl. Kap. 4.2), aber sie sind auch um nahezu vier Größenordnungen langsamer. Die Zugriffzeit für eine gespeicherte Information liegt gegenwärtig bei 2 - 4 ms, wird sich aber in der
Zukunft auf die Hälfte reduzieren lassen.

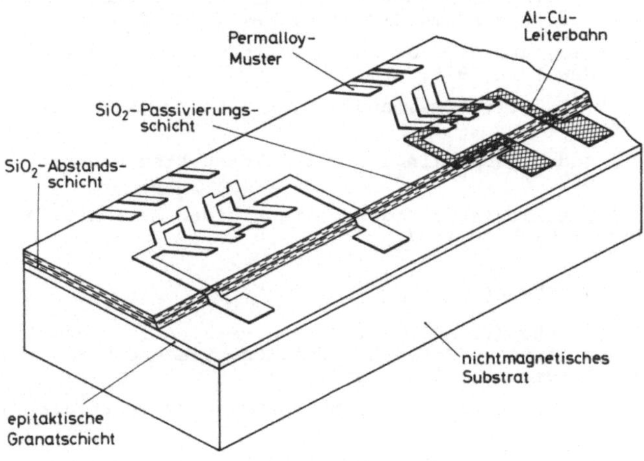

Bild 7.14   Aufbau eines Magnetblasenspeichers

Im Vergleich zu den ladungsgekoppelten Speichern nach Kap.
4.4.3 sind Magnetblasenspeicher von ähnlichem Preis, aber sie
sind etwa zehnmal langsamer. Dafür bieten sie den Vorteil, daß
ihr Informationsgehalt nicht-flüchtig ist.

Ebenso wie für ladungsgekoppelte Speicher wird für Magnetblasenspeicher ein Einsatz als mittelschnelle Zwischenspeicher
zwischen dem schnellen Arbeitsspeicher eines Großrechners und
den langsamen Magnetband- oder Magnetplattenspeichern erwartet.
Damit kann die Wartezeit des Rechners beim Rückgriff auf äußere Speicher erheblich reduziert werden.

Literaturverzeichnis

A. Allgemeine Literatur

Hamilton, D.J., and W.G. Howard, Basic Integrated Circuit Engineering, New York 1975.

Holonyak, N. (Herausg. Westinghouse Electric Corp.), Integrated Electronic Systems, Englewood Cliffs 1970.

Möschwitzer, A., Integration elektronischer Schaltungen, Heidelberg 1974.

Meyer, C.S., D.H. Lynn, and D.J. Hamilton (Herausg.), Analysis and Design of Integrated Circuits, New York 1968.

Grinich, V.H., and H.G. Jackson, Introduction to Integrated Circuits, New York 1975.

Beale, I.R.A., E.T. Emms, and R.A. Hilbourne, Microelectronics, London 1971.

Taub, H., and D. Schilling, Digital Integrated Electronics, New York 1977.

Goerth, J., Elektrische Eigenschaften linearer integrierter Schaltungen, Hamburg 1977.

B. Spezialliteratur

[1.1] Garbrecht, K., and K.U. Stein, Perspectives and Limitations of Large-Scale Integration, Siemens Forsch. u. Entwickl.-Ber. $\underline{5}$ (1976), 312.

[1.2] Dirks, C., u. H. Krinn, Mikrokomputer, Stuttgart 1976, S. 14 ff.

[2.1] Harth, W., Halbleitertechnologie, Stuttgart 1972.

[2.2] Ruge, I., Halbleiter-Technologie, Berlin, Heidelberg, New York 1975.

[2.3] v. Münch, W., Technologie der Galliumarsenid-Bauelemente, Berlin, Heidelberg, New York 1969.

[3.1] Irvin, J.C., Resistivity of Bulk Silicon and of Diffused Layers in Silicon, Bell Syst. Techn. J. $\underline{41}$ (1962), 387.

[3.2] Lawrence, H., and R.M. Warner, Diffused Junction Depletion Layer Calculations, Bell Syst. Techn. J. $\underline{39}$ (1960), 389.

[3.3] Olivei, A., Optimized Miniature Thin Film Planar Inductors, Compatible with Integrated Circuits, IEEE Trans. Parts, Materials, Packaging, $\underline{PMP-5}$ (1969), 71.

[3.4] Ebers, J.J., and J.L. Moll, Large-Signal Behavior of Junction Transistors, Proc. IRE $\underline{42}$ (1954), 1761.

[3.5] Mavor, J. (Herausg.), M.O.S.T. Integrated Circuit Engineering, Stevenage 1973.

[3.6] Paul, R., Feldeffekttransistoren, Stuttgart 1972.

[3.7] Sze, S.M., Physics of Semiconductor Devices, London, New York, Sydney, Toronto 1969, chap. 7.

[4.1] Taub, H., and D. Schilling, Digital Integrated Electronics, New York 1977, chap. 3.

[4.2] Jakits, O., Integrierte Injektionslogik, ein neuartiges Prinzip für Digitalschaltungen, Valvo-Ber. $\underline{18}$ (1974), 215.

[4.3] Wiedmann, S.K., Injection-Coupled Memory: A High-Density Static Bipolar Memory, IEEE J. Sol.-State Circuits $\underline{SC-8}$ (1973), 332.

[5.1] Herskowitz, G.J., and R.B. Schilling (Herausg.), Semiconductor Device Modeling for Computer-aided Design, New York 1972.

[5.2] van de Wiele, F., W.L. Engl and P.G. Jespers (Herausg.), Process and Device Modeling for Integrated Circuit Design, Leyden 1977.

[6.1] Hersener, J., u. T. Ricker, Elektrotransport in Al-Leiterbahnen, Wiss. Ber. AEG-Telefunken $\underline{48}$ (1975), 46.

[6.2] Weibull, W., A Statistical Distribution Function of Wide Applicability, J. Appl. Mech. $\underline{18}$ (1951), 293.

[7.1] van Tuyl, R.L., C.A. Liechti, R.E. Lee and E. Gowen, GaAs MESFET Logic with 4-GHz Clock Rate, IEEE J. Sol.-State Circuits $\underline{SC-12}$ (1977), 485.

[7.2] Schlachetzki, A. and H. Salow, High Resistivity Layers of GaAs Grown by Liquid Phase Epitaxy, Appl. Phys. $\underline{7}$ (1975), 195.

[7.3] Zuleeg, R., J.K. Notthoff, P.E. Friebertshauser and G.L. Troeger, Femto-Joule, High-Speed Planar GaAs E-JFET Logic, Tech. Digest Int. Electron Devices Meeting, Washington D.C. 1977, 198.

[7.4] Bosch, B.G., and R.W.H. Engelmann, Gunn-effect Electronics, London 1975.

[7.5] Mause, K., E. Hesse and A. Schlachetzki, Shift Register with Gunn Devices for Multiplexing Techniques in the Gigabit-per-second range, Solid-State and Electron Dev. $\underline{1}$ (1976), 17.

[7.6] Isobe, T., S. Yanagisawa and T. Nakamura, Recent Development of Gunn Effect Logic Devices, Japan J. Appl. Phys. $\underline{16}$ (Suppl. $\underline{16-1}$ (1976), 135

[7.7] Hashizume, N., S. Kataoka, Y. Komamiya, K. Tomizawa and M. Morisue, GaAs 4 bit gate device of integrated Gunn elements and MESFETs, 6th Int. Symp. on Gallium Arsenide and Related Compounds, Bristol and London 1977, p. 245.

[7.8] Tamir, T. (Herausg.), Integrated Optics, Topics in Appl. Phys., vol. 7, Berlin, Heidelberg, New York 1975.

[7.9] Unger, H.G., Optische Nachrichtentechnik, Berlin 1976.

[7.10] Panish, M.B., Heterostructure Injection Lasers, Proc. IEEE **64** (1976), 1512.

[7.11] Aiki, K., M. Nakamura and J. Umeda, A Frequency-Multiplexing Light Source with Monolithically Integrated Distributed-Feedback Diode Lasers, IEEE J. Quantum Electronics **QE-13** (1977), 220.

[7.12] Merz, J.L., and R.A. Logan, Integrated GaAs-Al$_x$Ga$_{1-x}$As injection lasers and detectors with etched reflectors, Appl. Phys. Letts. **30** (1977), 530.

[7.13] Furuoya, T., Magnetic Bubble Devices, Japan. J. Appl. Phys. **16**, Suppl. **16-1** (1977), 341.

[7.14] Bobeck, A.H., P.J. Bonyhard and J.E. Geusic, Magnetic Bubbles - An Emerging New Memory Technology, Proc. IEEE **63** (1975), 1176.

Sachverzeichnis

Teubner-Handbücher und Lehrbücher

Ryssel/Ruge

Ionenimplantation

366 S. mit 304 Bildern und 50 Tabellen.
Geb. DM 116,-

Tholl

Bauelemente der Halbleiterelektronik, 2 Teile

1. Grundlagen, Dioden und Transistoren.
   236 S. mit 203 Bildern, 18 Tafeln und 60 Beispielen.
   Kart. DM 36,-

2. Feldeffekttransistoren, Thyristoren, Optoelektronik.
   323 S. mit 309 Bildern, 32 Tafeln und 77 Beispielen.
   Kart. DM 38,-

Borucki

Grundlagen der Digitaltechnik

238 S. mit 262 Bildern, 74 Tafeln und 51 Beispielen.
Kart. DM 36,-

Heumann

Grundlagen der Leistungselektronik

2., überarbeitete Auflage. 240 S. mit 211 Bildern.
Kart. DM 26,80

Schmidt

Digitalschaltungen mit Mikroprozessoren

204 S. mit 97 Bildern und 12 Tabellen.
Kart. ca. DM 23,-

Preisänderungen vorbehalten

Teubner Studienskripten Elektrotechnik

Ebel,   Regelungstechnik
             2., überarbeitete Auflage.
             160 Seiten. DM 10,80

Ebel,   Beispiele und Aufgaben zur Regelungstechnik
             151 Seiten. DM 8,80

Eckhardt,   Numerische Verfahren in der Energietechnik
             208 Seiten. DM 16,80

Freitag,   Einführung in die Vierpoltheorie
             128 Seiten. DM 9,80

Frohne,   Einführung in die Elektrotechnik

             Band 1 Grundlagen und Netzwerke
             3., überarbeitete und erweiterte Auflage.
             172 Seiten. DM 10,80

             Band 2 Elektrische und magnetische Felder
             2., durchgesehene und erweiterte Auflage.
             241 Seiten. DM 12,80

             Band 3 Wechselstrom
             2., durchgesehene Auflage.
             200 Seiten. DM 10,80

Gad,   Feldeffektelektronik
             266 Seiten. DM 16,80

Haack,   Einführung in die Digitaltechnik
             2., überarbeitete und erweiterte Auflage.
             200 Seiten. DM 12,80

Harth,   Halbleitertechnologie
             135 Seiten. DM 9,80

Hilpert,   Halbleiterbauelemente
             2., durchgesehene Auflage.
             158 Seiten. DM 10,80

Kirschbaum, Transistorverstärker

             Band 1 Technische Grundlagen
             215 Seiten. DM 12,80

             Band 2 Schaltungstechnik Teil 1
             231 Seiten. DM 14,80

             Band 3 Schaltungstechnik Teil 2
             248 Seiten. DM 15,80

Morgenstern, Farbfernsehtechnik
             230 Seiten. DM 14,80

v. Münch, Werkstoffe der Elektrotechnik
             3., neubearbeitete und erweiterte Auflage.
             254 Seiten. DM 14,80

Preisänderungen vorbehalten